"十四五"高等学校环境专业教材

环境物理性污染
控制工程

○ 任连海　主　编
○ 王永京　李京霖　副主编

化学工业出版社

·北京·

内 容 简 介

本书共分 8 章，详细论述了与人类生活密切相关的噪声污染、振动污染、电磁污染、放射性污染、热污染、光污染等物理性污染的基本概念、原理；阐明了这些物理性污染对人体健康和环境的危害及影响；简要介绍了各种物理性污染的控制和防范措施，污染物在大气、水、土壤中的迁移转化规律，以及人们对物理性污染利用的最新科研动态，为改善人类生活环境、创建和谐社会提供理论基础。

本书可作为高等学校环境科学与工程、生态工程、市政工程及相关专业的研究生、本科生及专科生教材，也可作为从事环境保护工作的专业技术人员和科研人员获得相关知识的参考书。

图书在版编目（CIP）数据

环境物理性污染控制工程/任连海主编 . —2 版 . —北京：化学工业出版社，2022.9（2025.1 重印）

ISBN 978-7-122-41443-4

Ⅰ.①环⋯ Ⅱ.①任⋯ Ⅲ.①环境物理学-高等学校-教材
Ⅳ.①X12

中国版本图书馆 CIP 数据核字（2022）第 088419 号

责任编辑：刘 婧 刘兴春   文字编辑：汲永臻
责任校对：宋 夏   装帧设计：韩 飞

出版发行：化学工业出版社(北京市东城区青年湖南街 13 号 邮政编码 100011)
印 装：北京七彩京通数码快印有限公司
787mm×1092mm 1/16 印张 14¾ 字数 344 千字 2025 年 1 月北京第 2 版第 6 次印刷

购书咨询：010-64518888   售后服务：010-64518899
网 址：http://www.cip.com.cn
凡购买本书，如有缺损质量问题，本社销售中心负责调换。

定 价：58.00 元

前　言

20 世纪以来，许多国家相继走上了以工业化为主要特征的发展道路。随着社会生产力的极大提高和经济规模的不断扩大，人类前所未有的巨大物质财富加速了世界文明的演化进程。但是，人类在创造辉煌的现代工业文明的同时，其赖以生存和发展的环境和资源遭到越来越严重的破坏，人类已不同程度地尝到了环境破坏的苦果。除了废水、废气和废渣的严重污染之外，嘈杂的环境、温室效应、城市热岛效应、眩光、电磁波、放射性等物理性污染也已成为影响和干扰人类生活、工作和学习的重要因素。

为保证人类健康，净化生存环境，发展绿色文明，必须对物理性污染进行控制和治理。但是，长期以来，物理性污染并没有得到人们应有的重视，相关资料、书籍和报道等资料相对缺乏。本书较系统地介绍了噪声、振动、电磁场、热、光、放射性等要素的污染原理、危害及防范控制措施，并简要介绍了污染物在水体、大气、土壤中的物理迁移转化规律，为环境物理性污染治理提供理论依据。同时，为了更加适合高等学校环境科学与工程、生态工程、市政工程及相关专业作为教材使用，对第一版进行了修订，更正了相关内容，明确了各章重点难点内容，并在每章后设置了思考题。

本书共 8 章，由北京工商大学任连海任主编，北京工商大学王永京及中国中元国际工程有限公司李京霖任副主编，具体分工如下：第 1 章和第 2 章由任连海、王永京、李京霖编写，第 3 章由王永京、任连海编写，第 4 章由任连海、李京霖编写，第 5 章由王永京、李京霖编写，第 6 章由任连海、王永京编写，第 7 章和第 8 章由任连海、王永京、李京霖编写；北京工商大学张明露、王攀、贾璇、孟星尧、鲁嘉欣参与了部分编写工作。全书最后由任连海修改定稿，由王永京审核。李京霖在全书的编写过程中做了大量的文字校对工作，在此谨致感谢。本书在编写过程中引用了手册、书籍等文献，在此对作者一并表示感谢。此外，本书的出版得到了"十三五"重点研发计划项目（2019YFC1906303）和（2019YFC1906003-03）等的支持，在此表示感谢。

由于编者水平和编写时间所限，书中疏漏和不足之处在所难免，敬请读者予以批评指正。

编　者

2022 年 1 月于北京

第一版前言

20世纪以来，许多国家相继走上了以工业化为主要特征的发展道路。随着社会生产力的极大提高和经济规模的不断扩大，人类前所未有的巨大物质财富加速了世界文明的演化进程。但是，人类在创造辉煌的现代工业文明的同时，其赖以生存和发展的环境和资源遭到越来越严重的破坏，人类已不同程度地尝到了环境破坏的苦果。除了废水、废气和废渣的严重污染之外，嘈杂的环境、温室效应、城市热岛效应、眩光、电磁波、放射性等物理性污染也已成为影响和干扰人类生活、工作和学习的重要因素。

保证人类健康，净化生存环境，必须对物理性污染进行控制和治理。但是，长期以来，物理性污染没有得到人们应有的重视，相关资料相对缺乏。本书较系统地介绍了噪声、振动、电磁场、热、光、放射性等要素的污染原理、危害及防范控制措施，并简要介绍污染物在水体、大气、土壤中的物理迁移转化规律，为环境物理性污染治理提供理论依据。

本书共分为8章，第1章由任连海、田媛编写，第2章由任连海、齐运全、孟潇编写，第3章由田媛、钱枫、孙玉广编写，第4章由任连海、韩涛、孟潇编写，第5章由金宜英、任连海、岳东北编写，第6章由崔莉凤、董黎明、田媛、王迪编写，第7章由钱枫、任连海、孟潇编写，第8章由刘建国、许艳梅、孟潇、张相锋、刘兵编写。全书由任连海修改定稿，孟潇在全书的编写过程中做了大量的文字校对工作，在此谨致感谢。本书在编写过程中参考了相关手册、书籍等文献，在此对作者一并表示感谢。此外，本书的出版得到了北京市2007年创新团队项目支持，在此表示感谢。

本书可作为高等院校环境科学、环境工程、环境监测、环境规划与管理、环境监理、市政工程等专业的研究生、本科生及专科生教材，也可作为从事环境保护工作的专业技术人员和科研人员获得相关知识的参考书。

由于编者水平和经验所限，书中疏漏之处在所难免，敬请读者予以批评指正。

编　者
2007年9月于北京

目　录

第 **3** 章　振动污染及其控制　　83

第 4 章　电磁辐射污染及其控制　108

第 1 章　绪　论

 本章重点和难点

- 物理性污染特点。
- 物理性污染的研究方法。

1.1　物理环境

所谓环境，是指与体系有关的周围客观事物的总和。环境一般是相对于人类而言的，即指人类的环境。人类的环境包括自然环境和人为环境。随着全球人口的不断增长和社会经济与科学技术的飞速发展，环境和环境问题已越来越引起人们的普遍关注。人类生存的环境中，各种物质都在以各种方式不停地运动着，在这些运动过程中，所发生的物质能量的交换和转化构成了物理环境，物理环境是自然环境的一部分，它包括天然物理环境和人工物理环境。

（1）天然物理环境

在人类出现以前，地球上就存在众多自然因素，如阳光、温度、气候、地磁、岩石等，这些自然因素之间无时无刻不在发生着相互作用，导致地震、火山爆发、太阳黑子、刮风、下雨、雷电等自然现象。其中，地震、火山爆发、台风、雷电等会产生噪声和振动，在局部区域形成自然声环境和振动环境；太阳黑子、雷电等现象产生严重的电磁干扰；天然放射性核素产生辐射；太阳光直射和天空扩散光形成天然光环境；太阳辐射产生天然热源，大气与地表面之间产生热交换等，这些自然声环境、振动环境、电磁环境、辐射环境、光环境、热环境构成了物理环境。

（2）人工物理环境

人类出现以后，地球上出现了经过人类改造和创造出的事物，如水库、农田、园林、村落、城市、工厂、公路、港口、铁路、飞机等。这些人工因素产生形成的人工噪声环境、振动环境、电磁环境、辐射环境、光环境、热环境构成了人工物理环境。

1.2　物理性污染

物理性污染同化学性污染、生物性污染是不同的。化学性污染和生物性污染是环境中有了有害的物质和生物，或者是环境中的某些物质超过正常含量。而引起物理性污染的声、光、热、电等是人类生活必不可少的因素，在环境中是永远存在的。它们本身对人无害，利用得当，可为人类服务，一旦这些因素超出人类所能承受的容许限值或处于失控状态，就会对环境或人体健康造成影响。例如，声音对人是必需的，但是声音过强又会妨碍或危害人的正常活动；反之，环境中若长久没有任何声音，人就会感到恐怖。

物理性污染同化学性污染、生物性污染相比，不同之处还表现在以下两个方面：一是物理性污染具有瞬时性，它是以能量形式存在的，在环境中不产生残留物质，一旦污染源消除，污染也即消失；二是物理性污染具有局部性，区域性或全球性等较大范围层面的污染较为少见。

1.3　环境物理学

研究声、光、热、振动、电磁场和放射性对人类和环境的影响以及消除或降低这些影响的技术路线和防治措施的学科，称为环境物理学。

1.3.1　环境物理学的发展

随着科学的进步，特别是工业化革命以后，人类改造自然和征服自然的能力空前提高，环境污染也日益严重，人们的生命健康受到威胁，为了生存与发展，人们开始行动起来保护和改善环境，许多学科交叉渗透，形成了环境科学。环境物理学是环境科学的一个分支，主要是研究物理环境同人类相互作用的科学。

20世纪初，人们开始研究声、光、热等对人类生活和工作的影响，并逐渐形成了在建筑物内部为人类创造适宜的物理环境的科学——建筑物理学。20世纪50年代后，物理性污染日益严重，对人类造成越来越严重的危害，促使物理学的分支学科，如声学、热学、光学、电磁学、力学等的形成与发展，开展对物理环境的研究后逐渐形成了边缘学科——环境物理学。环境物理学就其自身的学科体系而言，还没有完全定形。它主要研究及评价声、光、热、加速度、振动、电磁场和射线对人类的影响，以及消除这些影响的技术途径和控制措施。目的是为人类创造一个适宜的物理环境。

1.3.2　环境物理学的学科体系

物理环境和物理性污染的特征决定了环境物理学的研究特点。物理环境的声、光、热、电等要素都是人类所必需的，这决定了环境物理学不仅要研究消除污染，而且要研究适于人类生活和工作的声、光、热、电等物理条件；物理性污染程度是由声、光、热、电等在环境中的量决定的，这就使环境物理学的研究同其他物理学科一样，注重物理现象的定量研究。

环境物理学根据研究的对象可分为环境声学、环境振动学、环境地磁学、环境热学、环境光学、环境放射学、环境污染物的迁移动力学等分支学科。但总的说来，因为环境物理学是正在形成中的学科，它的各个分支学科中只有环境声学比较成熟。

（1）环境声学

环境声学以改善人类的声环境为目的，研究声环境及其同人类活动的相互作用。主要研究人所需要的声音和人所不需要的声音——噪声，尤其是研究噪声的产生、传播、接收和评价，以及对人类的生活和工作产生的影响和危害等；研究改善和控制声环境质量的技术和管理措施。声音是由固体振动、液体或气体的不稳定流动以及与固体相互作用形成的，因此环境声学与环境振动学密不可分。

（2）环境振动学

研究有关振动的产生、传播、测试、评价以及采取隔振、防振等措施以消除其危害。

（3）环境光学

人对光的适应能力较强，人眼的瞳孔可随环境的明暗进行调节。如日光和月光的强度相差约一万倍，人都能适应。但是人如果长期在弱光下看东西，目力就会受到损伤；相反，在强光下则会产生瞬时后果，甚至对眼睛造成永久性的伤害。视觉是人的重要功能，研究适于人的光及其变动范围，控制和改善人类需要的光环境，消除光污染的危害和影响，是环境光学的任务。

（4）环境热学

人类的生活和生产活动，不仅需要太阳辐射到地球的热能，而且需要各种燃料产生的热能。燃料的大量消费干扰了地球环境的热平衡，使环境遭受热污染。燃料燃烧释放出大量的二氧化碳，对环境产生温室效应；城市人口密集，燃料消费量大，使城市出现热岛效应等。这些都是热污染的表现。热污染对自然环境造成的破坏会对人类和生物产生长远的影响。

适于人类生活的温度范围是很窄的，人类主要依靠穿衣服、营造居室来获得生存所需要的热环境。研究适于人类的热环境，揭示热环境和人类活动的相互作用，控制热污染，为人类创造舒适的热环境，是环境热学的研究内容。

（5）环境电磁学

人类生活在电磁场中，关于电磁场对人体的影响，定量性的研究成果还比较少。光波也是一种电磁波，环境电磁学的研究对象是波长比光波更长的电磁波，研究内容是电磁波的产生及其对人类生活环境的污染及其所造成的危害，并探讨防治措施。

（6）环境污染物的迁移动力学

地球大气的自然运动以及由此而产生的风、云、雨、雾等现象是大气物理学的主要课题。环境污染（如烟雾污染、温室效应、热岛效应）对大气运动的影响日益严重地干扰气象的变化，大气中或者水中的污染物质在风、日光、重力和环流的作用下扩散或下沉，这些都是环境空气动力学的研究内容。环境空气动力学还把大气运动对人类的影响，以及对鸟类、昆虫的飞行等影响，污染物在水体、土壤中的迁移转化规律等作为研究内容。

环境物理学的研究领域是相当广阔的。如物质在做机械运动时，匀速运动对人体没有影响，而有加速度的运动则有影响。在人体受到的加速度可与重力加速度相比的情况下，人就会感到不舒适。人对加速度能容忍的变化范围还是比较大的，如人体直立、横向运动的加速度达 $50g$ 也不会受到伤害。

人体做机械运动或者人体处在机械振动环境中所产生的物理效应和生理效应，也是环境物理学有待深入研究的内容。环境物理学将在对物理环境和物理性污染全面、深入研究的基础上，发展自身的理论和技术，形成一个完整的学科体系。

物理性污染虽然能够利用技术手段进行控制，但是，采取各种控制技术涉及经济、管理和立法等问题，所以要对防治技术进行综合研究，获得最佳方案。

1.3.3 环境物理学的研究方法

（1）学科交叉，协调发展

环境物理学的研究涉及环境科学、物理学、经典力学等多学科，物理环境的演化规律及对人类生存质量的影响，物理性污染综合防治的技术措施及管理方法以及环境物理学的方法论和认识论，构成了环境物理学的主要框架。环境问题的广泛性、复杂性和综合性要求其研究必须进行学科交叉渗透、综合考虑，使环境物理学在人们对环境问题的本质和变化规律的认识不断深化的过程中逐步得到完善和发展。

（2）理论联系实践

环境物理学的思维方法、理论体系和处理技术是在实践中形成的，这些实践表现在环境物理学的各个领域。解决环境物理性污染的根本方法也必然产生于生产实践，并不断总结提炼、发展和升华，将这些理论和方法用于新的实践，使环境物理学的理论和方法在新的实践中得到丰富和发展。

（3）利用系统工程的研究方法

环境物理学同其他学科一样，都是人类社会发展到一定程度的产物。目前，环境物理学还是一门新兴学科，各方面尚不完善，环境物理学的研究方法必须从系统的整体性观点出发，针对核心问题，抓住环境物理性污染的相对性本质，从系统的整体考虑解决环境物理性污染问题的方法、过程和要达到的目标。例如，对每个子系统环境物理性污染的治理要求，要与实现整个系统的功能和其他功能的要求相符合。在系统研究过程中，子系统和系统之间的矛盾以及子系统与子系统之间的矛盾都要采用系统优化方法寻求各方面均可接受的满意解；同时要把系统工程的优化思路贯穿到系统的规划、设计、研制和使用等各个阶段中。

当前，环境物理学的发展还落后于工业生产，面临的任务仍很艰巨，迫切需要不断增强自身体系结构和学科建设的发展。随着人们生活水平的不断提高和对环境问题认识的逐步深化，结合社会、经济发展的迫切需求，在环境科学和物理学等相关学科不断发展的基础上，环境物理学必将进一步拓展研究领域，从广度和深度上不断创新、拓展，在实践中逐步完善，成为一门系统而成熟的学科，为实现经济与环境的和谐可持续发展做出应有的贡献。

思考题

1. 物理性污染控制有哪些研究方法？
2. 物理性污染有何特点？
3. 请提出对这门课程学习的期望和建议。

第 2 章 噪声污染及其控制

本章重点和难点

- 噪声的评价指标的定义与区分。
- 噪声污染的控制方法。
- 吸声、隔声及消声的原理及手段。
- 应用噪声叠加规律解决实际噪声污染工程问题。

本章知识点

- 声音的物理特性。
- 噪声的种类和特点。
- 噪声的危害和控制方法。
- 噪声的物理度量：声压与声压级、声强与声强级、声功率与声功率级、分贝和差的计算、频程与频谱。
- 环境噪声的评价量。
- 吸声结构和吸声降噪设计。
- 隔声原理和隔声设备。
- 消声器的分类。

2.1 噪声的基本概念

古代《说文解字》中提道：噪，扰也。实际上，噪声是声波的一种，它具有声音的所有特征。从物理学的观点来看，噪声是指声波的频率和强弱变化毫无规律、杂乱无章的声音。从心理学的观点看，凡是人们不需要的、使人烦躁的声音均称为噪声，它在周围环境造成的不良影响称为噪声污染。

人们生活的环境中存在各种各样的声波，其中有的声波是进行交流和传递信息、进行社会活动所需要的；有的声波则会影响人们工作和休息，甚至危害人体健康，是人们不需要的。

随着工业、交通运输业的发展，噪声的种类越来越多，也越来越强，几乎没有一个城市居民不受噪声的干扰或危害。汽车、飞机和各种机器的噪声已被列为城市的第三大公害。据不完全统计，近年来向环境保护部门写信或控告的污染事件中，噪声事件所占的比例已上升到第一位。因此，降低建筑物内部和周围环境的噪声，防止噪声的危害，是环境保护的重要任务之一。

2.1.1 声音及其物理特性

声音和物体振动是密切相关的。物体振动通过在媒质中传播所引起人耳或其他接收器的反应，就是声。振动的物体是声音的声源，产生噪声的物体或机械设备称为噪声源。声源可以是固体的，也可以是气体或液体的。例如，打鼓时我们会听到鼓声，触摸鼓面可以感觉到鼓面在振动，用力按住鼓面鼓声就会消失。

振动在弹性介质中以波的形式进行传播，这种弹性波叫声波。人们日常听到的声音，通常来自空气所传播的声波。声音的产生和传播除了要有振动的物体之外，还必须要有传播声音的介质。除了空气介质以外，其他气体、液体和固体也能传播声音，所以噪声又可以分为空气噪声、固体噪声和水噪声。

（1）频率

声音的频率是指声源在单位时间内振动的次数，通常用"f"表示，其单位为赫兹（Hz）。完成一次振动所用的时间称为周期，用"T"表示，$T=1/f$。声源质点振动的速度不同，所产生的声音的频率也不同。声波的频率取决于声源振动的快慢，振动速度越快，声音的频率越高。声波的频率反映的是音调的高低。

声波传入人耳时，引起鼓膜振动，刺激听觉神经末梢，使人产生听觉，听到声音。并不是所有的振动通过传声媒质都能被人耳接收，人耳可听到的声音（可听声）的频率范围是 20~20000Hz，频率低于 20Hz 的声波叫次声，超过 20kHz 的叫超声，次声和超声都是人耳听不到的声波。一般认为，噪声不包括次声和超声，而是可听声范围内的声波。

（2）波长与声速

在介质中，声波振荡一个周期所传播的距离即为波长。波长与频率的关系为

$$\lambda = c/f \tag{2-1}$$

式中　λ——声波波长，m；

　　　c——声速，m/s；

　　　f——声波频率，Hz。

在不同密度的介质中，声波的传播速度不同，如在钢中为 6300m/s，在 20℃的水中为 1481m/s，而其波长也随之发生变化。声音传播的速度还与温度有关，随大气温度的升高而增大。声波在空气中的传播速度 c 与温度 t 的关系如下

$$c = 331.4 + 0.6t \tag{2-2}$$

式中　t——介质温度，℃。

0℃时的声速是 331.4m/s，在一般室温 23℃时，根据上式可计算出声波在空气中的传播速度为 345m/s。在通常计算时，如没有特别指明空气温度，则常取室温速度 340m/s。

表 2-1 给出了 20℃时几种介质中的声速。

表 2-1　20℃时几种介质中的声速

介 质 名 称	空 气	水	钢	松 木	砖
声速/(m/s)	343	1500	5000	2500～3500	3600

（3）声音的传播

声源发出的声音必须通过中间媒质才能传播。例如，在空气中人们可以听到声音，在真空中却听不到。声音在媒质中向各个方向的传播，只是媒质振动的传播，媒质本身并没有向前运动，它只是在其平衡位置附近来回地振动，而所传播出去的是物质的运动，该运动形式即为波动。声音是机械振动的传播，所以声波属于机械波。声波波及的空间称为声场，声场既可能无限大，也可能仅限于某个局部空间。

2.1.2　噪声的种类与特点

2.1.2.1　噪声的种类

噪声的种类很多，按照声源的不同，主要分为交通噪声、工业噪声、建筑施工噪声和社会生活噪声几大类。

（1）交通噪声

交通噪声是城市噪声的主要组成部分，主要来自汽车、火车、飞机、轮船等交通工具的启停及使用过程，具有流动性大、污染面广、难以控制等特点，这部分噪声约占城市噪声源的 25%～75%。

（2）工业噪声

工业噪声主要来自城市工业园区，约占城市噪声的 7%～39%，其中包括空气动力性噪声、机械性噪声和电磁性噪声等。

① 空气动力性噪声　这类噪声是高速气流、不稳定气流由于涡流或压力的突变引起气体的振动而产生的。如通风机、鼓风机、空压机、燃气轮机、锅炉排气放空等动力设备所产生的噪声都属于这一类。

② 机械性噪声　这类噪声是在撞击、摩擦和交变的机械力作用下部件发生振动而产生的，如织布机、球磨机、破碎机、电锯、汽锤等产生的噪声属于这一类。

③ 电磁性噪声　这类噪声是由于磁场脉动、磁场伸缩引起电气部件振动而产生的。如电动机、变压器等产生的噪声属于此类。

（3）建筑施工噪声

建筑施工噪声主要来自打桩机、搅拌机、推土机、运料车等设备。通常此类噪声源 5m 内声强可达 90dB(A) 以上。

（4）社会生活噪声

社会生活噪声主要来自集会、娱乐、商业、学校操场（高音喇叭）等，包括电声性噪声、声乐性噪声和人类语言性噪声等。此类噪声主要是由电能转换而来，占城市噪声的 13%～52%，其特点是分布范围广泛，受害人群主要为噪声源周围居民。

2.1.2.2　噪声的特点

噪声污染与大气污染、水污染相比，具有以下 4 个特点。

① 噪声是人们不需要的声音的总称，因此一种声音是否属于噪声，除声音本身的物理性质外，还与判断者心理和生理上的因素有关。一个人喜欢的声音，对于另一个人却被视为噪声，这样的情况是非常多的。例如，优美的音乐对正在思考问题的人来说却是噪声。所以，可以说任何声音都可能成为噪声。

② 声音在空气中传播时衰减很快，它的影响面不如大气污染和水污染那么广，而具有局部性。但是在某些情况下，噪声的影响范围很广，如发电厂高压排气放空，其噪声可能干扰周围几十千米内居民生活的安宁。

③ 噪声污染在环境中不会有残留的污染物质存在，一旦噪声源停止发声后，噪声污染也立即消失。

④ 噪声一般不直接致命或致病，它的危害是慢性的和间接的。

2.1.3 噪声的危害

2.1.3.1 噪声对人体的危害

噪声对人的影响可分为两种：听觉影响和心理-社会影响。听觉的影响包括使听力损失和干扰语言交流；心理-社会方面的影响包括引起烦恼、干扰睡眠、影响工作效率等。

（1）听力损失

听力损失可能是暂时性的，也可能是永久性的。暂时性听力损失包括暂时性阈值偏移（TTS），永久性听力损失包括听觉创伤和永久性阈值偏移（PTS）。应将噪声导致的听力损失与年龄、药物、疾病、头部打击等其他因素造成的听力损失加以区分。

爆炸的声音会使鼓膜破裂或者使听骨链错位。短暂地暴露于非常强烈的噪声环境中所导致的永久性听力损失称为听觉创伤。TTS 经常伴随有耳鸣、听不清声音和耳朵不舒服等现象。大多数 TTS 在暴露于噪声的 2h 内发生。出现 TTS 以后，在暴露于噪声后的 1~2h 内开始恢复。在暴露后的 16~24h 内大部分都将恢复。TTS 与 PTS 之间似乎有直接的关系。如果在某一噪声级下暴露 2~8h 后不会产生 TTS，则持续暴露下去也不会产生 PTS。

因噪声导致的永久性听力丧失，其开始和发展过程是缓慢的、不知不觉的，暴露的个人可能注意不到。噪声暴露导致的全部听力丧失目前尚未发现。

（2）干扰语言交流

众所周知，噪声会干扰人们交流的能力。很多噪声即使没有达到引起听力损伤的程度，也会干扰语言交流。这种干扰或屏蔽效应是说话者与听者间距离及说话频率等因素的复杂函数。讲话干扰级用于测量交流的难易程度，它能将不同背景的噪声级关联起来。目前，用 A 计权背景噪声级和语言交流质量来描述噪声对语言交流的干扰更为方便。

（3）引发烦恼

噪声引起的烦恼是人们对听觉经历做出的一种反应。在被噪声扰乱或打断的活动中，在对噪声的生理反应以及对由噪声所带来信息含义上的反应方面，产生的烦恼均有一定规律可循。例如，同样的声音，在晚上听起来可能比白天更令人烦恼。当一种声音与另一种已经令人不喜欢或对听者有威胁的声音相似时，可能更令人烦恼。不会很快移除的声音可能比暂时的声音更令人烦恼。

（4）干扰睡眠

睡眠干扰是一种特别的烦恼，因此受到了广泛的注意和研究。几乎所有人都有过被吵闹、令人受惊或烦恼的声音从深沉的睡眠中吵醒或处于这些声音中而不能入睡的经历。人们经常被闹钟或收音机闹铃唤醒，但也可以习惯这些声音而继续睡下去。日常经验也表明，声音可以帮助诱导入睡，或许还可以帮助维持睡眠。轻松的摇篮曲、稳定的风扇嗡嗡声、海浪有节奏的声音均可以使人放松，某些稳定的声音可作为声罩并屏蔽短暂的干扰声。睡眠扰人问题十分复杂。一个乡下人可能难以在喧闹的市区入睡，而一个都市人在乡村地区则可能被安静所困扰而不能入睡；父母会因自己小孩身体的轻微转动而惊醒，却不会被雷雨惊醒。这些现象表明，声音和晚间睡眠质量之间的关系是复杂的。

在轻度睡眠时，当声音比人在清醒、警惕、专注时所能听到的声级高 30～40dB(A) 时，人会被唤醒；而在深度睡眠时，此声音需要高出 50～80dB(A)，方可唤醒沉睡中的人。

（5）影响工作效率

当工作需要用到听觉信号、语言或非语言时，任何强度的噪声，当其足以妨碍或干扰人们对这些信号的认知时，该噪声将影响工作效率。

不规律的噪声爆发比稳定的噪声更具有破坏性。高于 1000～2000Hz 的高频噪声对工作效率的影响比低频噪声更严重。与简单工作相比较，复杂工作更可能受到噪声的不良影响。

（6）影响儿童和胎儿的发育

研究表明，噪声会使母亲产生紧张反应，引起子宫血管收缩，以致影响供给胎儿发育所必需的养料和氧气。噪声还影响胎儿的体重。此外因儿童发育尚未成熟，各组织器官十分娇嫩和脆弱，无论是体内的胎儿还是刚出世的孩子，噪声均可损伤其听觉器官，使听力减退或丧失。

噪声会影响少年儿童的智力发展，有人做过调查，吵闹环境下儿童智力发育比安静环境中低 20%。

（7）影响视力

噪声不仅影响听力，还影响视力。长时间处于噪声环境中的人很容易产生视疲劳、眼痛、眼花和视物流泪等眼损伤现象。同时，噪声还会使色觉、视野发生异常。

（8）影响生物

噪声对自然界的生物也是有影响的。如强噪声会使鸟类羽毛脱落，不产卵，甚至会使其内出血或死亡。

2.1.3.2　噪声对设备和建筑物的损坏

除上述影响外，噪声还可能损坏物质结构。140dB(A) 以上的噪声可使墙震裂、瓦震落、门窗破坏，甚至使烟囱及古老的建筑物发生倒塌，使钢产生"声疲劳"而损坏。强烈的噪声使自动化、高精度的仪表失灵，当火箭发出的低频率的噪声引起空气振动时，会使导弹和船产生大幅度的偏离，导致发射失败。

高强度和特高强度噪声能损害建筑物和发声体本身。航空噪声对建筑物的影响很大，如超音速低空飞行的军用飞机在掠过城市上空时，可导致民房玻璃破碎、烟囱倒塌等损害。美国统计了 3000 件喷气飞机使建筑物受损的事件，其中，抹灰开裂的占 43%，窗损坏的占 32%，墙开裂的占 15%，瓦损坏的占 6%。

在特高强度的噪声［160dB（A）以上］影响下，不仅建筑物受损，发声体本身也可能因声疲劳而损坏，并使一些自动控制和遥控仪表设备失效。

此外，由于噪声的掩蔽效应，往往使人不易察觉一些危险信号，从而容易造成工伤事故。在我国几个大型钢铁企业，都曾发生过高炉排气放空的强大噪声遮蔽了火车的鸣笛声，造成正在铁轨上工作的工人被火车轧死的惨重事件。

2.1.4 噪声控制的一般方法

环境噪声只有当声源、声的传播途径和接受者三者同时存在时，才能构成污染问题。因此，噪声污染控制也必须从这以下3方面进行考虑。

2.1.4.1 噪声源控制

控制噪声源是降低噪声的最根本和最有效的方法。噪声源控制，即从声源上降噪，就是通过研制和选择低噪声的设备，采取改进机器设备的结构，改变操作工艺方法，提高加工精度或装配精度等措施，使发声体变为不发声体或降低发声体辐射的声功率，将其噪声控制在所允许的范围内的方法。噪声源控制的具体措施主要有以下几种。

① 选用内阻尼大、内摩擦大的低噪声材料。一般的金属材料，因其内阻尼、内摩擦都较小，消耗振动能量的能力弱，所以，通常金属材料制成的机械零件和设备，在振动力的作用下，产生和辐射较强的噪声。若采用内阻尼大、内摩擦大的合金或高分子材料，其较大的内摩擦可使振动能转变为热能耗损掉，故这类材料可以大幅度降低噪声辐射。

② 采用低噪声结构形式。在保证机器功能不变的前提下，通过改变设备的结构形式，可以有效地降低噪声，如皮带传动所辐射的噪声要比齿轮传动小得多。

③ 提高零部件的加工精度和装配精度。提高零部件的加工精度和装配精度，可以降低由于机件间的冲击、摩擦和偏心振动所引起的噪声。

④ 抑制结构共振。

2.1.4.2 噪声传播途径控制

噪声传播的媒介主要是空气和建筑构件，因此传播途径的控制也主要是空气声传播和固体声传播的控制。

（1）空气声传播的主要控制方法

① 采用隔声屏、隔声罩等装置，将噪声源与接受者分离开。该方法可降低噪声20～50dB（A）。

② 通过在噪声的传播通道上，如墙壁、隔声罩内表面等处铺设吸声材料，使一部分声能在传播过程中被吸声材料吸收并转化成热能，可降低噪声3～10dB（A）。

③ 在声源与接受者之间通过管道安装消声器，使声能在通过次消声器时被损耗，从而达到降噪的目的，使用消声器通常可使噪声降低15～30dB（A）。

（2）固体声传播的主要控制方法

① 在机器表面或壳体上涂抹阻尼材料，或采用高阻尼材料来抑制振动，该方法可降低噪声5～10dB（A）。

② 采用减振器、橡胶垫等将振源与机器隔离开，减弱外界激励力对机器的影响，降

低噪声辐射。此类方法的降噪量为 5~25dB(A)。

2.1.4.3　个体防护

在上述噪声控制方法暂时无法实现的情况下，在高噪声环境中工作的职工，必须采取个人保护措施。如佩戴耳塞、耳罩、头盔和防声棉等，这些防护用具，主要是利用隔声的原理，使强烈的噪声传不进耳内，从而达到保护人体不受噪声危害的目的。

本章后面将详细描述吸声、隔声、消声三种控制方法，隔振将在第 3 章中论述。

2.2　噪声的物理量度

自然界中的声音纷繁复杂，多种多样，但主要是强弱和高低的度量，强弱是指声音的大小，是震耳欲聋，还是弱如游丝；高低是声音的音调，是尖厉刺耳还是沉闷低回。本节主要介绍一下它们的客观量度。

2.2.1　声压与声压级

（1）声压

声音是在介质中以波动方式传播的，在空气中没有声波时，空气中的压强即为大气压；当有声波时，空气就有起伏扰动，使原来大气压上叠加一个变化的压强。声压就是指介质中的压强相对于无声波时的压强改变量，通常用 P 表示，其单位为 Pa。

$$1 标准大气压＝101325Pa$$

振幅的大小决定声压的大小，振幅越大，质点离开平衡位置越远，声压越大。声压只有大小，没有方向。声压随时间起伏变化，每秒钟内变化的次数很大，传到人耳时，由于耳膜的惯性作用辨别不出声压的起伏，即不是声压的最大值起作用，而是一个稳定的有效声压起作用。有效声压是一段时间内瞬时声压的均方根值。

$$P = \sqrt{\frac{1}{T}\int_0^t P^2(t)\mathrm{d}t} \tag{2-3}$$

式中　T——周期；

　　$P(t)$——瞬时声压，Pa；

　　　t——时间，s。

对于正弦波来讲，$P = P_m/\sqrt{2}$，P_m 为最大声压，声压就是有效声压的简称。声压是表示声音强弱最常用的物理量，多数接收器都是响应于声压的，对于听力正常的人来说，当 1kHz 纯音的声压为 2×10^{-5}Pa 时，则刚刚能听到，这叫听阈声压，而声压达到 20Pa 时，会感到震耳欲聋，这叫痛阈声压。通常人们说话的声压为 0.02~0.03Pa，只是大气压的千万分之二三左右。

（2）声压级

人耳具有许多奇特的性能，它可以感受到从听阈声压 2×10^{-5}Pa 到痛阈声压 20Pa，相差 100 万倍的声音变化。在这样宽广的范围内，用声压的绝对值来衡量声音的强弱是很不方便的，同时在这样宽广的范围内，实现具有一定精度的量度也是很难的，为了把上述宽广的变化压缩为实用中容易处理的范围，引用一个成倍比关系的对数量——级，作为声音大小的常用单位，即以声压级代替声压。引入"级"表示声音强弱，就需要规定一个基准作比较标准，国际上统一规定，把正常人耳刚刚能听到的声压作为基准声压 P_0。

声压级的数学表达式为

$$L_P = 10\lg \frac{P^2}{P_0^2} = 20\lg \frac{P}{P_0} \tag{2-4}$$

式中 L_P——声压级，dB(A)；

P——压强，Pa；

P_0——基准声压，2×10^{-5} Pa。

引入声压级概念后，听阈声压级为 0dB(A)，而痛阈声压级为 120dB(A)。这样由原来的 100 万倍的变化范围，变成 0～120dB(A) 的变化范围。

2.2.2　声强与声强级

（1）声强

在垂直于声波传播的方向上，单位时间内通过单位面积的声能量叫声强，通常用 I 表示，单位是瓦每平方米。正常人耳对 1000Hz 纯音的可听声强是 10^{-12} W/m^2，称为基准声强。

在自由声场中，某点的声强与该点的声压平方成正比：

$$I = \frac{P^2}{\rho c} \tag{2-5}$$

式中 ρ——空气密度，kg/m^3；

c——空气中声速，m/s。

（2）声强级

与声压相类似，声强也可用声强级来表示，即

$$L_I = 10\lg \frac{I}{I_0} \tag{2-6}$$

式中 L_I——声强级，dB；

I——声强，W/m^2；

I_0——基准声强，10^{-12} W/m^2。

2.2.3　声功率与声功率级

（1）声功率

声功率是描述声源性质的，它不像声压或声强那样随离声源的距离加大而减小，它表示单位时间内声源向外辐射的总能量。通常用 W 表示，单位是瓦。

在自由声场中声功率与声强的关系为

$$W = 4\pi r^2 I \tag{2-7}$$

式中 W——声源辐射的声功率，W；

r——离开声源的距离，m；

I——距离声源 r(m) 处的声强，W/m^2。

（2）声功率级

声功率也用级来表示，声功率的级为

$$L_W = 10 \lg \frac{W}{W_0} \tag{2-8}$$

式中　L_W——声功率级，dB；

　　　W_0——基准声功率，10^{-12} W。

各种环境的声压和声压级见表 2-2。

表 2-2　各种环境的声压和声压级

声压/Pa	声压级/dB(A)	环　　境	声压/Pa	声压级/dB(A)	环　　境
630	150	喷气飞机喷口附近	0.063	70	繁华街道上
200	140	喷气飞机附近	0.02	60	普通说话
63	130	锻锤、铆钉工人操作位置	0.0063	50	微电机附近
20	120	大型球磨机附近	0.002	40	安静房间
6.3	110	8-18 型鼓风机附近	0.00063	30	轻声耳语
2.0	100	纺织车间	0.0002	20	树叶下落的沙沙声
0.63	90	4-72 风机附近	0.000063	10	农村静夜
0.2	80	公共汽车内	0.00002	0	刚刚听到

2.2.4　分贝与差的计算

2.2.4.1　分贝

分贝是一个相对单位，量纲为 1，它表示一个量超过另一个量（基准量）的程度。分贝不是声学中的专用单位，其他专业也有应用。分贝本是来源于电讯工程，用两个功率的比值取对数以表示放大器的增益、信噪比等，得出的是贝尔（B），贝尔较大，便采用贝尔的十分之一作单位，叫作分贝（dB）。采用分贝作为单位时，一定要知道其比较标准的基准值，如听阈声压值、基准声功率值等。

2.2.4.2　分贝的和

两台或多台机器同时开动时产生的噪声值如何来计算，这就涉及分贝和的运算，由于分贝是以对数为刻度表示"级"的单位，所以在运算中不能按一般法则进行计算。

（1）两种或多种声源声压级相同的计算

$$L_{P_1} = 20 \lg \frac{P_1}{P_0} \qquad L_{P_2} = 20 \lg \frac{P_2}{P_0}$$

$$L_{P_1} = L_{P_2}$$

则 $L_{和} = 10 \lg \dfrac{P_1^2 + P_2^2}{P_0^2} = 10 \lg \dfrac{2P_1^2}{P_0^2} = 20 \lg \dfrac{P_1}{P_0} + 10 \lg 2 = L_{P_1} + 10 \lg 2$

若 $L_{P_1} = L_{P_2} = \cdots = L_{P_n}$，则可得到

$$L_{和} = L_{P_1} + 10 \lg n \tag{2-9}$$

（2）两个声源声压级不同的计算

声压级定义：
$$L_1 = 10\lg \frac{P_1^2}{P_0^2} \qquad L_2 = 10\lg \frac{P_2^2}{P_0^2}$$

分别取反对数：
$$10^{\frac{L_1}{10}} = \frac{P_1^2}{P_0^2} \qquad 10^{\frac{L_2}{10}} = \frac{P_2^2}{P_0^2}$$

$$L_{\text{和}} = 10\lg \frac{P_1^2 + P_2^2}{P_0^2} = 10\lg\left(\frac{P_1^2}{P_0^2} + \frac{P_2^2}{P_0^2}\right) = 10\lg\left(10^{\frac{L_1}{10}} + 10^{\frac{L_2}{10}}\right)$$

$$= 10\lg 10^{\frac{L_1}{10}}\left(1 + 10^{\frac{L_2-L_1}{10}}\right) = L_1 + 10\lg\left(1 + 10^{\frac{L_2-L_1}{10}}\right)$$

$$= L_1 + 10\lg\left(1 + 10^{\frac{-\Delta}{10}}\right) \tag{2-10}$$

式中，$\Delta = L_1 - L_2$。

要保持大数减小数，以得正数，把 $10\lg\left(1 + 10^{\frac{-\Delta}{10}}\right)$ 作为 Δ 的函数列成表2-3。

表 2-3　Δ 与 $10\lg\left(1 + 10^{\frac{-\Delta}{10}}\right)$ 的值

$(\Delta = L_1 - L_2)/\text{dB(A)}$	0	1	2	3	4	5	6	7	8	9	10	11	12	13	14	15 以上
$10\lg\left(1 + 10^{\frac{-\Delta}{10}}\right)$	3	2.5	2.1	1.8	1.5	1.2	1.0	0.8	0.6	0.5	0.4	0.3	0.3	0.2	0.2	0.1

式（2-10）说明，欲求两个不同噪声级合成时，合成后的总噪声级 $L_{\text{和}}$ 应是两噪声中噪声级较大的值 L_1，再加上一个 $10\lg\left(1 + 10^{\frac{-\Delta}{10}}\right)$。两个噪声级相差 3dB（A）时，附加值为 1.8dB（A），而相差 10dB（A）以上时，就只有 0.1～0.4dB（A），因此，在相差较大时可直接用较大的那个声压级来作为合成后的总声压级。

【例1】 三台机床运转时各噪声级分别为 87dB（A）、84dB（A）、80dB（A），求它们的总声压级为多少分贝？

解：先将其按大小顺序排列，然后依次计算：

```
    87              84            80
    |──── (3) ──────|  1.8
    87 + 1.8 = 88.8
           |──── (8.8) ─────────|  0.5
           88.8 + 0.5 = 89.3
```

最后总的声压级为 89.3dB（A）。

2.2.4.3　分贝的差

分贝的差利用表2-4来进行计算。

表 2-4　分贝的差计算数值

$(\Delta = L_1 - L_2)/\text{dB(A)}$	3	4	5	6	7	8	9	10
$10\lg\left(1 + 10^{\frac{-\Delta}{10}}\right)$	3	2.3	1.8	1.3	1.0	0.8	0.6	0.4

【例2】　在某车间，风机开动时，噪声为94dB(A)，关闭风机测噪声为85dB(A)，求该风机的噪声为多少。

解：风机开动与关闭时的噪声差值为：

$$94-85=9 [dB(A)]$$

查表2-4可知：$\Delta L=0.6$dB(A)，所以，风机的噪声为

$$94-0.6=93.4 [dB(A)]$$

2.2.5　频程与频谱

声音的高低是由声源振动的频率决定的，频率高的声音听起来尖厉、刺耳，频率低的声音听起来低沉、凝重。在物理性污染控制这门课程当中，一般把500Hz以下的噪声称为低频，500Hz～2kHz称为中频，2kHz以上称为高频。噪声的频率不同，其传播的特性和控制方法也有所不同。

在自然界中能发出单一频率声音的物体是极少数的，日常接触到的各种各样声音，大都是由许多不同频率、不同强度的纯音复合而成的，噪声的声强和频率一般情况下是没有规律的，杂乱无章的，听起来使人心烦意乱，而乐声是有节奏、有规律、娓娓动听的。

工业噪声通常都包括许多频率成分，在采取控制措施时，为了具有针对性，分析了解构成噪声的频率成分是有必要的。可闻声频范围为20Hz～20kHz，有1000倍的变化。为了方便起见，人们把宽广的声频范围划分为若干小的频段，就是频带或频程。一般采用的是倍频程和1/3倍频程，每一个频程都用它的几何中频率代替：

$$f_{上}:f_{下}=2^n \tag{2-11}$$

当$n=1$时称为倍频程；

当$n=1/3$时称为1/3倍频程。

$$f_{中}=\sqrt{f_{上} f_{下}} \tag{2-12}$$

式中　$f_{上}$——上限频率，Hz；

　　　$f_{下}$——下限频率，Hz；

　　　$f_{中}$——中心频率，Hz。

以倍频程为例，$f_{中}=125$Hz，$f_{上}=180$Hz，$f_{下}=90$Hz。

倍频程中心频率及其频率范围见表2-5。

表2-5　倍频程中心频率及其频率范围

$f_{中}$/Hz	31.5	63	125	250	500
频率范围/Hz	22.5～45	45～90	90～180	180～355	355～710
$f_{中}$/kHz	1	2	4	8	16
频率范围/Hz	710～1400	1400～2800	2800～5600	5600～11200	11200～22400

另外，通常所用的1/3倍频程的中心频率为：25Hz、31.5Hz、40Hz、50Hz、63Hz、80Hz、100Hz、125Hz、160Hz、200Hz、250Hz、315Hz、400Hz、500Hz、630Hz、800Hz、1kHz、1.25kHz、1.6kHz、2kHz、2.5kHz、3.15kHz、4kHz、5kHz、

6.3kHz、8kHz、10kHz、12.5kHz、16kHz、20kHz。

以频率（频程）为横坐标，以声音的强弱（声压级）为纵坐标，绘出声音强弱的频率分布图，叫做频谱图。有了频谱图，可以清楚地看出噪声的各个频率成分和相应的强度，这一工作就是所谓的频谱分析，如图 2-1 所示。

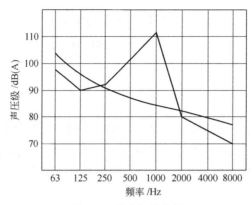

图 2-1　噪声频谱分析

2.3　噪声的评价与标准

2.3.1　噪声的评价

噪声的评价是指根据对不同强度的噪声及其频谱特性以及噪声的时间特性等所产生的危害与干扰程度所作的研究。这种研究所使用的方法基本上有两种：一种是在实验室里进行测量的方法，即将已经录下的声音重新播放，或另外产生一定强度和频率的声音，然后反复测量它对许多人的影响，这个影响可能是噪声引起的暂时性听阈改变，也可能是噪声引起的响度和吵闹度；另一种方法是进行社会调查或现场试验，如测量一个车间的噪声后，检查该车间里工人的听力和身体的健康状况，调查访问人群对某些噪声影响的反应，组织一些人到现场实地评价某些噪声的干扰。这两种方法各有其优点，可互相补充。实验室的方法虽然条件容易控制，但它与环境有差异；而现场调查或试验，因为有很多复杂因素和困难条件，所以不容易掌握。

由于噪声与主观感觉的关系非常复杂，人们对各种噪声影响的反应很不一致。因此，噪声评价仍然是环境声学研究工作中的一个重要课题。

目前，使用比较广泛的是评价噪声的响度和烦恼效应的 A 声级和以 A 声级为基础的等效声级、感觉噪声级；评价语言干扰的语言干扰级；评价建筑物室内噪声的噪声评价曲线以及综合评价噪声引起的听力损失、语言干扰和烦恼效应的噪声评价数等。

（1）响度级

为了方便，人们模仿声压级引出响度级的概念，响度级是表示声音响度的量，它把声压级和频率用一个单位统一起来，既考虑声音的物理效应，又考虑声音对人耳听觉的生理效应，它是人们对噪声的评价量之一。

响度级的单位是"方"（Phone），以 1kHz 的纯音为基准声音，以其他频率的纯音与

1kHz 纯音相比较，调整前者的声压级，使试听者判断两个纯音一样响，则该纯音的响应级（方）在数值上等于那个等响的 1kHz 纯音的声压级（分贝值）。如某声音听起来与声压级 80dB(A)、频率 1kHz 的基准声音一样响，则该声音的响度级就是 80 方。

以 1kHz 纯音为基准音，通过对比试验，可以得到整个可听范围内的声音的响度级。如果把响度级相同的点都连接起来，便得到一组曲线簇，就是等响曲线，如图 2-2 所示。

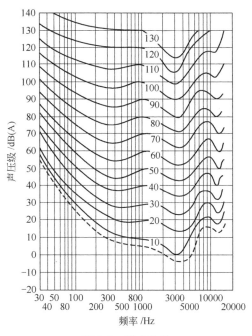

图 2-2　等响曲线

这组等响曲线的测试条件是自由声场，声源在测听者的正前方，声压级在测听者不在时进行测量，测听为双耳，受试人均是听力正常的 18～25 岁的青年人。在图中的每一个曲线上表示的声音，即使它们的声压级和频率不同，但听起来响度是一样的。最下面的一条曲线是听阈曲线，最上面的曲线是痛阈曲线。

从等响曲线图上可以得出以下结论：

① 在声压级较低时，人耳对频率为 3～4kHz 的高频声特别敏感，而对低频声不敏感，对 8kHz 以上的特高频声也不敏感，例如，响度级同样是 60 方，对 1kHz 的声音来说声压级是 60dB(A)，对 3～4kHz 的声音来说声压级是 52dB(A)，对 100Hz 的声音来说声压级是 67dB(A)，对 8kHz 以上的特高频声音来说声压级是 66dB(A)，就是说，它们的声压级虽然不同，但都是在响度级为 60 方的一条等响曲线上。

② 在声压级较低时，频率越低，声压级与响度级的差别越大。如声压级都是 40dB(A) 时，1kHz 的声音是 40 方，80Hz 的声音是 20 方，到了 50Hz 时响度级还不到零方（低于听阈线），即人耳听不见。

③ 在高声压级时，曲线较为平直。这说明声音强度达到一定程度后，声压级相同的各频率声音几乎一样响的，而与频率的关系不大。

这是描述人耳对不同频率（纯音）和强度的声音的一种主观评价量。用一组等响曲线对不同的声音做主观上的比较。

（2）A 计权声级

从图 2-3 的等响曲线中可以看出，人耳的听觉特性具有滤波作用。它所能听到的最小的声音与频率有关，并且对于声压级相同、频率不同的声音反应也不一样。由于人耳的这些听觉特性，机器辐射出的宽带噪声，一进入人耳就失真了；另外，一部分低频成分的噪声被滤掉了，也可以说被人耳计权了。

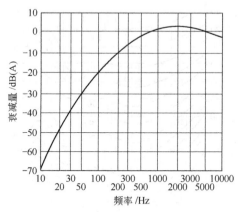

图 2-3　A 计权网络的衰减特性

人耳的听觉不能定量地测定出噪声的频率成分和相应的强度。因此，需要借助仪器来反映人耳的听觉特性。为此，人们在测量声音的仪器——声级计中，安装一个滤波器，并使其对频率的判别与人耳的功能相似，这个滤波器被称为 A 计权网络。该声级计是根据响度级为 40Phon 的等响曲线设计的滤波电路。当声音信号通过 A 计权网络时，中、低频的声音就按比例衰减，而 1000Hz 以上的声音无衰减。这种 A 计权网络计权了的声压级，就称为 A 声级，以区别于声压级。

用 A 声级评价噪声始于 1967 年。多年来，经过大量的实验和测量，现已被世界各国的声学界和医学界公认。用 A 声级测得的结果与人耳对声音的响度感觉基本一致，用它来评价各类噪声的危害和干扰，都得到了很好的结果。因此，A 声级已经成为被国内外广泛使用的最主要的环境噪声评价量之一。

（3）等效连续声级

A 计权声级对于稳定的宽频带噪声是一种较好的评价方法，但对于一个声级起伏或不连续的噪声，A 计权声级就不够合适。对于室外环境噪声，如交通噪声，噪声级是随时间变化的，当有汽车通过时，噪声可能是 85~90dB(A)，但当没有汽车时交通噪声又是另外一个数值。又如，一台机器虽其声级是稳定的，但它间歇地工作，而另一台机器噪声级虽与之相同，但一直连续地工作，那么这两台机器对人的影响就不一样。因为在相同时间内作用于人的噪声能量不相同。于是提出了将噪声能量按时间平均的方法来评价噪声对人体健康的影响，即等能量声级，又称等效连续声级，用符号 L_{eq} 表示。也就是说，用一个在相同时间内声能与之相等的连续稳定的 A 声级表示该时段内不稳定噪声的声级。例如，两台车床的噪声同为 80dB(A)，一台连续工作 8h，一台每小时中停半小时地工作 8h，显然后者发出的噪声平均能量只有前者的 1/2，即比前者小 3dB(A)，也就是相当于 8h 连续发出 77dB(A) 的噪声级，即等效连续声级为 77dB(A)。可见，等效连续声级能反映在声级不稳定的场合，人们实际所接受的噪声能量的大小。

等效连续声级按其定义，可由下式计算，即

$$L_{eq} = 10\lg\left[\frac{1}{t_2-t_1}\int_{t_1}^{t_2}\frac{P^2}{P_r^2}dt\right] = 10\lg\left[\frac{1}{t_2-t_1}\int_{t_1}^{t_2}10^{L_A/10}dt\right] \qquad (2\text{-}13)$$

式中　L_A——在 t 时刻测量到的 A 计权声级；

　　　P_r——参考声压 $20\mu Pa$。

显然，对于稳定而连续的噪声，等效连续声级即等于所测得的噪声级。L_{eq} 的计算可以用 A 计权声级，也可以是等效声压级，此时式中 L_A 换成 L_P。

（4）语言干扰级

语言干扰级是由 Beranek 提出的，作为一种对清晰指数的简易转换，它最初主要用于飞机客舱噪声的评价，现已广泛用于许多其他场合。语言干扰级是 $600\sim4800Hz$ 之间三个倍频带声压级的算术平均值。以后又经过修正，被 $500Hz$、$1000Hz$ 和 $2000Hz$ 三个倍频带中心频率声压级的平均值取代，称为更佳语音干扰级（PSIL），它与老的语言干扰级关系为

$$PSIL/dB = SIL + 3 \qquad (2\text{-}14)$$

PSIL、讲话声音的大小、背景噪声级三者之间的关系见表 2-6。

表 2-6　更佳语音干扰级　　　　　　　　单位：dB(A)

讲话者与听者间的距离/m	声音正常	PSIL 声音提高	声音很响	非常响
0.15	74	80	86	92
0.30	68	74	80	86
0.60	62	68	74	80
1.20	56	62	68	74
1.80	52	58	64	70
3.70	46	52	58	64

表中分贝值是表示以稳态连续噪声作为背景噪声的 PSIL 值。

表中所列出两个人之间的距离和相应干扰级作为背景噪声级情况，只是勉强地能保证有效的语言通讯。干扰级是指男性讲话声音的平均值（女性减 5dB），测试条件是讲话者与听者面对面，用意想不到的字，并假定附近没有反射面加强语言声级。

例如，两个人相距 0.15m，以正常声音对话，能保证听懂话的干扰级（作为背景噪声级）只允许 74dB(A)；远隔 3.7m 对话，只允许干扰级 46dB(A)。如果干扰级再高，就必须提高讲话声音才能听懂讲话。假使距离增大，如从 0.15m 增加到 0.30m，原来干扰级 74dB(A) 可用正常声音进行对讲，而现在要听懂对话就必须提高声音。

对于语言交谈，用图 2-4 以 A 计权背景噪声级作为干扰级更为方便。例如，由图可得教室中正常的讲课要使距离为 6m 的学生听得清楚，则背景噪声 A 计权声级必须在 50dB(A) 以下。

表示对语音干扰程度的另一种方法如图 2-5 所示。它表示不同发声情况、稳态背景 A 计权噪声级，讲话者和听者之间的距离与清晰度百分率之间的关系。清晰度百分率是正确地听懂所讲单字的百分数。95% 的句子清晰度通常对于可靠的通讯是允许的，因为在正常的对话中，词汇有限，少数听不清的字也能推测到。

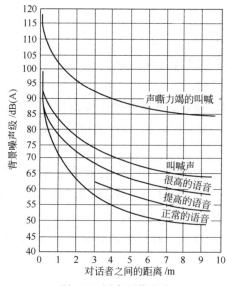

图 2-4　语言干扰程度

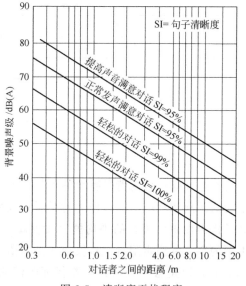

图 2-5　清晰度干扰程度

在一对一的个别交谈中，两者距离通常是 1.5m，A 计权背景噪声级高达 66dB(A)，基本上也能保证正常的语言通讯。如果一个组有许多人对话，距离为 1.5～3.6m，则背景噪声级应低于 50～60dB(A)。在公共会议室或室外庭院、公园或运动场，讲话者与听者之间距离一般是 3.7～9m，若要保持比较正常的语言通讯，则背景噪声 A 计权声级必须保持在 45～55dB(A) 以下。

（5）噪声掩蔽

当噪声很响而使人们听不清楚其他的声音时，我们就说后者被噪声掩蔽了。由于噪声的存在，使人耳对另外一个声音听觉的灵敏度降低，从而导致听阈发生迁移，这种现象叫做噪声掩蔽。听阈提高的分贝数称为掩蔽值。例如，频率为 1000Hz 的纯音当声压级为

3dB（A）时，正常的人耳还可以听到（再降低就听不见了），也就是说 1000Hz 纯音的掩蔽为 3dB（A）。当发出一声压级为 70dB（A）的噪声时，要想能听到 1000Hz 的纯音声压级，必须将该纯音提高到 84dB（A），那么就认为噪声对 1000Hz 纯音的掩蔽是 84dB（A）减 3dB（A），即 81dB（A）。

由于噪声对语言具有掩蔽作用，所以，在较高的噪声环境中，人们谈话就会感到吃力。如在电话通话中为了克服噪声的掩蔽作用，就必须提高讲话的声级。但是对于频率在 200Hz 以下或 7000Hz 以上的噪声，即使声压级高一些，对于交谈也不致引起很大的干扰，其主要原因是由于语言的频谱声能主要集中于以 500Hz、1000Hz 和 2000Hz 为中心的三个倍频程中。

（6）斯蒂文斯（Stevens）法计算响度

前面所考虑的主要是建立测量声压级〔dB（A）〕与纯音或狭带信号的主观感觉响度之间的关系，然而，大多数噪声源产生的声音频率范围都是很宽的。为了计算这一复杂噪声的响度，Stevens 在对大量听力正常人的主观测试基础上提出了等响度指数曲线，如图 2-6 所示。

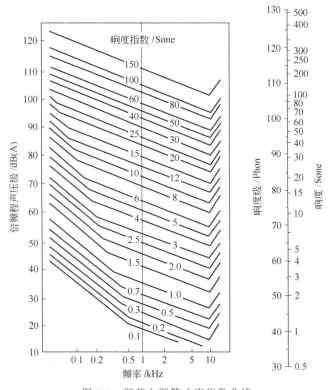

图 2-6　斯蒂文斯等响度指数曲线

这一方法是假定在一扩散声场内，它的响度指数由对应于该中心频率和频带声压级的响度指数曲线来确定。这一响度指数代表该频段对总响度的作用，但在各频段的响度指数中以最大的响度指数对总响度的作用比其他频带指数作用为大，因此，计算总响度时最大响度指数的计权数为 1，而其他响度指数的计权数小于 1，其值随频带的宽度而异。与倍频程宽为 1/1、1/2、1/3 相对应的带宽修正因子 F 分别为 0.30、0.20、0.15。

对响度的计算方法为：首先在图 2-6 中，根据各中心频率和频带声压级分别确定各频带的响度指数。在各指数中找出最大的一个指数 S_m，然后在各指数总和中除去最大的指数。乘以计权数 F，最后与 S_m 相加，即

$$S_1 = S_m + F(S - S_m) \tag{2-15}$$

式中　S_1——总响度，$S = \sum_{t=1}^{n} S_t$ 是各频率响度指数的总和（包括 S_m 在内），Sone；

　　　　F——带宽修正因子。

有了总响度（Sone）可由式（2-15）或图 2-6 中响度与响度级的关系求得响度级（Phon）。

【例 3】　由下表所列频谱（1 倍频带）给出的声压级，求出这一声音的响度。

中心频率/Hz	63	125	250	500	1000	2000	4000	5000
声压级/dB(A)	77	82	78	73	75	76	80	60
响度指数/Sone	5	10	10	8	12	15	25	8

解：由给出的各中心频率和声压级在图 2-5 中查出相应的响度指数，如上表最后一行所示。其中，最大的响度指数，$S_m = 25$ Sone，于是总响度由式（2-15）得

$$S_1 / \text{Sone} = 25 + 0.3 \times (93 - 25) = 45.4$$

（7）感觉噪声级

确定噪声对人的干扰程度比确定响度复杂得多，因为包含了心理因素的影响。例如，一般都认为高频噪声比同样响的低频噪声更吵闹，强度随时间激烈变化的噪声比强度相对稳定的同一声音更吵闹，声源位置观察不到的声音比位置确定的声音更吵闹。噪声的干扰又与一天中噪声出现的时间和人的活动有关。两个声强相同的声音，其中一个包含纯音或声能集中于窄频带内，则该声音将比另一个更令人烦恼。另外，在研究航空噪声对人的干扰过程中，人们发现用响度计算法低估了高频连续谱噪声对人的影响，即响度计算法对于航空噪声是不适用的。在综合考虑上述因素的基础上，提出了感觉噪声级和噪度这两个新的主观评价量。

感觉噪度的单位是呐，类似于响度指数。一个感觉噪度为 3 呐的声音与一个比 1 呐响 3 倍的声音一样吵闹。感觉噪度的定义是：中心频率为 1000Hz 的倍频带，声压级为 40dB(A)，规定其感觉噪度为 1 呐。感觉噪度可转换到类似指标，称为感觉噪声级（L_{pN}），单位用 PNdB 表示，也可写为 dB。

感觉噪声级是飞机噪声的评价参数。感觉噪声级、噪度与响度级、响度不同之处在于前者是以复音为基础的，而后者则以纯音或频带声为基础。若将噪度与响度作比较，则噪度更多地反映了 1000Hz 以上的高频声对人的危害和干扰。

图 2-7 为等噪度曲线，由这些曲线可以确定感觉噪度与声压级、频带的关系。它与等响度曲线的不同之处在于，它对受试者提出的不是等响的问题，而是 2 个 1/3 倍频程的噪声是否给人以相同的烦躁感觉的问题。

等噪度曲线的形状与等响曲线相似，但前者高频部分下凹得突出，这说明人们对高频声的烦躁和讨厌程度远大于低频声。感觉噪声级与噪度的关系如图 2-8 所示。由图可见，感觉噪度加倍，则感觉噪声级 L_{pN} 增加 10dB。通常感觉噪声级较感觉噪度使用得更为

习惯。

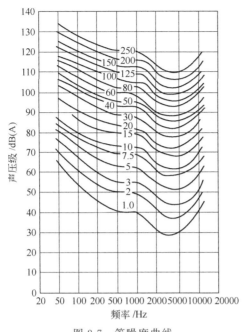

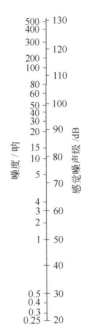

图 2-7　等噪度曲线　　　　　　　　　图 2-8　感觉噪声级与噪度的关系

计算感觉噪声级的方法与用斯蒂文斯法计算响度 S 类同。总的感觉噪度（呐）可用下式将各频带的感觉噪度加以计权，然后相加而求得，即

$$N_t / \text{呐} = N_m + F(N - N_m) \tag{2-16}$$

式中　　N_m——N_t 的最大值；

$N = \sum\limits_{t=1}^{n} N_t$——各频带噪度之和（包括 N_m 在内）；

　　　　F——与频带有关的加权数，称为带宽修正因子。1 倍频带为 0.30，1/3 频带为 0.15。

感觉噪声级与总的感觉噪度的关系可由下式来确定

$$N_t / \text{呐} = 2^{(L_{pN} - 40)/10}$$

或　　　　　　　　　　　$$L_{pN} / \text{dB} = 33.3 \lg N_t + 40 \tag{2-17}$$

（8）更佳噪声标准（PNC）曲线

由 Beranek 提出的噪声标准（NC）曲线最早在美国得到普遍推广应用。它以语言干扰级和响度级为基础，可作为评价各类室内噪声环境的一种方法。经过实践证明，NC 曲线尚有一些不足之处，于是 Beranek 对这些曲线做了修正，提出了新的更佳噪声标准（PNC）曲线，如图 2-9 所示。

这些曲线不但适用于室内活动场所稳态环境噪声的评价，而且也可用于设计控制噪声为主要目的的许多场合。PNC 曲线的使用方法是对实际存在的或建筑设计中将出现的环境噪声，取频率 31.5～8000Hz 共 9 个倍频带的声压级，由 PNC 曲线分别得到对应的 PNC 号数，其中，最大的号数即为该环境噪声的评价值。例如，PNC-35 表示这一环境噪

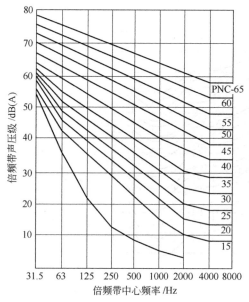

图 2-9　更佳噪声标准（PNC）曲线

声或建筑设计中噪声将达到 PNC-35 标准。表 2-7 给出了不同环境中推荐的 PNC 值。

表 2-7　各类环境 PNC 曲线的推荐值

序号	空间类型（声学上的要求）	PNC 值
1	音乐厅、歌剧院（能听到微弱的音乐声）	10～20
2	播音室、录音室（使用时远离传声器）	10～20
3	大型观众厅、大剧院（优良的听觉条件）	≤20
4	广播、电视和录音室（使用时靠近传声器）	≤25
5	小型音乐厅、剧院、音乐排练厅、大会堂和会议室（具有良好的听觉效果）或行政办公室和50人的会议室（不用扩音设备）	≤35
6	卧室、宿舍、医院、住宅、公寓、旅馆、公路旅馆等（适宜睡眠、休息等）	25～40
7	单人办公室、小会议室、教室、图书馆等（具有良好的听觉条件）	30～40
8	起居室和住宅中类似的房间（用于交谈或听收音机和电视）	30～40
9	大的办公室、接待区域、商店、食堂、饭店等（要求比较好的听觉条件）	35～40
10	休息（接待）室、实验室、制图室、普通秘书室（有清晰的听觉条件）	40～50
11	维修车间、办公室和计算机设备室、厨房和洗衣店（中等清晰的听觉条件）、车间、汽车库、工厂控制室等（能比较满意地交谈和听到电话通信）	50～60

（9）累积百分声级

现实生活中，许多环境噪声是属于非稳态的，对于这类噪声前面已述及，可用等效连续声级 L_{eq} 表达其大小，但是上述方法对噪声随机的起伏程度却设有表达出来，因而，需要用统计方法，以噪声级出现的时间概率或者累积概率来表示。目前，主要采用累积概率的统计方法，也就是用累积百分声级 L_x 表示。

L_x 是表示 $x(\%)$ 的测量时间内所超过的噪声级。例如，$L_{10} = 70\mathrm{dB(A)}$，是表示在整个测量时间内有 10% 的时间，其噪声级超过 70dB(A)，其余 90% 的时间则噪声级低于

70dB（A）。同理，$L_{50}=60$dB（A）是表示有 50% 的时间噪声级低于 60dB（A）；$L_{90}=50$dB（A）表示有 90% 的时间噪声级超过 50dB（A），只有 10% 的时间噪声级低于 50dB（A）。因此，L_{90} 相当于本底噪声级，L_{50} 相当于中值噪声级，L_{10} 相当于峰值噪声级。

如果某噪声级的统计特性符合正态分布，那么等效声级也可用下式累积百分声级近似得出

$$L_{eq} \approx L_{50} + \frac{(L_{10}-L_{90})^2}{60} \tag{2-18}$$

（10）交通噪声指数

通常，起伏的噪声比稳定的噪声对人们的干扰更大，因此评价这类噪声时必须考虑这一因素。

交通噪声指数的基本测量方法为：在 24h 周期内进行大量的室外 A 计权声压级取样。取样时间是不连续的。将这些取样声级进行统计，求得累积百分声级 L_{10} 和 L_{90}。

交通噪声指数 TNI 为 L_{10} 和 L_{90} 的计权组合被规定如下

$$\text{TNI/dB（A）}=4(L_{10}-L_{90})+L_{90}-30 \tag{2-19}$$

式中，第一项表示"噪声气候"的范围和说明噪声的起伏变化程度；第二项表示本底噪声；第三项是为使用数据方便而加入的修正值。

TNI 是根据交通噪声特性，经大量测量和调查而得出的。它只适用于机动车辆噪声对周围环境干扰的评价，而且只限于交通流量比较多的地段和时间。例如，在车辆来往繁忙的道路上测得：$L_{90}=70$dB（A），$L_{10}=84$dB（A），其 TNI$=96$dB（A）；对于车流量很少的道路，L_{10} 一般不会降低，可能仍为 84dB（A），而 L_{90} 显然会大为降低，可以假定为 55dB（A），其 TNI$=141$dB（A），大大超过前者。显然后者因噪声起伏较大而引起的烦恼较前者大。

（11）噪声污染级

噪声污染级也是用以评价噪声对人们情绪影响的一种方法，不过，它是用噪声的能量平均值和标准偏差来表示的。标准偏差实际上也是表达噪声起伏的一种形式。标准偏差越大，表示噪声离散程度越大，也即噪声的起伏越大。它的表达式为

$$L_{NP}=L_{eq}+K\sigma \tag{2-20}$$

标准偏差

$$\sigma = \sqrt{\frac{1}{n-1}\sum_{i=1}^{n}\sum_{i=1}^{n}(L_i-\bar{L})^2} \tag{2-21}$$

式中　L_i——第 i 个声级值；

　　　$\bar{L}$——所测 n 个声级的算术平均值；

　　　n——取样总数；

　　　L_{eq}——在一个指定的测量时间内 A 计权声级的等能量声级值；

　　　σ——声级的标准偏差；

　　　K——常数，经过一些测量和对噪声主观反映的调查研究，得出 $K=2.56$ 最为合适。

式（2-20）中第一项主要取决于干扰噪声的强度。在这一项中已经计入了出现的各个噪声在总的噪声暴露中所占的分量。第二项取决于干扰噪声事件相继出现的时间，尤其对

于起伏较大的噪声，这种噪声在平均能量中难以反映出来，因此，计入 $K\sigma$ 项后，能反映出起伏越大的噪声，对噪声污染级的影响就越大，对人的干扰也就越强。

计算噪声污染级应当选在对人的活动和噪声事件的发生都比较合理的一段时间内。例如，白天与晚间人的活动和噪声事件的发生显然不一样，因此，噪声污染级要分开来计算。噪声污染级在符合正态分布的条件下又可用等效连续声级或累积百分声级表示

$$L_{NP}/dB(A) = L_{eq} + L_{10} - L_{90} \tag{2-22}$$

或

$$L_{NP}/dB(A) \approx L_{50} + d + d^2/60 \tag{2-23}$$

式中，$d = L_{10} - L_{90}$。

噪声污染级适用于许多公共噪声的评价。例如，用噪声污染级来评价航空或交通噪声是非常适当的。它与噪声暴露的物理测量相比较，是非常一致的。但到目前为止，还没有收集到进一步说明噪声污染级与人们对噪声的主观反映的程度的其他试验数据。

L_{NP} 在美国住房和城市规划部门已作为一项室内和室外环境噪声允许的指标提出。例如，对现有收听无线电和电视的房间 L_{NP} 不得超过 $50 \sim 60 dB(A)$，对于卧室 L_{NP} 宜控制在 $40 \sim 65 dB(A)$ 之间。对于新建住宅区的室外环境噪声的 L_{NP} 如大于 $88 dB(A)$，则明显不可接受；如在 $74 \sim 88 dB(A)$，则一般不可接受；而在 $62 \sim 74 dB(A)$，一般认为可以接受；只有在小于 $62 dB(A)$ 时，才明显认为可以接受。

（12）昼夜等效声级

美国环保局以引用昼夜等效声级 L_{dn} 作为在整个待定时间内公共噪声暴露的单一数值量度。为了考虑噪声出现在夜间对人们烦恼的增加，规定夜间（22:00～07:00）测得的 L_{eq} 值需加权 $10 dB(A)$ 作为修正值。L_{dn} 主要用于预计人们昼夜长时间暴露在环境噪声中所受的影响。由上述的规定，L_{dn} 可以写成如下的关系式

$$L_{dn}/dB(A) = 10 lg[0.628 \times 10^{L_d/10} + 0.375 \times 10^{(L_n+10)/10}] \tag{2-24}$$

式中　L_d——白天（07:00～22:00）的等效声级值；

　　　L_n——夜间（22:00～07:00）的等效声级值。

白天和夜间的时段可以根据当地情况做适当的调整。

（13）噪声冲击指数

合理地评价噪声对环境的影响，除噪声级的分布外，还应考虑受某一声级影响的人口数，即人口密度这一因素。人口密度越高，噪声影响就越大。噪声对人们的生活和社会环境的影响（包括短期或长期的）可用噪声冲击的总计权人口数（TWP）来描述

$$TWP = \sum_i W_i P_i \tag{2-25}$$

式中　P_i——全年或某一段时间内受第 i 等级范围内［例如 $60 \sim 65 dB(A)$］昼夜等效声级影响的人口数；

　　　W_i——该等级的计权因子，见表 2-8。

当然，由于不同的国家或地区因生活习惯和环境的差异，各等级的计权值可能有所不同。从 TWP 表达式可以看出，高噪声级对少数人的冲击可等量于低噪声级对多数人的冲击。

表 2-8 不同 L_{dn} 范围的 W_i 值

L_{dn} 范围/dB(A)	W_i	L_{dn} 范围/dB(A)	W_i
35～40	0.01	65～70	0.51
40～45	0.02	70～75	0.83
45～50	0.05	75～80	1.20
50～55	0.09	80～85	1.70
55～60	0.18	85～90	2.31
60～65	0.32		

将上式的噪声冲击除以暴露在该环境噪声下的总人数 $\sum\limits_{i} P_i$，即

$$NII = \frac{TWP}{\sum\limits_{i} P_i} \tag{2-26}$$

NII 称为噪声冲击指数，也就是平均每人受到的冲击量。NII 可用作对声环境质量的评价和不同环境的互相比较，以及在城市规划布局中预估噪声对环境的影响。

（14）噪声评价数

ISO 公布了一组噪声评价曲线（即 NR 曲线），称为噪声评价数 NR，简单表示为 N。见图 2-10，图中曲线上数据为噪声评价数。噪声评价数是用来评价不同声级、不同频率

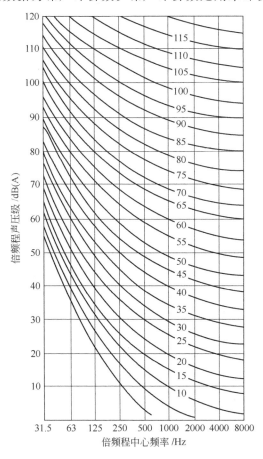

图 2-10 噪声评价曲线

的噪声对听力损伤、语言干扰和烦恼程度的标准。

噪声评价曲线的声级范围是 $0 \sim 130$ dB(A)，频率范围是 $31.5 \sim 8000$ Hz 9 个倍频程。在 NR 曲线簇上，1000Hz 声音的声压级等于噪声评价数 N。实测得到的各个倍频程声压级 L_P 与 N 的关系为

$$L_P = a + bN \tag{2-27}$$

式中　a、b——与各倍频程声压级有关的常数，见表 2-9。

表 2-9　a、b 常数

频率/Hz	31.5	63	125	250	500	1000	2000	4000	8000
a	55.4	35.5	22.0	12.0	4.8	0	−3.5	−6.1	−8.0
b	0.681	0.790	0.870	0.930	0.974	1.000	1.015	1.025	1.030

对于一般的噪声，其噪声评价数 N 可近似地由 A 声级 L_{PA} 求出

$$L_{PA} = N + 5 \tag{2-28}$$

为了保护听力，通常取 $N = 85$ dB(A)，作为最大允许的噪声评价数。对于其他环境，可参考表 2-10 所列的建议值来确定 N。

表 2-10　建议的噪声评价数 N　　　　　　　　　单位：dB(A)

卧　　室	办 公 室	教　　室	工　　厂
$20 \sim 30$	$30 \sim 40$	$40 \sim 50$	$60 \sim 70$

（15）噪声剂量

噪声剂量 D 定义为实际噪声暴露时间 $T_{实}$ 与容许暴露时间 T 之比，即

$$D = T_{实} / T \tag{2-29}$$

如工作场所的噪声剂量超过 1 或 100%，则在场的工作人员所接受的噪声就超过安全标准。通常，职工每天所接受的噪声往往不是某一固定声级，这时，噪声剂量应按具体的声级和相应的暴露时间进行计算，即

$$D = T_{实1}/T_1 + T_{实2}/T_2 + \cdots + T_{实n}/T_n \tag{2-30}$$

2.3.2　噪声标准

环境噪声不但干扰人们工作、学习和休息，使正常的工作生活环境受到影响，而且还危害人们的身心健康。噪声对人的影响既与噪声的物理特性（如声强、频率、噪声持续时间等）有关，也与噪声暴露时间、个体差异因素有关。因此，必须对环境噪声加以控制，但控制到什么程度是一个很复杂的问题。它既要考虑对听力的保护，对人体健康的影响，以及噪声对人们的困扰，又要考虑目前的经济、技术条件的可能性。为此，通过采用调查研究和科学分析的方法，应对不同行业、不同领域、不同时间的噪声暴露分别加以限制，这一限制值就是噪声标准。国家权力机关根据实际需要和可能性，颁布了各种噪声标准。

（1）工业企业噪声卫生标准

该标准是我国卫生部和国家劳动总局于 1979 年颁发的试行标准。标准规定：对于新建、扩建和改建的工业企业，8h 工作时间内，工人工作地点的稳态连续噪声级不得大于

85dB(A)，对于现有工业企业，考虑到技术条件和实际条件，则不得大于 90dB(A)，并逐步向 85dB(A) 过渡。当工人每天噪声暴露时间不足 8h，则噪声暴露值可按表 2-11 做相应放宽。反之，当工人工作地点的噪声级超过标准时，则噪声暴露的时间按表 2-11 相应减少。

表 2-11　车间内部容许噪声级

每个工作日噪声暴露时间/h	8	4	2	1	1/2	1/4	1/8	1/16
新建企业容许噪声级/dB(A)	85	88	91	94	97	100	103	106
现有企业容许噪声级/dB(A)	90	93	96	99	102	105	108	111
最高噪声级/dB(A)	≤115							

例如，按现有工业企业的噪声标准规定，在 93dB(A) 噪声环境中工作的时间只容许为 4h，其余 4h 必须在不大于 90dB(A) 的噪声环境中工作；在 96dB(A) 的噪声环境中工作容许为 2h，其余 6h 必须在不大于 90dB(A) 的噪声环境中工作。依此类推，并以 115dB(A) 为最高限，超过 115dB(A) 的噪声级是不容许的，必须采取有效的降低噪声或增加其他个人防护措施。

对于非稳态噪声的工作环境或工作位置流动的情况，根据检测规范的规定，应测量等效连续声级，或测量不同的 A 声级和相应的暴露时间，然后按如下方法计算等效连续 A 声级或计算噪声暴露率。

等效连续 A 声级的计算是先将一个工作日（8h）内所测得的各 A 声级从小到大分成八段排列，每段相差 5dB(A)，以其中心声级的算术平均值来表示，如 80dB(A) 表示 78~82dB(A) 的声级范围，85dB(A) 表示 83~87dB(A) 的声级范围，依此类推。低于 78dB(A) 的声级可不予考虑，则一个工作日的等效连续声级为

$$L_{eq} = 80 + 10\lg \frac{\sum_n 10^{\frac{n-1}{2}} T_n}{480} \tag{2-31}$$

式中　n——中心声级的段数，$n=1\sim8$，如表 2-12 所列；

　　　T_n——第 n 段中心声级在一个工作日内所累积的暴露时间。

表 2-12　各段中心声级和暴露时间

n（段数）	1	2	3	4	5	6	7	8
中心声级 L_n/dB(A)	80	85	90	95	100	105	110	115
暴露时间 T_n/min	T_1	T_2	T_3	T_4	T_5	T_6	T_7	T_8

噪声暴露时间的计算是将暴露声级的时数除以该暴露声级的允许工作的时数。设暴露在 L_i 声级的时数为 C_i，L_i 声级允许暴露时数为 T_i（从表 2-11 查出），则按每天 8h 工作可算出噪声暴露率，即

$$D = \frac{C_1}{T_1} + \frac{C_2}{T_2} + \frac{C_3}{T_3} + \cdots = \sum_i \frac{C_i}{T_i} \tag{2-32}$$

如 $D>1$，则表明 8h 工作的噪声暴露剂量超过允许标准。

一些国家的工业噪声标准见表 2-13。

表 2-13　一些国家工业噪声允许标准（A 声级）

国　　别	连续噪声级 /dB(A)	暴露时间 /h	时间减半允许 提高量/dB(A)	最高限度 /dB(A)	脉冲噪声级 /dB(A)
美国	85	8	3	115	140
英国	90	8	5		150
法国	90	40	3		
澳大利亚	90		3	115	
意大利	90	8	5	115	140
加拿大	90	8	3	115	140
日本	90		3		
德国	90				
瑞士	90		3		
丹麦	90		3	115	
瑞典	85		3	115	
奥地利	95		3		
比利时	90	40	5	110	140

（2）城市环境噪声标准

根据城市中不同的社会功能，按照环境噪声控制的要求可划分为若干类不同控制限制的区域。我国于 1982 年颁布的《城市区域环境噪声标准》（GB 3096—82），将城市按不同社会功能划分为 6 类区域，规定了各类区域的环境噪声标准。2008 年，该标准经修改后重新颁布（GB 3096—2008），其内容见表 2-14。

表 2-14　我国城市各类区域环境噪声标准（L_{eq}）

声环境功能区类别		适用区域	噪声限值/dB(A)	
			昼间	夜间
0 类		指康复疗养区等特别需要安静的区域	50	40
1 类		指以居民住宅、医疗卫生、文化教育、科研设计、行政办公为主要功能，需要保持安静的区域	55	45
2 类		指以商业金融、集市贸易为主要功能，或者居住、商业、工业混杂，需要维护住宅安静的区域	60	50
3 类		指以工业生产、仓储物流为主要功能，需要防止工业噪声对周围环境产生严重影响的区域	65	55
4 类		指交通干线两侧一定距离之内，需要防止交通噪声对周围环境产生严重影响的区域		
4 类	4a	高速公路、一、二级公路、城市快速路、城市主干路、城市次干路、城市轨道交通（地面段）、内河航道两侧区域	70	55
	4b	铁路干线两侧区域	70	60

该标准还规定，位于城郊和乡村的疗养院、高级别墅区、高级宾馆区等按严于 0 类标准 5dB(A) 执行；穿越城区的内河航道两侧区域，穿越城区的铁路主、次干线两侧的背

景噪声（指不通过列车时的噪声水平）限制按 4 类标准执行；夜间突发的噪声，其最大值不超过标准值 15dB(A)。

中国科学院声学研究所对我国噪声标准在有关听力保护、语言干扰和对睡眠的影响三个方面，提出了建议值。理想值是噪声为无任何干扰或危害的情况，可作为达到满意效果的最高标准。极大值是允许噪声有一定的干扰和危害的情况（睡眠干扰 23%，交谈距离 2m，对话稍有困难，听力保护 80%），但不能超过这个限度，如果超过限度，就会造成严重的干扰和危害。在实际情况中，应根据噪声的性质、地区环境和经济条件等决定位于理想值和极大值之间的具体标准。

2.4　噪声测量

噪声测量是对环境噪声进行监测、评价和控制的重要手段。为了对噪声进行正确的测量和分析，必须了解测量仪器的性能和作用，明确测量分析的目的，选择适当的测量方法和规范。

2.4.1　测量仪器

常用的噪声测量仪器有声级计、频谱分析仪、电平记录仪和磁带记录仪等。

2.4.1.1　声级计

声级计是一种按照一定的频率计权和时间计权测量声音的声压级和声级的仪器，是声学测量中最常用的基本仪器。声级计适用于室内噪声、环境噪声、机器噪声、车辆噪声以及其他各种噪声的测量，也可以用于电声学、建筑声学等的测量。由于声音是由振动引起的，因此将声级计上的传声器换成加速度传感器，还可以用来测量振动。

（1）声级计的分类

按照国际电工委员会的标准（IEC651）规定，声级计按精度分为 4 种类型，见表 2-15。

表 2-15　声级计的分类

类　型	精　度　声　级　计		普　通　声　级　计	
	0 型	Ⅰ 型	Ⅱ 型	Ⅲ 型
精度	±0.4dB(A)	±0.7dB(A)	±1dB(A)	±1.5dB(A)
用途	实验室标准仪器	声学研究	现场测量	监测、普查

声级计用途广，品种多，新产品不断涌现，通常按其用途又可分为四大类。

① 普通声级计　如丹麦 BK 公司 2219；国产 RSJ-2（上海风雷厂），ND10、ND12（江西红声器材厂）等。它们的技术规格均符合Ⅱ型声级计的要求。

② 精密声级计　如丹麦 BK 公司 2203，2215；国产 ND2（江西红声器材厂），SJ-1（湖南衡阳仪表厂）等。其技术规格符合Ⅰ型声级计的要求。

③ 脉冲精密声级计　如丹麦 BK 公司 2209，2210；国产 ND6（江西红声器材厂）等。它们除具有精密声级计的功能外，还增加了测量脉冲噪声的部分，其中 2210 符合 0 型声

级计的要求，2209 和 ND6 符合Ⅰ型声级计的要求。

④ 精密积分式声级计　这是近些年来的新产品，主要用来测量某一段时间内噪声的等效连续 A 声级 L_{eq}（A），适用于周期性、随机和脉冲噪声。型号有丹麦 BK 公司 2230、2218；国产 ND14（江西红声器材厂）等。它们的技术规格一般均符合Ⅰ型声级计的要求。

（2）声级计的结构和工作原理

声级计一般有传声器、放大器、衰减器、计权网络、方均根检波器和指示仪表组成。见图 2-11。

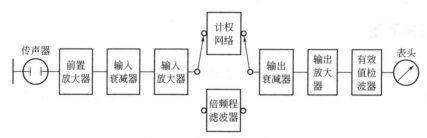

图 2-11　声级计构造方框图

Ⅰ．传声器。这是将声信号（声压）转换为电信号（交变电压）的声电换能器。按照换能原理和结构的不同，传声器可分为晶体传声器、电动式传声器、电容式传声器和驻极体传声器等。其中最常用的是电容式传声器，它具有频率范围宽、频率响应平直、灵敏度变化小、长时间稳定性好等优点，而且要加极化电压才能正常工作。晶体传声器一般用于普通声级计，电动式传声器现已很少采用。

电容传声器主要由紧靠着的后极板和绷紧的金属膜片组成，后极板和膜片互相绝缘，构成一个以空气为介质的电容器，见图 2-12。当声波作用在膜片上时，使膜片与后极板间距变化，电容也随之变化，这就产生一个交变电压信号输送到前置放大器中去。

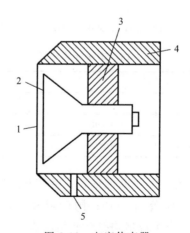

图 2-12　电容传声器
1—膜片；2—后极板；3—绝缘体；4—外壳；5—均压孔

电容传声器的灵敏度有 3 种表示方法。

① 自由场灵敏度：是指传声器输出的开路电压和传声器放入声场前该点自由声场声

压的比值。

②　声压灵敏度：是指传声器输出端的开路电压与作用在传声器膜片上声压的比值。因为声场中某点的声压在传声器放入前后是不一样的，由于传声器的放入，声场产生散射作用，使得作用于传声器膜片上的声压要比传声器放入之前该点的声压大。这样，对于同一传声器，自由场灵敏度大于声压灵敏度，这在高频时比较明显。

③　扩散场灵敏度：这是指传声器置于扩散声场中其输出端开路电压与传声器未放入之前该扩散声场的声压之比。对指向性为旋转对称的传声器，其扩散场灵敏度 M 可表示为

$$M^2 = K_1 M_0^2 + K_2 M_{30}^2 + K_3 M_{60}^2 + \cdots + K_7 M_{180}^2 \tag{2-33}$$

式中　M_0、M_{30}、$\cdots$、M_{180}——各对应入射角的传声器平面自由场灵敏度；

$K_1 = K_7 = 0.018$，$K_2 = K_6 = 0.129$，$K_3 = K_5 = 0.224$，$K_4 = 0.258$。

电容传声器的灵敏度单位是 V/Pa（或 mV/Pa），并以 1V/Pa 为参考 0dB（A）得到灵敏度级。HS14401 型电容传声器的标称灵敏度为 50mV/Pa，灵敏度级为 -26dB（A）。

Ⅱ. 放大器。电容传声器将声信号转换成的电信号是很微弱的，不能直接在电表上指示出来。因此，需要将电信号加以放大。根据声级计的最低声级测量范围要求及电表电路的灵敏度，可以估算出放大器的放大量。对放大器要求具有较高的输入阻抗和较低的输出阻抗，有一定的动态范围（要有 4 倍峰值因数容量），较小的非线性失真和较宽的频率范围。还要求在使用中性能稳定，放大倍数随时间和温度的变化要小，以保证测量的准确性和可靠性。声级计内的放大系统包括输入放大器和输出放大器两组。

Ⅲ. 衰减器。声级计不仅要测量微弱信号，也要测量较强的信号，即要有较大的测量范围，例如要测量 25～140dB（A）范围的声级。但检波器和指示器不可能有这么宽的量程范围，这就需要采用衰减器。为了提高信噪比，将衰减器分为输入衰减器和输出衰减器。输入衰减器放在第 1 组放大器前面，功能是将接收的强信号衰减，不使输入放大器过载。但在信号衰减时，第 1 组放大器所产生的噪声却不被衰减，信噪比得不到提高。输出衰减器接在第 1 组放大器和第 2 组放大器之间，而且在一般测量时，输出衰减器尽量处在最大衰减位置。这样，当测量较大信号时，由于输出衰减器的衰减作用，输入衰减器的衰减量减小，加到第 1 组放大器上的输入信号提高了，信噪比也就提高了。衰减器一般以 10dB（A）分挡。

Ⅳ. 计权网络。在噪声测量中为了使声音的客观物理量和人耳听觉的主观感觉近似取得一致，声级计中设有 A、B、C 计权网络，并已标准化。它们分别模拟 40 方、70 方和 100 方等响应曲线倒置加权。有的声级计还具有"线性"频率响应，线性响应测量的是声音的声压级。A、B、C 计权网络测得的称为（计权）声级，它们是有区别的。

Ⅴ. 电表电路。电表电路用来将放大器输出的交流信号检波（整流）成直流信号，以便在表头上得到适当的指示。信号的大小一般有峰值、平均值和有效值三种表示方法，用得最多的是有效值。

2.4.1.2　滤波器和频谱分析仪

（1）滤波器

滤波器是一种能让一部分频率成分通过，其他频率成分衰减掉的仪器。滤波器种类很

多，按其频带宽度不同可分为恒定百分比带宽滤波器和恒定带宽滤波器；按其滤波器特性不同可分为高通、低通、带通、带阻等形式。噪声测量中常用的倍频程滤波器和 1/3 倍频程滤波器即属于恒定百分比带宽滤波器。恒定百分比带宽滤波器的优点是分析程序简单、迅速，特别适于对含有若干谐波成分的噪声进行频谱分析。缺点是带宽随中心频率的增大而迅速增大，在高频范围分辨率较低。如果要对噪声的一些峰值做较详细的分析，可采用恒定带宽滤波器，其中心频率一般可调，带宽也可选择，通常可由几赫到几十赫。由于带宽可固定，在高频范围的分辨率较高。

（2）频谱分析仪

把声级计和滤波器组合起来即构成频谱分析仪。可用来对噪声进行频谱分析。将滤波器的输入端和输出端分别接到声级计的"外接滤波器输入"和"外接滤波器输出"插孔，声级计的计权开关置于"外接滤波器"，这时滤波器即插入到声级计输入放大器和输出放大器之间。

2.4.1.3　电平记录仪和磁带记录仪

电平记录仪是实验室使用的一种记录仪器。它可以把声级计、振动计、频谱仪和磁带记录仪的电信号直接记录在坐标纸上，以便于保存和分析。常用的记录方式有两种：一种是级-时间图形，另一种是级-频率图形。记录的级根据需要（选择不同传感器）可以是声压级或振动加速度级等。如果把声级计的信号输入电平记录仪，在记录纸上可得到噪声级随时间变化的时间谱。如果把频谱分析仪和电平记录仪联动，则可得到噪声的频谱图。频谱的带宽可以按需要选择不同的滤波器。

磁带记录仪是一种经常采用的现场测量信号记录储存仪器。可将噪声信号记录在磁带上，以便带回实验室做进一步分析。其基本工作原理和录音机相同，但在频响范围、动态范围和信噪比等性能上要求更高些。其记录方法除了 DR（直接记录）方式外，还有 FM（调频）方式，这也可以保证记录极低频（下限达 0.2Hz）的信号。磁带速度由自动控制系统保证记录与重放之间准确无误。另外，磁带记录仪有多个通道，可同时记录各种记号，有利于使用数据处理计算机对噪声特性进行分析。

2.4.1.4　实时分析和快速分析系统

随着近代计算机技术的发展，噪声的测量和分析技术发展很快，出现了一系列的新仪器，使噪声的测量和分析更加快速、准确。如声级分析仪、实时分析仪、快速傅里叶分析仪等，已在噪声分析和控制中得到了广泛应用。

（1）噪声声级分析仪

对于道路交通噪声、航空噪声、环境噪声等随时间变化的非稳态噪声，国际标准和我国国家标准都规定采用 L_{eq}、L_{10}、L_{50}、L_{90} 等量作为评价量。噪声声级分析仪可以和带有前置放大器的传声器、声级计联用，同时进行 1~4 个通道的测量。动态范围一般为 $70~110\text{dB(A)}$，可以无需变挡测量大幅度变化的噪声。声级分挡和取样时间及取样时间间隔等自行调节选定。时间网络有快、慢、脉冲峰值等挡位。记录纸上通常可以打印瞬时值 L_P，等效声级 L_{eq}，统计声级 L_N，交通噪声指数 TNI 和噪声污染及 L_{PN} 等。有些声级分析仪还可以计算最大值、最小值、标准偏差，并能绘出统计曲线和累计曲线。噪声声级分析仪适合于各类环境噪声的监测和评价。

（2）实时分析仪

实时分析仪可以把瞬时噪声信号立即全部显示在屏幕上，存储后可利用电平记录仪、计算机等记录或打印下来。经常采用的实时分析仪有两种，一种是 1/3 倍频带实时分析仪，另一种是窄带实时分析仪。1/3 倍频带实时分析仪主要由 1/3 倍频程滤波器、显像管和数字显示电路等部分组成，在几十毫秒的时间即可显示一个频谱。输出信号可以供给电平记录仪或计算机进行自动数据处理。特别适用于瞬时脉冲信号的快速分析。窄带实时分析仪利用时间压缩原理，把输入信号存入数字存储器，通过模-数转换系统中的高速取样，用模拟滤波器分析，分析的频率范围可达 $0 \sim 20 kHz$，动态范围为 $50 \sim 70 dB$，可同时显示 $200 \sim 400$ 条谱线。把窄带实时分析仪和小型计算机连接起来组成数据自动采集和处理系统。不仅可以对噪声和振动进行较详细的分析，而且可以用于语言、音乐等信号分析。

（3）快速傅里叶分析仪（FFT）

快速傅里叶分析仪的基本原理是通过若干取样的瞬时值，利用傅里叶分析方法在计算机上进行快速运算，求出各个频率的分量，并通过其他设备进行显示和记录。利用快速傅里叶分析仪的基本软件可以求出功率谱，互功率谱，自相关函数，互相关函数，相干函数，传输函数等参数。这类仪器和分析技术已广泛应用于声源分析，声源识别，振动传播过程分析等各个领域。

2.4.2　环境噪声测量

环境噪声测量的目的是对一个建筑物或某个区域乃至整个城市的环境噪声给予评价。城市环境噪声是随时间起伏变化的无规则噪声，测量评价量应采用等效声级 L_{eq}、统计声级（L_{10}、L_{50}、L_{90}）以及标准偏差。另外，城市环境噪声主要来源于工厂、交通和其他社会活动，噪声源的性质和影响范围有很大不同。为确切反映这些噪声的特点，根据标准《环境噪声监测技术规范　城市声环境常规监测》（HJ 640—2012）的规定，常规监测包括区域声环境监测、道路交通声环境监测和功能区声环境监测。根据《环境噪声监测技术规范　噪声测量值修正》（HJ 706—2014），用 Ⅱ 型以上的积分式声级计及环境噪声自动监测仪，其性能符合 GB 3785 的要求。

2.4.2.1　城市区域环境噪声的测量方法

（1）网格测量法

① 测点选择　将要普查测量的城市某一区域或整个城市划分成多个等大的正方格，网格要覆盖被普查的区域或城市。每一网格中的工厂、道路及非建成区的面积之和不得大于网格的 50%，否则视为该网格无效。有效网格总数应多于 100 个。测点应在每个网格的中心（可在地图上做网格图得到）。若网格中心点不宜测量（如建筑物、工厂内等）；应将测点移到距离中心点最近的可测量位置上进行测量。

② 测量方法　分别在昼间（06：00～22：00）和夜间（22：00～06：00）于每个测点上进行 A 声级取样测量。昼间测量一般选在 8：00～12：00，14：00～18：00，在此期间内任意时刻测得的噪声均代表昼间噪声；夜间测量一般选在 22：00 到次日晨 5：00，在此时间内任何时刻测得的噪声均代表夜间的噪声。昼间、夜间的时间划分，可依地区和

季节的不同而稍有变更，由当地人民政府按当地习惯和季节变化划定。

测量时仪器的计权特性为"快"响应，一般按等时间间隔测量 A 声级，时间间隔不大于 1s，每次、每个测点测量时间为 10min，由测量数据可以计算得到 10min 的连续等效 A 声级。

③ 评价方法　将全部测点的连续等效 A 声级做算术平均运算，所得的平均值代表某一地区或全市的噪声水平。该平均值可用所评价区域适用的区域环境噪声标准进行评价。

用测量数据还可分别绘制白天和夜间的噪声污染空间分布图，即将测量到的连续等效 A 声级按 5dB（A）一挡分级，用不同的颜色或阴影线表示每一挡等效 A 声级，绘制在覆盖某一区域或城市的网格上，用于表示区域或城市的噪声污染分布情况。

（2）定点测量法

在标准规定的城市建成区中，优化选取一个或多个能代表某一区域或整个城市建成区环境噪声平均水平的测点，进行长期噪声定点监测。定点监测可进行 24h 连续监测，亦可按普查测量方法进行测量。

定点测量的评价量可用区域或城市昼间（或夜间）的环境噪声平均水平（L），该量可按下式计算：

$$L = \sum_{i=1}^{n} L_i S_i / S \tag{2-34}$$

式中　L_i——第 i 个测点测得的昼间（或夜间）的连续等效 A 声级，dB（A）；

　　S_i——第 i 个测点所代表的区域面积，m^2；

　　S——整个区域或城市的总面积，m^2。

按式（2-34）计算得到的 L，用所评价区域（或城市）适用的环境噪声标准进行评价。

评价方法还可采用噪声污染时间分布图，即将每小时测得的连续等效 A 声级按时间排列，得到 24h 的声级变化图形，用于表示某一区域或城市环境噪声的时间分布规律。

2.4.2.2　城市交通噪声的测量

测点应选在市区交通干线一侧的人行道上，距马路沿 20cm 处。此处距两交叉路口应大于 50m。交通干线是指机动车辆每小时流量不小于 100 辆的马路。这样该点的噪声可以代表两路口间该段马路的噪声。测量时，使用声级计"慢"挡，传声器置于测点上方距地面高度为 1.2m，垂直指向马路。在规定的时间内每隔 5s 读取一瞬时 A 声级，连续读取 200 个数据，同时记录车流量（辆/h）。测量结果可参照有关规定绘制交通噪声污染图。并以全市各交通干线的等效声级和统计声级的算术平均值、最大值和标准偏差值来表示全市的交通噪声水平，并用以作城市间交通噪声的比较。交通噪声的等效声级和统计声级的平均值应采用加权算术平均的方法来计算，即

$$\overline{L} = \frac{1}{l} \sum_{i=1}^{n} l_i L_i \tag{2-35}$$

式中　l——全市交通干线的总长度，km；

　　l_i——第 i 段干线的长度，km；

　　L_i——第 i 段干线测得的等效声级或统计声级，dB（A）。

交通噪声的声级起伏一般能很好地符合正态分布，这时等效声级可用式（2-36）近似

计算，即

$$L_{eq} = L_{50} + \frac{d^2}{60} \tag{2-36}$$

式中，$d = L_{10} - L_{90}$。标准偏差可用式（2-37）计算，即

$$\sigma = \frac{1}{2}(L_{16} - L_{84}) \tag{2-37}$$

式中，L_{16}、L_{84} 的意义与 L_{10}、L_{50}、L_{90} 相同，当测量总数为 100 时，它们就是第 16 个和第 84 个数据。为慎重起见，一般常用作正态概率坐标图的方法来验证声级的起伏是否符合正态分布。

2.4.2.3 城市环境噪声长期监测

当需要了解城市环境噪声随时间的变化时，应选择具有代表性的测点进行长期监测。测点的选择应根据可能的条件决定，一般不应少于 7 个，分别布置在：繁华市区 1 点，典型居民区 1 点，交通干线两侧 2 点，工厂区 1 点，混合区 2 点。测量时，传声器的位置和高度不限，但应高于地面 1.2m，也可以放置于高层建筑物上以扩大监测的地面范围，但测点位置必须保持常年不变。在每个噪声监测点上，最好每月测量一次，至少每季度测量一次，分别在白天和夜间进行。对同一测点每次测量的时间必须保持一致（例如都是上午 10 时开始）。不同测点的测量时间可以不同。测量使用声级计"慢"挡，每隔 5s 连续读取 200 个瞬时值 A 声级。如果设有自动监测系统，则可进行常年观测，测量次数不受任何限制。每次测量效果的等效声级表示该点每月或每季度的噪声水平。一年内测量结果表示该点的噪声随时间、季度的变化情况。由每年的测量结果，可以观察噪声污染逐年的变化。

2.4.3 工业企业噪声测量

2.4.3.1 生产环境（车间）的噪声测量

车间（室内）噪声测量是在正常工作时，将传声器置于操作人员耳朵附近，或是在工人观察和管理生产过程中经常活动的范围内，以人耳高度为准选择数个测点进行测量。声级计采用 A 计权网络"慢"挡。对于稳态噪声直接读取 A 声级。

车间内部各点声级分布变化小于 3dB(A) 时，只需在车间选择 1~3 个测点；若声级分布差异大于 3dB(A)，则应按声级大小将车间分成若干区域，使每个区域内的声级差异小于 3dB(A)，相邻两个区域的声级差异应大于或等于 3dB(A)，并在每个区域选取 1~3 个测点。这些区域必须包括所有工人观察和管理生产过程而经常工作活动的地点和范围。测量记录按表 2-16 的格式填写。

如果生产环境噪声是非稳态噪声，则应测量等效连续 A 声级。这可以用积分声级计直接测量，也可以测量不同 A 声级下的暴露时间，然后计算等效连续 A 声级。测量时仍用 A 计权"慢"挡，测点选取与稳态噪声测量时相同。将测得的声级按从小到大顺序排列分成数段，每段相差 5dB(A)，以其算术平均值中心声级 [dB(A)] 表示为 80，85，90，95，…，115。80dB(A) 表示 78~82dB(A) 段，85dB(A) 表示 83~87dB(A) 段，以此类推。然后将一个工作日内各段声级的总暴露时间统计出来并填入表 2-17。

表 2-16　生产环境噪声测量记录表

厂：_____　车间：_____　厂址：_____　　　　　　　年　　月　　日

	名称	型号	校准方法								备注
测量仪器											
	机器名称	型号	功率	运转状态							备注
车间设备状况				开(台)							停(台)
设备分布及测点示意图											
	测点	声级		倍频程声压级/dB(A)							
		A	C	31.5	63	125	250	500	1000	2000	4000	8000
数据记录											

表 2-17　等效连续声级记录表

声级分段序号	1	2	3	4	5	6	7	8
各段中心声级 L_n/dB(A)	80	85	90	95	100	105	110	115
各段声级暴露时间								

2.4.3.2　工业企业现场机器噪声的测量

机器噪声的现场测量应遵照各有关测试规范进行（包括国家标准，部颁标准，专业规范），必须设法避免或减少测量环境的背景噪声和反射声的影响。如使测点尽可能接近机器噪声源；除待测机器外关闭其他机器设备；减少测量环境的反射面；增加吸声面积等。对于室外或高大车间的机器噪声，在没有其他声源影响的条件下，测点可选得远一点。一般情况下可按如下原则选择测点：

小型机器（外形尺寸<0.3m），测点距表面 0.3m；

中型机器（外形尺寸在 0.3～1m 之间），测点距表面 0.5m；

大型机器（外形尺寸>1m），测点距表面 1m。

特大型机器或有危险性的设备，可根据具体情况选择较远位置为测点。

测点数目可视机器大小和发声部位的多少选取 4 个、6 个、8 个等。测点高度以机器半高度为准或选择在机器轴水平线的水平面上，传声器对准机器表面，测量 A、C 声级和倍频带声压级，并在相应测点上测量背景噪声。

对空气动力性机械的进、排气噪声，进气噪声测点应取在吸气口轴线上，距管口平面 0.5m 或 1m（或等于一个管口直径）处；排气噪声测点应取在排气口轴线 45°方向上或管口平面上，距管口中心 0.5m、1m 或 2m 处，见图 2-13。进、排气应测量 A、C 声级和倍频带声压级，必要时测量 1/3 倍频程声压级。

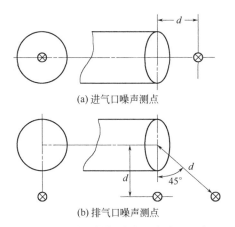

(a) 进气口噪声测点

(b) 排气口噪声测点

图 2-13　进、排气噪声测点位置示意

⊗—测点；d—在图（a）中表示测点到管口平面的距离，在图（b）中表示测点到轴的距离或管口平面中心的距离

　　机器设备噪声的测量，由于测点位置的不同，所得结果也不同。为了便于对比，各国的测量规范对测点的位置都有专门的规定。有时由于具体情况不能按照规范要求布置测点时，则应注明测点的位置，必要时还应将测量地的声学环境表示出来。

2.4.3.3　厂（场）区的噪声测量

　　对厂（场）区内部环境的测量，常采用点阵法选择测点。首先在厂（场）区总平面布置图上选择一条厂（场）区总轴线（可选择主干道的中心线）作为坐标基准线，然后按经纬坐标关系将厂（场）区按 10～40m 间距划成若干方形网格，各个网格节点（除落在建筑物上的以外）即为厂（场）区噪声的测点。

　　对于厂（场）界噪声的测量，测点数目按厂（场）占地面积的大小确定。对小型厂（场）沿边界每隔 10～20m 选择一个测点，较大厂（场）（面积超过 10 万平方米），测点间距可增大到 50m。测点应是等间距的，并应在距墙 2m 的地方进行测量。测量结果可以用方格图或等声级线表示出来。

　　工厂（场）的噪声对厂（场）外居民的影响常常引起纠纷，因此对厂（场）界噪声的测量是非常重要的。对影响较为严重的地方，还要选择一定数量的测点进行昼夜监测，以便掌握噪声污染的程度与规律。

2.5　吸声

　　在一般未做任何声学处理的车间或房间内，壁面和地面多是一些硬而密实的材料，如混凝土天花板、抹光的墙面及水泥地面等，这些材料与空气的特性阻抗相差很大，很容易发生声波的反射。若室内声源向空间辐射声波时，接受者听到的不仅有从声源直接传来的直达声，还会有一次与多次反射形成的反射声。通常将一次与多次反射声的叠加称为混响声。就人的听觉而言，当两个声音到达人耳的时间差在 50ms 之内时，就分辨不出是两个声音，因而由于直达声与混响声的叠加，会增强接受者听到的噪声强度。所以同一机器在室内时，常感到比在室外响得多；实验证明，在室内离噪声源较远处，一般也比室外高十余分贝。

若用可以吸收声能的材料或结构装饰在房间内表面，便可吸收掉反射在上面的部分声能，使反射声减弱，接受者这时听到的只是直达声和已减弱的混响声，使总噪声级降低，这便是吸声降噪的基本原理。

能够吸收较高声能的材料或结构称作吸声材料或吸声结构。利用吸声材料和吸声结构吸收声能以降低室内噪声的办法称作吸声降噪，通常简称吸声。吸声处理一般可使室内噪声降低 3~5dB(A)，使混响声很严重的车间降噪 6~10dB(A)。吸声是一种最基本的减弱声传播的技术措施。

2.5.1 吸声系数和吸声量

2.5.1.1 吸声系数

吸声材料或结构吸声能力的大小通常用吸声系数 α 表示，当声波入射到吸声材料或结构表面上时（图 2-14），部分声能被反射，部分声能被吸收，还有一部分声能透过它继续向前传播，故吸声系数的定义为

$$\alpha=\frac{E_a+E_t}{E}=\frac{E-E_r}{E}=1-r \tag{2-38}$$

式中　E——入射声能，J；

E_a——被材料或结构吸收的声能，J；

E_t——透过材料或结构的声能，J；

E_r——被材料或结构反射的声能，J；

r——反射系数。

α 值的变化一般在 0~1 之间。$\alpha=0$ 表示声能全反射，材料不吸声；$\alpha=1$，表示声能全部被吸收，无声能反射。α 值越大，材料的吸声性能越好。通常，$\alpha \geqslant 0.2$ 的材料方可

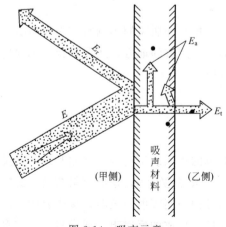

图 2-14　吸声示意

E—入射声能；E_a—吸收声能；E_r—反射声能；E_t—透射声能

称为吸声材料。实用中当然是希望材料本身吸收的声能 E_a 足够大，以增大 α 值。

吸声系数的大小与吸声结构本身的结构、性质、使用条件、声波入射的角度和频率有关。

材料的吸声系数通常由实验测得，若在专门的声学试验室——混响室中，使不同频率的声波以相等概率从各个角度入射到材料表面，接近于实际声场［图 2-15(a)］，这时所测得的吸声系数，称作混响室法吸声系数或无规入射吸声系数，通常记作 α_T。若采用专门的声学仪器——驻波管，在声波垂直入射于吸声材料时［图 2-15(b)］测得的吸声系数，称作驻波管法吸声系数或垂直入射吸声系数，通常记做 α_0。驻波管法简便易行，但与一般实际声场不符，使用时可利用表 2-18 换算为无规入射吸声系数 α_T。

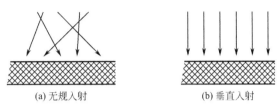

(a) 无规入射　　　　　　　　　　(b) 垂直入射

图 2-15　声波对吸声材料的入射

表 2-18　驻波管法吸声系数与混响室法吸声系数换算表

驻波管法吸声系数 α_0	0.10	0.20	0.30	0.40	0.50	0.60	0.70	0.80
混响室法吸声系数 α_T	0.25	0.40	0.50	0.60	0.75	0.85	0.90	0.98

2.5.1.2　吸声量

吸声量亦称等效吸声面积。吸声量规定为吸声系数与吸声面积的乘积，即

$$A = \alpha S \tag{2-39}$$

式中　A——吸声量，m^2；

　　　α——某频率声波的吸声系数；

　　　S——吸声面积，m^2。

按式(2-39)，若 $50m^2$ 的某种材料，在某频率下的吸声系数为 0.2，则该频率下的吸声量应为 $10m^2$。或者说，它的吸声本领与吸声系数为 1 而面积为 $10m^2$ 的吸声材料相同，此 $10m^2$ 即为等效吸声面积。

如果组成厂房各壁面的材料不同，则壁面在某频率下的总吸声量 A 为

$$A = \sum_{i=1}^{n} A_i = \sum_{i=1}^{n} \alpha_i S_i \tag{2-40}$$

式中　A_i——第 i 种材料组成的壁面的吸声量，m^2；

　　　S_i——第 i 种材料组成的壁面的面积，m^2；

　　　α_i——第 i 种材料组成的某频率下的吸声系数。

2.5.2　吸声结构

利用共振原理制成的吸声结构称作共振吸声结构。它基本可分为薄板共振吸声结构、

穿孔板共振吸声结构和微穿孔板吸声结构三种类型。主要适用于对中、低频噪声的吸收。

2.5.2.1　薄板共振吸声结构

（1）构造

将薄的塑料、金属或胶合板等材料的周边固定在框架（称龙骨）上，并将框架牢牢地与刚性板壁相结合（图2-16），这种由薄板与板后的封闭空气层构成的系统就称作薄板共振吸声结构。

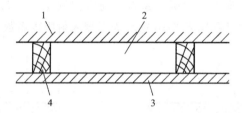

图2-16　薄板共振吸声结构示意
1—刚性壁面；2—空气层；3—薄板；4—龙骨

（2）吸声机理

薄板共振吸声结构实际近似于一个弹簧和质量块振动系统。薄板相当于质量块，板后的空气层相当于弹簧，当声波入射到薄板上，使其受激振后，由于板后空气层的弹性、板本身具有的劲度与质量，薄板就产生振动，发生弯曲变形，因为板的内阻尼及板与龙骨间的摩擦，便将振动的能量转化为热能，从而消耗声能。当入射声波的频率与板系统的固有频率相同时，便发生共振，板的弯曲变形最大，振动最剧烈，声能也就消耗最多。

2.5.2.2　穿孔板共振吸声结构

在薄板上穿以小孔，再在其后与刚性壁之间留一定深度的空腔所组成的吸声结构称为穿孔板共振吸声结构。按照薄板上穿孔的数目分为单孔共振吸声结构与多孔穿孔板共振吸声结构。

（1）单孔共振吸声结构

① 结构　单孔共振吸声结构又称"亥姆霍兹"共振吸声器或单腔共振吸声器。它是一个封闭的空腔，在腔壁上开一个小孔与外部空气相通的结构［图2-17（b）、（c）］，可用陶土、煤渣等烧制或水泥、石膏浇注而成。

② 吸声机理　单孔共振吸声结构也可比拟为一个弹簧与质量块组成的简单振动系统［图2-17（a）］，开孔孔颈中的空气柱很短，可视为不可压缩的流体，比拟为振动系统的质量 M，声学上称为声质量；有空气的空腔壁作弹簧 K，能抗拒外来声波的压力，称为声顺；当声波入射时，孔颈中的气柱体在声波的作用下便像活塞一样做往复运动，与颈壁发生摩擦使声能转变为热能而消耗，这相当于机械振动的摩擦阻尼，声学上称为声阻。声波传到共振器时，在声波的作用下激发颈中的空气柱往复运动，在共振器的固有频率与外界声波频率一致时发生共振，这时颈中空气柱的振幅最大并且振速达到最大值，因而阻尼最大，消耗声能也就最多，从而得到有效的声吸收。

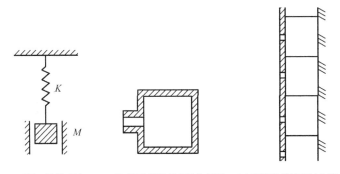

(a) 质量 - 弹簧系统　　(b) 单腔共振吸声结构剖面　(c) 单腔共振吸声结构组合图

图 2-17　单腔共振吸声结构

（2）多孔穿孔板共振吸声结构

① 构造与吸声机理　多孔穿孔板共振吸声结构通常简称为穿孔板共振吸声结构，实际是单孔共振器的并联组合（图 2-18），故其吸声机理同单孔共振结构，但吸声状况大为改善，应用较广泛。

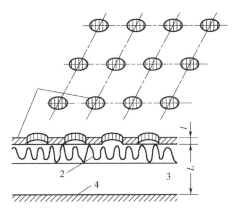

图 2-18　穿孔板共振吸声结构示意

1—穿孔板；2—多孔吸声材料；3—空气层；

4—刚性壁；l—穿孔板厚度；L—空腔深度

② 为增大吸声系数与提高吸声带宽，可采取以下方法：a. 穿孔板孔径取偏小值，以提高孔内阻尼；b. 在穿孔板后蒙一薄层玻璃丝布等透声纺织品，以增加孔颈摩擦；c. 在穿孔板后面的空腔中填放一层多孔吸声材料，材料距板的距离视空腔深度而定，腔很浅时，可贴紧穿孔板；d. 组合几种不同尺寸的共振吸声结构，分别吸收一小段频带，使总的吸声频带变宽；e. 采用不同穿孔率、不同腔深的双层穿孔板结构。如图 2-19 所示，其吸声系数有的可达 0.9 以上，吸声带宽达 2～3 个倍频程。

2.5.2.3　微穿孔板吸声结构

为克服穿孔板共振吸声结构吸声频带较窄的缺点，我国著名声学家马大猷教授于 20 世纪 60 年代研制成了金属微穿孔板吸声结构。

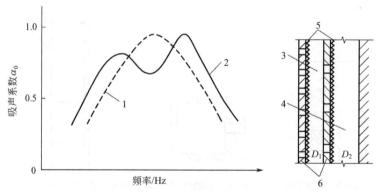

图 2-19　双层穿孔板吸声系数和吸声结构
1—单层；2—双层；3—外层；4—内层；5—多孔吸声材料；6—穿孔板；D_1，D_2—两层穿孔板腔深

（1）结构

在厚度小于 1mm 的金属板上，钻出许多孔径小于 1mm 的小孔（穿孔率为 1％～4％），将这种孔小而密的薄板固定在刚性壁面上，并在板后留以适当深度的空腔，便组成了微穿孔板吸声结构。薄板常用铝板或钢板制作，因其板特别薄且孔特别小，为与一般穿孔板共振吸声结构相区别，故称作微穿孔板吸声结构。它也有单层、双层（见图 2-20）与多层之分。

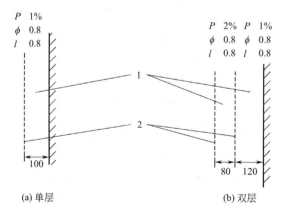

图 2-20　单、双层微穿孔板吸声结构例
1—空腔；2—微穿孔板；P—穿孔率；ϕ—孔径；l—穿孔板厚度

（2）吸声机理与吸声特性

微穿孔板吸声结构实质上仍属于共振吸声结构，因此吸声机理也相同。利用空气柱在小孔中的来回摩擦消耗声能。用腔深来控制吸声峰值的共振频率，腔越深，共振频率越低。但因为其板薄孔细，与普通穿孔板比较，声阻显著增加，声质量显著减小，因此明显提高了吸声系数，增加了吸声频带宽度。

2.5.2.4　薄塑料盒式吸声体

共振吸声结构除上述几种外，近些年又有一种称作薄塑料盒式吸声体的结构，如图 2-21 所示。系用塑料制成的若干排小盒固定于塑料基板上，每个小盒皆为封闭腔体。

当声波入射时，盒面薄片发生弯曲振动，盒内密封的空气体积也随之发生变化，使四侧薄片也发生弯曲振动，由于塑料片的阻尼，从而消耗了声能，当入射声波的频率与盒体的固有频率相同时，发生共振，可得最大吸声系数。因为塑料的阻尼较大，并且可制造为几种不同体积的盒体，因而，薄塑料盒式吸声体在较宽的频带范围内有较好的吸声性能。为使盒体的共振频率相互错开，每个小盒通常由两个体积不等的空腔组成。

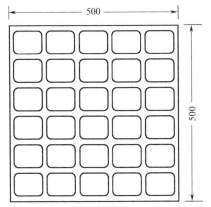

图 2-21 薄塑料盒式吸声体正视图例（单位：mm）

2.5.3 多孔吸声材料

2.5.3.1 吸声原理

在材料表面和内部有无数的微细孔隙，这些孔隙相互贯通并且与外界相通的吸声材料称作多孔吸声材料。其固体部分在空间组成骨架，称作筋络。当声波入射到多孔吸声材料的表面时，可沿着对外敞开的微孔射入，并衍射到内部的微孔内，激发孔内空气与筋络发生振动，由于空气分子之间的黏滞阻力、空气与筋络之间的摩擦阻力，使声能不断转化为热能而消耗；此外，空气与筋络之间的热交换也消耗部分声能，结果使反射出去的声能大大减少。

2.5.3.2 吸声材料种类

按照多孔吸声材料的外观形状，可分为纤维型、泡沫型、颗粒型三类。纤维型材料由无数细小纤维状材料组成，如毛、木丝、甘蔗纤维、化纤棉、玻璃棉、矿渣棉等有机和无机纤维材料。其中，玻璃棉和矿渣棉分别是用熔融态的玻璃、矿渣和岩石吹成细小纤维状制得。泡沫型材料是由表面与内部皆有无数微孔的高分子材料制成，如聚氨酯泡沫塑料、微孔橡胶等。颗粒状材料有膨胀珍珠岩、蛭石混凝土和多孔陶土等。其中如膨胀珍珠岩是将珍珠岩粉碎再急剧升温焙烧所得的多孔细小颗粒材料。多孔吸声材料微孔的孔径多在数微米到数十微米之间，孔的总体积多数占材料总体积的 90% 左右，如超细玻璃棉层的孔隙率可大于 99%。

为了使用方便，一般将松散的各种多孔吸声材料加工为板、毡或砖等形式。如工业毛毡、木丝板、玻璃棉毡、膨胀珍珠岩吸声板、陶土吸声砖等。使用时，可以整块地直接吊装在天花板下或附贴在四周墙壁上，各种吸声砖可以直接砌在需要控制噪声的场合。此外，还可制成有护面层的多孔吸声结构。即用玻璃丝布、金属丝网、纤维板等透声材料作护面层，内填以松散的厚度为 5～10cm 的多孔吸声材料。为防止松散的多孔材料下沉，常先用透声织物缝制成袋，再内填吸声材料；为保持固定几何形状并防止机械损伤，在材料间要加木筋条（木龙骨）加固；材料外表面加罩面板保护。常用的护面板材为木质纤维板或薄塑料板，特殊情况下用石棉水泥板或薄金属板等。板上开孔有圆形、狭缝形，以圆形居多。穿孔率在不影响板材强度的条件下尽可能加大，一般要求穿孔率不小于 20％，开圆孔时，孔径宜取 4～8mm。典型的多孔材料吸声结构如图 2-22 所示。

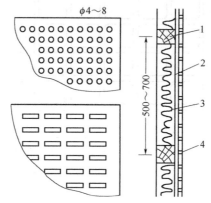

图 2-22　两种典型罩面板的多孔吸声材料结构

1—木龙骨；2—轻织物；3—多孔吸声材料；4—穿孔板

2.5.3.3　吸声特性及影响因素

多孔材料的吸声特征主要受入射声波和所用材料的性质影响。其中声波性质除和入射角度有关外，主要是和频率有关。一般多孔吸声材料吸收高频声效果好，吸收低频声效果差。这是因为声波为低频时，激发微孔内空气与筋络的相对运动少，摩擦损失小，因而声能损失少；而高频声容易使之快速振动，从而消耗较多的声能。所以多孔吸收材料常用于高、中频噪声的吸收。

多孔吸声材料的特性除与本身物性有关外，还与材料的使用条件有关，如容重、厚度，使用时的结构形式与温度、湿度等。

（1）容重

改变材料的容重等于改变了材料的孔隙率（包括微孔数目与尺寸）和流阻。流阻表示气流通过多孔材料时，材料两面的压力差与空气流过材料的线速度之比。密实、容重大的材料孔隙率小、流阻大；松软、容重小的材料孔隙率大、流阻偏小。一般情况下，过大或过小的流阻对吸声性能都不利。如果吸声材料的流阻接近空气的声特性阻抗（415Pa·s/m），则吸声系数就较高，一般具有较高吸声系数的吸声材料，其流阻在 10^2～10^3Pa·s/m 范围。所以对多孔吸声材料，存在一个吸声性能最佳的容重范围。如常用超细玻璃棉的最佳容重范围是 147～245N/m³，这由图 2-23 所示 4cm 厚不同容重超细玻璃棉的吸声特征对比就可以看出。通常，材料厚度一定时，随着容重的增加，较大吸声系数值将向低频方向移动。但当容重过大时，中、高频率吸声性能会显著下降。

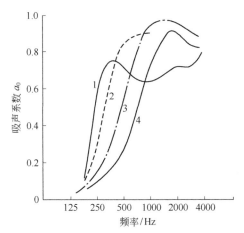

图 2-23　不同容重超细玻璃棉吸声特性（玻璃棉厚度为 4cm）

1—392N/m³；2—196N/m³；3—98N/m³；4—49N/m³

（2）厚度

当多孔材料的厚度增加时，对低频声的吸收增加，对高频声影响不大。对一定的多孔材料，厚度增加 1 倍，吸声频率特性曲线的峰值向低频方向近似移动一格倍频程。如图 2-24 所示。

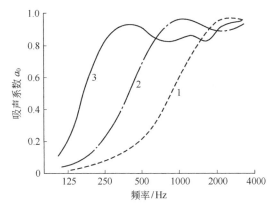

图 2-24　不同厚度超细玻璃棉的吸声特性（容重均为 147N/m³）

1—2.5cm 厚；2—5cm 厚；3—10cm 厚

若吸声材料层背后为刚性壁面，当材料层厚为入射声波的某一波长时，可得该声波的最大吸声系数。使用中，考虑经济及制作的方便，对于中、高频噪声，一般可采用 2～5cm 厚的常规成形吸声板；对低频吸声要求较高时，则采用 5～10cm 厚。

（3）背后空气层

若在材料层与刚性壁之间留一定距离的空腔，可以改善对低频声的吸声性能，作用相当于增加了多孔材料的厚度，且更为经济，通常空腔增厚，对吸收低频声有利（图 2-25）。当腔深近似于入射声波的 1/4 波长，吸声系数最大；当腔深为 1/2 波长或其整倍数时，吸声系数最小。实用时，过厚不切实际，过薄对低频声不起作用，故常取腔深为 5～10cm。天花板上的腔深可视实际需要及空间大小选取更大的距离。

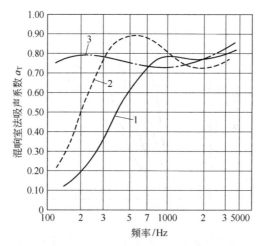

图 2-25　背后空气层对多孔吸声材料的吸声特性的影响（多孔材料厚 2.5cm）

背后空气层：1—没有；2—10cm；3—30cm

（4）温度、湿度的影响

使用过程中温度升高会使材料的吸声性能向高频方向移动，温度降低则向低频方向移动。所以使用时，应注意该材料的温度使用范围。

湿度增大，会使孔隙内吸水量增加，堵塞材料上的细孔，使吸声系数下降，而且是先从高频开始，因此对于湿度较大的车间或地下建筑的吸声处理，应选用吸水量较小的耐潮多孔材料，如防潮超细玻璃棉毡和矿棉吸声板等。

（5）气流影响

当将多孔吸声材料用于通风管道和消声器内时，气流易吹散多孔材料，影响吸声效果，甚至飞散的材料会堵塞管道，损坏风机叶片，造成事故。应根据气流速度大小选择一层或多层不同的护面层。

除以上外，尚需注意特殊的使用条件，如腐蚀、高温或火焰等情况对多孔材料的影响。

2.5.4　空间吸声体

所有护面的多孔吸声结构做成各种各样形状的单块，称作吸声体。彼此按一定间距排列，悬吊在天花板上，这样，吸声体除正对声源的一面可以吸收入射声能外，通过吸声体间空隙衍射或反射到背面、侧面的声能也都能被吸收，这种悬吊的立体多面吸声结构称作空间吸声体，如图 2-26 所示。其中以平板矩形最为常用。

空间吸声体由于有效的吸声面积比投影面积大得多，按投影面积计算其吸声系数可大于 1。因此，只要吸声体投影面积为悬挂平面面积的 40% 左右，就能达到满铺吸声材料的效果，使造价降低。并且空间吸声体可在工厂预制，现场施工简单，不影响生产，其形状多种多样，还可起到一定的装饰作用。

空间吸声体主要用于混响大的房间吸声降噪，以及车间内噪声过高而又无法隔绝，或布置吸声材料的面积受到限制（如房间体积小，壁面凹凸不平）等场合。尤其对大型车间与有"声聚焦"的壳体建筑，使用空间吸声体效果很好。如北京针织总厂地下车间，悬挂

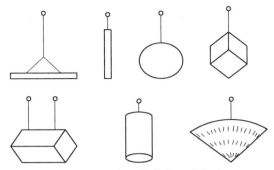

图 2-26　空间吸声体的几种类型

空间吸声体后，消除了声聚焦，使有的位置噪声下降达 17dB（A）之多。

使用空间吸声体时应注意以下几个方面。

① 空间吸声体的面积比值　即指空间吸声体投影面积与天花板面积之比。该比值对吸声效果影响最大，通常，取房间平顶面积的 40％或室内总表面积的 20％左右。

② 吊装高度与排列方式　对于大型厂房，离顶高度一般宜为房间净高的 1/7～1/5；对于小型厂房，一般挂在离顶 0.5～0.8m 处。排列方式常用集中式、棋盘格式、长条式三种，其中以条形效果最好。

③ 空间吸声体块面积与悬挂间距　此点应视房间面积、跨度、屋架、屋高、柱网等具体情况而定。单位尺寸大，单块面积可选 5～11m²；单位尺寸小，可选 2～4m²。悬挂间距对大、中型厂房可取 0.8～1.6m；小型厂房可取 0.4～0.8m。

2.5.5　吸声降噪的设计

选择和设计吸声结构，应尽量先对声源进行隔声、消声等处理，当噪声源不宜采用隔声措施，或采用隔声措施后仍达不到噪声标准时，可用吸声处理作为辅助手段。对于湿度较高的环境，或有清洁要求的吸声设计，可采用薄膜覆面的多孔材料或单、双层微穿孔板共振吸声结构。穿孔板的板厚及孔径均不大于 1mm，穿孔率可取 0.5％～3％，孔腔深度可取 50～200mm。进行吸声处理时，应满足防火、防潮、防腐、防尘等工艺与安全卫生要求，还应兼顾通风、采光、照明及装修要求，也要注意埋设件的布置。

吸声降噪宜用于混响声为主的情况。如在车间体积不太大，内壁吸声系数很小，混响声较强，接受者距声源又有一定距离时，采用吸声处理可以获得较理想的降噪效果。而在车间体积很大的情况下，类似声源在开阔的空间辐射噪声，或接受者距声源较近，直达声占优势时，吸声处理效果不会明显。对于一般的半混响房间，在接受点与声源距离大于临界半径时，进行吸声处理可以获得较好的效果。

2.5.5.1　吸声程序设计

① 详细了解待处理房间的噪声级和频谱。首先了解车间内各种机电设备的噪声源特性，选定噪声标准。

② 根据有关噪声标准，确定所需的降噪量。

③ 估算或进行实际测量要采取吸声处理车间的吸声系数（或吸声量），求出吸声处理

需增加的吸声量或平均吸声系数。

④ 选取吸声材料的种类及吸声结构类型，确定吸声材料的厚度、表观密度、吸声系数，计算吸声材料的面积和确定安装方式等。

2.5.5.2 设计计算

（1）房间平均吸声系数和计算

如果一个房间的墙面上布置几种不同的材料时，它们对应的吸声系数为 α_1、α_2、α_3，吸声面积为 S_1、S_2、S_3，房间的平均吸声系数为

$$\bar{\alpha} = \frac{\sum_{i=1}^{n} S_i \alpha_i}{\sum_{i=1}^{n} S_i} \tag{2-41}$$

（2）室内声级的计算

房间内噪声的大小和分布取决于房间形状、墙壁、天花板、地面等室内器具的吸声特性，以及噪声源的位置和性质。室内声压级的计算公式：

$$L_P = L_W + 10\lg\left(\frac{Q}{4\pi r^2} + \frac{4}{R_r}\right) \tag{2-42}$$

式中　L_P——室内声压级，dB(A)；

　　　L_W——声功率级；

　　　Q——声源的指向性因素；声源位于室内中心，$Q=1$，声源位于室内地面或墙面中心，$Q=2$，声源位于室内某一边线中心，$Q=4$，声源位于室内某一角，$Q=8$；

　　　r——声源至受声点的距离，m；

　　　R_r——房间常数，定义式为

$$R_r = \frac{S\bar{\alpha}}{1-\bar{\alpha}} \tag{2-43}$$

（3）混响时间计算

在总体积为 $V(\mathrm{m}^3)$ 的扩散声场中，当声源停止发声后，声能密度下降为原有数值的百万分之一所需的时间，或房间内声压级下降 60dB(A) 所需的时间，叫做混响时间，用 T 来表示。其定义为赛宾公式。

$$T = \frac{0.161V}{S\bar{\alpha}} \tag{2-44}$$

（4）吸声降噪量的计算

设处理前房间平均系数为 $\bar{\alpha}_1$，声压级为 I_{P_1}，吸声处理后为 $\bar{\alpha}_2$，I_{P_2}。吸声处理前后的声压差 I_P 即为降噪量，可由下式计算

$$\Delta I_P = I_{P_1} - I_{P_2} = 10\lg\frac{\dfrac{Q}{4\pi r^2} + \dfrac{4}{R_{r1}}}{\dfrac{Q}{4\pi r^2} + \dfrac{4}{R_{r2}}} \tag{2-45}$$

在噪声源附近，直达声占主要地位，即

$$\frac{Q}{4\pi r^2} \geqslant \frac{4}{R_r}$$

略去 $\frac{4}{R_r}$ 项，得

$$\Delta I_P = 10\lg 1 = 0 \tag{2-46}$$

在离噪声源足够远处，混响占主要地位，即

$$\frac{Q}{4\pi r^2} \ll \frac{4}{R_r}$$

略去 $\frac{Q}{4\pi r^2}$ 项，得

$$\Delta I_P = 10\lg\frac{R_{r2}}{R_{r1}} = 10\lg\left(\frac{\overline{\alpha}_2}{\overline{\alpha}_1} \times \frac{1-\overline{\alpha}_1}{1-\overline{\alpha}_2}\right) \tag{2-47}$$

因此，上式简化可得整个房间吸声处理前后噪声降低量为

$$\Delta I_P = 10\lg\frac{\overline{\alpha}_2}{\overline{\alpha}_1} \tag{2-48}$$

由 $A = \alpha S$ 和赛宾公式，因此

$$\Delta I_P = 10\lg\frac{A_2}{A_1} \tag{2-49}$$

$$\Delta I_P = 10\lg\frac{T_1}{T_2} \tag{2-50}$$

式中　A_1、A_2——吸声处理前、后的室内总吸声量，m^2；

　　　T_1、T_2——吸声处理前、后的室内混响时间，s。

2.6　隔声

用构件将噪声源和接收者分开，阻断空气声的传播，从而达到降噪目的的措施称作隔声。隔声是噪声控制中最有效的措施之一。空气声和固体声的阻断是性质不同的两种方法，固体声的阻断主要是采用隔振的方法。本章只讨论空气声的阻断问题。

隔声所采用的方法如制作隔声罩，将吵闹的机器设备用能够隔声的罩形装置密封或局部密封起来；或者在声源与接收者之间设立隔声屏障；或者在很吵闹的场合中，开辟一个安静的环境，建立隔声间，如隔声操作室、休息室以保护工人不受噪声干扰，保护仪器不受损坏等。

2.6.1　隔声原理

声波在通过空气的传播途径中，碰到一匀质屏蔽物时，由于气固分界面特性阻抗的改变，使部分声能被屏蔽物反射回去，一部分被屏蔽物吸收，只有一部分声能可以透过屏蔽物传到另一个空间去（图2-27）。显然，透射声能仅是入射声能的一部分，因此设置适当的屏蔽物便可以使大部分声能反射回去，从而降低噪声的传播。具有隔声能力的屏蔽物称

作隔声构件或者隔声结构，如砖砌的隔墙、水泥砌块墙、隔声罩体等。

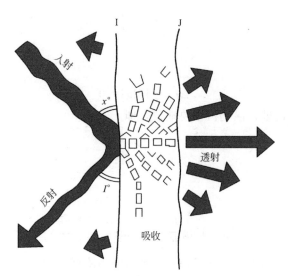

图 2-27　隔声基本原理示意

2.6.2　透声系数和隔声量

隔声构件本身透声能力的大小，用透声系数 τ 来表示，它等于透射声功率与入射声功率的比值。即

$$\tau = W_t / W \tag{2-51}$$

式中　W_t——透过隔声构件的声功率，W；

　　　W——入射到隔声构件上的声功率，W。

由 τ 的定义出发，又可写作 $\tau = I_t / I = P_t^2 / P^2$，其中 I_t、P_t 分别为透过声波的声强与声压；I、P 分别为入射声波的声强与声压。τ 又称作传声系数或透射系数（量纲为1），它的值介于 $0 \sim 1$ 之间。τ 值越小，表示隔声性能越好；通常所指的 τ 是无规入射时各入射角度透声系数的平均值。

一般隔声构件的 τ 值很小，在 $10^{-1} \sim 10^{-5}$ 之间。使用很不方便，故人们采用 $10\lg 1/\tau$ 来表示构件本身的隔声能力，称作隔声量或透射损失、传声损失，记作 R，单位为 dB（A）。即

$$R = 10\lg \frac{1}{\tau} \tag{2-52}$$

或

$$R = 10\lg \frac{I}{I_t} = 20\lg \frac{P}{P_t} \tag{2-53}$$

例如有两个隔墙，透声系数分别为 0.01 与 0.001；隔声量则分别为 20dB（A）和 30dB（A）。用隔声量来衡量构件的隔声性能比透声系数更为直观、明确，便于隔声构件的比较与选择。

隔声量的大小与隔声构件的结构、性质有关，也与入射声波的频率有关。同一隔墙对不同频率的声音，隔声性能可能有很大差异，故工程户常用 $125 \sim 4000\,\mathrm{Hz}$ 6 个 1 倍频程中心频率的隔声量的算术平均值，来表示某一构件的隔声性能，称作平均隔声量（R），这

样使用方便，却有一定的局限性，为此，ISO 推荐用另一单值指标——隔声指数评价构件的隔声性能。

隔声量一般通过在实验室实测得到，测量示意见图 2-28。

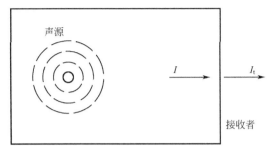

图 2-28 隔声量测量示意

2.6.3 单层匀质墙的隔声性能

2.6.3.1 单层匀质墙隔声的频率特性

隔声中，通常将板状或墙状的隔声构件称作隔墙、墙板或简称为墙。仅有一层墙板称作单层墙，有两层或多层、层间有空气等其他材料，则称作双层或多层墙。

实践证明，单层匀质墙的隔声量与入射声波的频率关系很大，其变化规律如图 2-29 中曲线所示。该曲线大致可分为 4 个区。

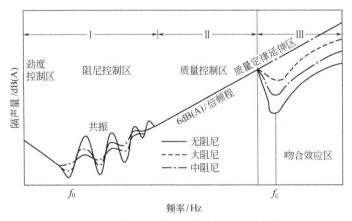

图 2-29 单层匀质墙的隔声频率特性曲线

第 1 个区称为劲度控制区，这个区的频率范围从零直到墙体的第 1 共振频率 f_0 为止。在该区域内，随着入射声波频率的增加，墙板的隔声量逐渐下降。声波频率每增加一个倍频程，隔声量下降 6dB(A)。

在这个区域中，墙板对声压的反应类似于弹簧，板材的振动速度反比于墙板劲度和声波频率的比值，因而墙板的隔声量与劲度成正比。对一定频率的声波，墙板的劲度越大，隔声量越高，所以称为劲度控制区。

第 2 个区称作阻尼控制区，又称板共振区。当入射声波的频率与墙板固有频率相同时，引起共振，墙板振幅最大，振速最高，因而透射声能急剧增大，隔声量曲线呈显著低谷；当声波频率是共振频率的谐频时，墙板发生的谐振也会使隔声量下降，所以在共振频率之后隔声量曲线连续又出现几个低谷，第 1 个低谷是共振频率处，又称第 1 共振频率。但本区内随着声波频率的增加，共振现象越来越弱，直至消失，所以隔声量总体仍呈上升趋势。

阻尼控制区的宽度取决于墙板的几何尺寸、弯曲劲度、面密度、结构阻尼的大小及边界条件等，对一定的墙板，主要与其阻尼大小有关，增加阻尼可以抑制墙板的振幅，提高隔声量，并降低该区的频率上限，缩小该区范围，所以称作阻尼控制区。

对于一般砖、石等厚重的墙，共振频率与其谐频很低，不出现在主要声频区，通常可不考虑；对于薄板，共振频率较高，阻尼控制区可分布在很宽的声频区，须予以防止。一般采用增加墙板的阻尼来抑制共振现象。第 1、2 区又常合并称为劲度与阻尼控制区，若第 1、第 2 区合并，那么隔声频率曲线共分为 3 个区（图 2-29）。

第 3 个区是质量控制区。在该区域内，隔声量随入射声波的频率直线上升，其斜率为 6dB(A) /倍频程。而且墙板的面密度越大，即质量越大。隔声量越高，故称质量控制区。其原因是此时声波对墙板的作用如同一个力作用于质量块，质量越大，惯性越大，墙板受声波激发产生的振动速度越小，因而隔声量越大。

第 4 个区是吻合效应区。在该区域内，随着入射声波频率的继续升高，隔声量反而下降，曲线上出现一个深深的低谷，这是由于出现了吻合效应的缘故。增加板的厚度和阻尼可使隔声量下降趋势得到减缓。越过低谷后，隔声量以每倍频程 10dB(A) 趋势上升，然后逐渐接近质量控制的隔声量。

2.6.3.2　吻合效应

由于固体的墙板本身具有一定的弹性，当声波以某一角度入射到墙板上时，会激起构件的弯曲振动，如同风吹动幕布时，在幕布上产生的波动现象一样。当一定频率的声波以某一角度投射到墙板上，正好与其激发的墙板的弯曲波发生吻合时，墙板弯曲波振动的振幅便达到最大，因而向墙板的另面辐射较强的声波，可以粗略地认为，墙板此时已失去了传声阻力，所以相应的隔声量很小，这一现象称为"吻合效应"，相应的入射声波频率称为"吻合频率"。

2.6.4　多层墙的隔声

实践与理论证明，单纯依靠增加结构的重量来提高隔声效果既浪费材料，隔声效果也不理想。若在两层墙间夹以一定厚度的空气层。其隔声效果会优于单层实心结构，从而突破质量定律的限制。两层匀质墙与中间所夹一定厚度的空气层所组成的结构，称作双层墙。

一般情况下，双层墙比单层墙隔声量大 5～10dB(A)；如果隔声量相同，双层墙的总重比单层墙减少 2/3～3/4。这是由于空气层的作用提高了隔声效果。其机理是当声波透过第 1 层墙时，由于墙外及夹层中空气与墙板特性阻抗的差异，造成声波的两次反射，形成衰减，并且由于空气层的弹性和附加吸收作用，使振动的能量衰减较大，然后再传给第 2 层墙，又发生声波的两次反射，使透射声能再次减少，因而总的透射损失增多。

（1）双层墙的隔声特性曲线

双层墙的隔声频率特性曲线与单层墙大致相同，如图 2-30 所示。双层墙相当于一个由双层墙与空气层组成的振动系统。当入射声波频率比双层墙共振频率低时，双层墙板将作整体振动，隔声能力与同样重量的单层墙没有区别，即此时空气层无用。当入射声波达到共振频率 f_0 时，隔声量出现低谷；超过 $\sqrt{2} f_0$ 以后，隔声曲线以每倍频程 18dB（A）的斜率急剧上升，充分显示出双层墙结构的优越性。随着频率的升高，两墙板间会产生一系列驻波共振，又使隔声特性曲线上升趋势转为平缓，斜率为 12dB（A）/倍频程；进入吻合效应区后，在临界吻合频率 f_c 出现又一隔声量低谷，其 f_c 与吻合效应状况取决于两层墙的临界吻合频率。若两墙板由相同材料构成且面密度相等，两吻合谷的位置相同，使低谷的凹陷加深；若两墙材质不同或面密度不等，则隔声曲线上有两个低谷，但凹陷程度较浅；若两墙间填有吸声材料，隔声低谷变得平坦，隔声性能最好。吻合区以后情况较复杂，隔声量与墙的面密度、弯曲劲度、阻尼及声频与 f_c 之比等因素有关。由图 2-30 可知，双层墙隔声性能较单层墙优越的区域主要在共振频率 f_0 以后，故在设计中尽量将 f_0 移往人们不敏感的区域。

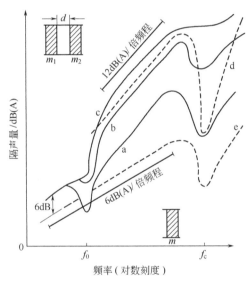

图 2-30　相同单板双层墙隔声特性简图

a—无吸声材料；b—有少量吸声材料；c—满铺吸声材料；d—双层墙隔声量；e—单层墙隔声量；a，b，c 均为双层墙

（2）多层复合板的隔声

由几层面密度或性质不同的板材组成的复合隔声墙板称作多层复合板。常用的为轻质多层复合板，它是用金属或非金属的坚实薄板做面层，内侧覆盖阻尼材料，或夹入多孔吸声材料或空气层等（图 2-31）。

多层复合板的隔声虽较组成它的同等重量的单层板有明显改善。这主要是由于：a.分层材料的阻抗各不相同，使声波在分层界面上产生多次反射，阻抗相差越大，反射声能越多，透射声能的损耗就越大；b.夹层材料的阻尼和吸声作用，致使声能衰减，并减弱共振与吻合效应；c.使用厚度或材质不同的多层板，可以错开共振与临界吻合频率，改善共振区与吻合区的隔声低谷现象，因而，总的使透射声能大为减少。

由理论计算多层复合板的隔声量不仅复杂也难以准确，故一般通过实测求得。图 2-31 为几种复合板在实验室内测得的隔声特性曲线，图中所示 3 种结构，夹层均为厚 65mm，密度为 20kg/m³ 的玻璃纤维板。实验表明，多层复合板具有质轻和隔声性能良好的优点，因而被广泛用于多种隔声结构中。如隔声门（窗）、隔声罩、隔声间的墙体等。我国噪声控制工作者在轻质复合板的研制方面做了很好的工作。

2.6.5　隔声间

在吵闹的环境中建造一个具有良好的隔声性能的小房间，使工作人员有一安静的环境，或者将多个强声源（或单台大型噪声源）置于上述房间中，以保护周围环境的安静，这种由不同隔声构件组成的具有良好隔声性能的房间称作隔声间。通常多用于对声源难做处理的情况。如强噪声车间的控制室、观察室，声源集中的风机房、高压水泵房，以及民用建筑中高级宾馆的房间等。

隔声间有封闭式与半封闭式之分。一般多用封闭式（图 2-32）。隔声间除需要有足够隔声量的墙体外，还需设置具有一定隔声性能的门、窗或观察孔等。如果门、窗设计不好或孔隙漏声严重，都会大大影响隔声的效果。

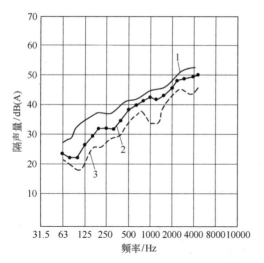

图 2-31　几种分层复合结构在实验室测得的隔声量

1—2.5 钢板-65 玻纤板-1.5 钢板
$[m=47\text{kg/m}^2,\overline{R}=41.7\text{dB(A)}]$；
2—五夹板-玻纤板-1.5 钢板
$[m=30\text{kg/m}^2,\overline{R}=38.8\text{dB(A)}]$；
3—五夹板-玻纤板-五夹板
$[m=20\text{kg/m}^2,\overline{R}=34.7\text{dB(A)}]$

图 2-32　隔声间

1—入口隔声门；2—隔声墙；3—照明器；4—排气管道（内衬吸声材料）和风扇；5—双层窗；6—吸气管道（内衬吸声材料）；7—隔振底层；8—接头的缝隙处理；9—内部吸声处理

门、窗的隔声能力取决于本身的面密度，构造和密封程度。因为通常需要门、窗为轻型结构，故一般采用轻质双层或多层复合隔声板制成，称作隔声门、隔声窗。

隔声窗常采用双层或多层玻璃制作，玻璃板要紧紧地嵌在弹性垫衬中，以防止阻尼板面的振动。层间四周边框宜做吸声处理，相邻两层玻璃不宜平行布置，朝声源一侧的玻璃有一定倾角，以便减弱共振效应；并需选用不同厚度的玻璃，以便错开吻合效应的频率，削弱吻合效应的影响。

（1）带有门或窗的组合体的隔声能力

带有门或窗的墙板总隔声量 R 可按下式计算：

$$R = R_1 + 10\lg \frac{1 + \dfrac{S_1}{S_2}}{\dfrac{S_1}{S_2} + 10^{0.1(R_1 - R_2)}} \tag{2-54}$$

式中　R_1——墙板本身（除门、窗之外的墙面）的隔声量；

　　　R_2——门或窗的隔声量；

　　　S_1——墙板面积（应扣除门、窗面积）；

　　　S_2——门、窗面积。

（2）同时带有门或窗的组合体的隔声能力

若在一个隔声组合体中，同时有门和窗时，R_2 应该用门和窗本身组合后的等效隔声量 R_3 来代替，S_2 应该用 S_3 来代替，R_3 和 S_3 用下式表示

$$R_3 = R_M + 10\lg \frac{1 + \dfrac{S_M}{S_C}}{\dfrac{S_M}{S_C} + 10^{0.1(R_M - R_C)}} \tag{2-55}$$

$$S_3 = S_M + S_C \tag{2-56}$$

式中　R_M——门的隔声量；

　　　R_C——窗的隔声量；

　　　S_M——门的面积；

　　　S_C——窗的面积。

（3）隔声门和隔声窗设计的注意事项

在组合墙板设门和窗提高隔声量的关键在于提高门和窗的隔声量。当隔声量要求较高时，墙上尽量不要设门、窗，如果必须要设，也要控制面积。如果门和窗的隔声量不能提高，首先要处理好门和窗的缝隙。为了减少缝隙影响，对于窗，最简单的方法是设计成固定窗。对于需要开启的窗户，要提高加工精度，用变形小的材料制窗扇、窗框，以此来减少缝隙面积。在隔声要求较高的场合，各缝隙应采用柔性材料封边。对于门，门总是要开、关的，在保证开、关灵便的条件下，着重处理好门框与门扇间的缝隙，没有下门槛时，还要处理好门扇与地面间缝隙，如果是双扇门，碰头缝也要处理好。常用的密封材料有橡胶条、海绵橡胶条、乳胶条、工业毛毡、橡皮、橡胶管等，还可以用面密度大的材料代替木板。

2.6.6　隔声罩

将噪声源封闭在一个相对小的空间内，以减少向周围辐射噪声的罩状结构，通常称为隔声罩（见图 2-33），有时为了操作、维修的方便或通风散热的需要，罩体上需开观察窗、活动门及散热消声通道等。这是因为在加罩前噪声是可以向四面八方传播的，加罩后

噪声受到罩壁阻挡，在罩内来回反射，使得罩内噪声比没有罩时高。隔声罩有密封型与局部开敞型，固定型与活动型之分。常用于车间内独立的强声源，如风机、空压机、柴油机、电动机、变压器等动力设备，以及制钉机、抛光机、球磨机等机械加工设备。当难以从声源本身降噪，而生产操作又允许将声源全部或局部封闭起来时，使用隔声罩会获得很好的效果，其降噪量一般在 $10\sim40$ dB（A）之间。

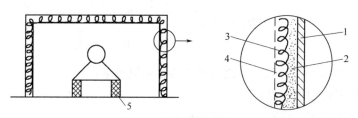

图 2-33　隔声罩结构简图

1—金属板外壳；2—阻尼涂层；3—吸声材料；4—穿孔护面板；5—减振器

2.6.6.1　隔声罩隔声原理

（1）隔声罩的插入损失

隔声罩的降噪效果通常用插入损失来表示，即隔声罩在设置前后，同一接收点的声压级之差，记作 IL，即

$$IL = L_{P_1} - L_{P_2} \tag{2-57}$$

式中　L_{P_1}——无隔声罩时接收点的声压级，dB（A）；

L_{P_2}——有隔声罩时同一接收点的声压级，dB（A）。

假设安装隔声罩的房间与声源机器相比是大的（多数场合满足此条件），在未安装罩子时，任一待保护的接收点处声压级 L_{P_1} 可表示为

$$L_{P_1} = L_{W_1} + 10\lg\left(\frac{Q_1}{4\pi r^2} + \frac{4}{R_r}\right) \tag{2-58}$$

式中　L_{W_1}——声源的声功率级，dB；

Q_1——声源的指向性系数；

R_r——房间常数。

在安装隔声罩后，同一接收点的声压级 L_{P_2} 可确定为

$$L_{P_2} = L_{W_2} + 10\lg\left(\frac{Q_2}{4\pi r^2} + \frac{4}{R_r}\right) \tag{2-59}$$

式中　L_{W_2}——机器与隔声罩作为一个整体时的声功率级，dB；

Q_2——机器与隔声罩组合体的指向性系数。

（2）隔声罩的总隔声量

只要知道构成隔声罩的各构件的隔声量 R_i，就可以换算出各构件的传声系数 $\overline{L}_i$，对于各构件表面的吸声系数 α_i，可根据所选吸声材料的品种和规格决定。

$$R_{实} = 10\lg\frac{\sum\limits_{i=1}^{n} S_i\alpha_i}{\sum\limits_{i=1}^{n} S_i\overline{L}_i} \tag{2-60}$$

式中　S_i——隔声罩各构件的面积；

　　　α_i——隔声罩内各构件的吸声系数；

　　　$\overline{L}_i$——隔声罩内各构件的传声系数；

　　　n——构成隔声罩的构件个数。

2.6.6.2　设计隔声罩注意的问题

① 罩壳的壁材必须有足够的隔声量，并且为了便于制造、安装及维修，宜采用 0.5～2mm 厚的钢或铝板等轻薄、密实的材料制作，有些大而固定的场合也可用砖或混凝土等厚重材料。在罩壁的构造中，必须包括吸声材料层，否则罩不会有好的隔声效果。罩壁吸声材料多使用超细玻璃棉、岩棉等具有良好吸声作用的多孔吸声材料。多孔吸声材料应有一定厚度，一般取 5cm 左右。为避免散落，多孔吸声材料外应罩以玻璃丝布或麻袋布，并用钢板网或穿孔金属板护住。在有油污的情况下，还可采用塑料薄膜覆盖，薄膜不可拉紧，以免影响吸声。

② 罩壁应有足够高的隔声量。砖墙、钢板都是良好的隔声材料。用钢、铝板之类的轻型材料作罩壁时，需在壁面上加筋，涂贴阻尼层，以抑制与减弱共振和吻合效应的影响。砖墙造价低廉，适合做那些长期连续工作且不检修机器的罩壁，如某些风机的隔声罩，使用砖墙作罩壁时，罩顶盖及其他需要开启部位可使用钢板。砖墙笨重，不能吊运，也不能做成复杂体，所以在噪声控制工程中，一般都是用钢板来作罩壁。

③ 罩体与声源设备及其机座之间不能有刚性接触，以避免声桥出现，使隔声量降低。同时隔声罩与地面之间应进行隔振，以杜绝固体碰撞声。

④ 罩壁上开有隔声门窗、通风与电缆等管线时，缝隙处必须密封，并且管线周围应有减振、密封措施。

⑤ 罩内必须进行吸声处理。使用多孔材料等松散材料时，应有较牢靠的护面层。

⑥ 罩壳形状恰当，尽量少用方形平行罩壁，以防止罩内空气声的驻波效应。同时在罩内壁面与设备之间应留有较大的空间，一般为设备所占空间的 1/3 以上，各内壁面与设备的空间距离不得小于 100mm，以避免耦合共振，使隔声量曲线出现低谷。

⑦ 隔声罩的设计必须与生产工艺相配合，便于操作、安装与检修，需要时可做成能够拆卸的拼装结构。此外隔声罩必须考虑声源设备的通风、散热要求，通风口应安装有消声器，其消声量要与隔声罩的插入损失相匹配。

2.6.7　隔声屏

用来阻挡声源和接收者之间直达声的障板或帘幕状屏蔽物称为隔声屏（帘）。

建筑物内，在对隔声要求不高的情况下，如果难以从声源本身治理，又不便于安装隔声罩，或者需要分隔大的车间与办公室时，都可以安装隔声屏。此外在交通干道的两侧等室外处，也可设置隔声屏，以较为有效地屏蔽噪声。

设置隔声屏的方法简单、经济，便于拆装与移动，因而应用较广。

2.6.7.1　隔声屏的插入损失

当声波在空气中传播遇到障碍物时，若障碍物本身的隔声量足够大，其尺寸也远大于峰值频率的波长，则大部分声能被反射，障碍物后面的一定范围内，仅接收到很少的透射声与小部分衍射声，形成所谓的声影区，接收点便应设计在此范围内，这即是隔声屏的降噪原理。

隔声屏对声影区的降噪效果通常用插入损失来衡量，其定义与隔声罩的插入损失相类似：即在同一接收点有无隔声屏时的声压级之差。

（1）隔声屏的插入损失

假设隔声屏本身的隔声量远高于其插入损失，则穿过屏的透射声的影响可以忽略不计（这种情况一般都可以满足）。这样，在室内设置隔声屏时，接收点处的声压级便是围绕隔声屏的衍射声场形成的声压级与房间混响声场形成的声压级之和。

隔声屏的插入损失为

$$IL = 10\lg\left(\frac{\dfrac{Q}{4\pi r^2} + \dfrac{4}{R_r}}{\dfrac{Q_B}{4\pi r_2} + \dfrac{4}{R_r}}\right) \tag{2-61}$$

式中　Q_B——声源的合成指向特性。

此式表明，插入损失大小与房间的吸声状况、接收点与声源的距离、声源的合成指向特性（路程差与声波波长）密切相关。

（2）菲涅耳数

在声影区域有一定衰减，噪声的频率越高，减噪效果越好。同时屏障越高，或越接近声源或人（接收点）效果越好。若声源为点声源，屏障无限长时，d 为声源 S 与接收点 P 之间直线距离，即无屏障时的声程。$(a+b)$ 为设置屏障后 S 与 P 之间声程。$\delta=(a+b)-d$ 为设置屏障前后的声程差。

菲涅耳数

$$N = \frac{\delta}{\dfrac{\lambda}{2}} = \frac{2\delta}{\lambda} = \frac{\delta f}{170} \tag{2-62}$$

式中　f——声波频率；

　　　λ——声波波长。

取空气中声速 $c=340\text{m/s}$，由 N 值求出声音的衰减值 [dB(A)]。声源和接收点都在自由空间内，作声屏障设计时，屏障材料的传声损失要比上述计算值大 16dB(A) 以上。另外，靠近声源一面希望做吸声处理。屏障的长度若为高度 5 倍以上，可近似认为无限长。屏障是有限长时，声音可能从横向绕过去，效果会差些。但无论如何效果最好也不会超过 25dB(A)。

2.6.7.2　隔声屏的设计要点及注意事项

在设计隔声屏时需注意以下几点。

① 隔声屏本身需有足够的隔声量，其隔声量最少应比插入损失高出约 10dB(A)，故一般使用砖、混凝土或钢板、铝板、塑料板、木板等轻质多层复合结构。前两者多用于室外，后面的多用于室内，以便拆卸与移动。

② 使用隔声屏，必须配合吸声处理，尤其是在混响声明显的场合，其结构如图 2-34 所示。

③ 隔声屏主要用于控制直达声。为了有效地防止噪声的发散；其形式有二边形、三边形、遮檐式等，如图 2-35 所示。其中带遮檐的多边形隔声屏效果尤为明显。

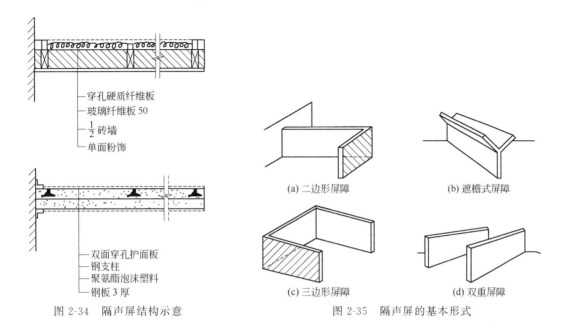

穿孔硬质纤维板
玻璃纤维板 50
$\frac{1}{2}$ 砖墙
单面粉饰

双面穿孔护面板
钢支柱
聚氨酯泡沫塑料
钢板 3 厚

(a) 二边形屏障　　　(b) 遮檐式屏障

(c) 三边形屏障　　　(d) 双重屏障

图 2-34　隔声屏结构示意　　　　　　图 2-35　隔声屏的基本形式

④ 在隔声屏上开设观察窗，以便于观察机器设备的运行情况。隔声屏可做成固定式与移动式两类，后者可装上扫地橡皮，以减少漏声。

⑤ 为了便于人或设备等的通行，在隔声要求不是太高时。可用人造革等密实的软材料护面，中间夹以多孔吸声材料制成隔声帘悬挂起来。

2.7　消声器

2.7.1　消声器的分类和评价

消声器是一种在允许气流通过的同时，又能有效地阻止或减弱声能向外传播的装置。它是降低空气动力性噪声的主要技术措施，主要安装在进、排气口或气流通过的管道中。一个性能好的消声器，可使气流噪声降低 20～40dB（A），因此在噪声控制中得到了广泛的应用。

2.7.1.1　消声器的分类

消声器的形式很多，按其消声机理大体分为四大类：阻性消声器、抗性消声器、微穿孔板消声器和扩散消声器。

① 阻性消声器是一种吸收型消声器，它是把吸声材料固定在气流通过的通道内，利用声波在多孔吸声材料中传播时，因摩擦阻力和黏滞阻力将声能转化为热能，达到消声的目的。其特点是对中、高频有良好的消声性能，对低频消声性能较差。主要用于控制风机的进排气鸣声、燃气轮机进气噪声等。

② 抗性消声器适用于消除低、中频的窄带噪声，主要用于脉动性气流噪声的消除，如用于空压机的进气噪声、内燃机的排气噪声等的消除。

③ 微穿孔板消声器具有较好的宽频带消声特性，主要用于超净化空调系统及高温、潮湿、油雾、粉尘和其他要求特别清洁卫生的场合。

④ 扩散消声器也具有宽频带的消声特性，主要用于消除高压气体的排放噪声。如锅炉排气、高炉放风等。

在实际应用中，往往用两种或两种以上的原理制成复合型的消声器。另外，还有一些特殊形式的消声器，例如喷雾消声器、引射接冷消声器、电子消声器（又称有源消声器）等。

2.7.1.2 对消声器的基本要求

一个好的消声器应满足以下 4 项基本要求：a.在使用现场的正常工作状况下，对所要求的频带范围有足够大的消声量；b.要有良好的空气动力性能，对气流的阻力要小，阻力损失和功率损失要控制在实际允许的范围内，不影响气动设备的正常工作；c.空间位置要合理、体积小、质量轻、结构简单，便于制作安装和维修；d.要价格便宜，经久耐用。以上 4 项互相联系又相互制约，应根据实际情况有所侧重。

2.7.2 消声量的表示方法

消声量是评价消声器声学性能好坏的重要指标，常用以下 4 个量来表征。

（1）插入损失 L_{IL}

插入损失系指在声源与测点之间插入消声器前后，在某一固定测点所测得的声压级差，即

$$L_{IL} = L_{P_1} - L_{P_2} \tag{2-63}$$

式中　L_{P_1}——安装消声器前测点的声压级，dB(A)；

　　　L_{P_2}——安装消声器后测点的声压级，dB(A)。

用插入损失作为评价量的优点是比较直观实用，测量也简单，这是现场测量消声器消声最常用的方法。但插入损失不仅取决于消声器本身的性能，而且与声源、末端负载以及系统总体装置的情况紧密相关，因此适于在现场测量中用来评价安装消声器前后的综合效果。

（2）传递损失 L_R

传递损失系指消声器进口端入射声的声功率级与消声器出口端透射声的声功率级之差，即

$$L_R = 10\lg\frac{W_1}{W_2} = L_{W_1} - L_{W_2} \tag{2-64}$$

式中　L_{W_1}——消声器进口处声功率级，dB；

　　　L_{W_2}——消声器出口处声功率级，dB。

由于声功率级不能直接测得，一般是通过测量声压级值来计算声功率级和传递损失。传递损失反映的是消声器自身的特性，和声源、末端负载等因素无关，因此适宜于理论分

析计算和在实验室中检验消声器自身的消声特性。

（3）减噪量 L_{NR}

减噪量系指消声器进口端和出口端的平均声压级差，即

$$L_{NR} = \overline{L}_{P_1} - \overline{L}_{P_2} \tag{2-65}$$

式中　$\overline{L}_{P_1}$——消声器进口端平均声压级，dB(A)；

　　　$\overline{L}_{P_2}$——消声器出口端平均声压级，dB(A)。

这种测量方法是在严格地按传递损失测量有困难时而采用的一种简单测量方法，易受环境噪声影响，测量误差较大。现场测量用得较少，有时用于消声器台架测量分析。

（4）衰减量 L_A

衰减量指消声器通道内沿轴向的声级变化，通常以消声器单位长度上的声衰减量 [dB(A)/m] 来表征。这一方法只适用于声学材料在较长管道内连续而均匀分布的直通管道消声器。

2.7.3　阻性消声器

阻性消声器的种类繁多，一般按气流通道的几何形状而分为直管式、片式、折板式、迷宫式、蜂窝式、声流式、盘式、室式和弯头式等，见图 2-36。

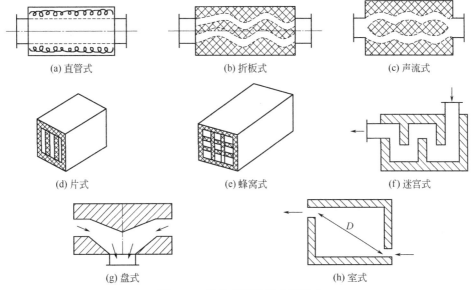

图 2-36　常见的阻性消声器形式

2.7.3.1　单通道直管式消声器

这是最简单的阻性消声器，结构形式见图 2-36(a)。即在一个直的管道内壁衬贴一层厚度均匀的多孔吸声材料。当管中传播的声波波长比管道截面尺寸大时（对矩形截面管道，a 为长边，$\lambda > \dfrac{a}{2}$；对半径为 a 的圆管道，$\lambda > 0.3a$），则管中声波为平面波。由于衬贴材料的吸声作用，声波的能量随着在管道中传播而衰减。对于管中被激发的高次波，则

经多次反射后而衰减掉。常用的计算消声量的公式是 A. N. 别洛夫公式，即

$$L_A = \varphi(\alpha_0) \frac{P}{S} l \tag{2-66}$$

式中　L_A——消声量，dB(A)；

　　　　P——消声器通道断面的有效周长，m；

　　　　S——消声器通道的有效截面积，m^2；

　　　　l——消声器的有效长度，m；

　　　　α_0——垂直入射吸声系数；

　　$\varphi(\alpha_0)$——由 α_0 所确定的消声系数，其关系式为

$$\varphi(\alpha_0) = 4.34 \frac{1 - \sqrt{1-\alpha_0}}{1 + \sqrt{1-\alpha_0}} \tag{2-67}$$

可以看出，$\varphi(\alpha_0)$ 随 α_0 的增大而增大，在 $\alpha_0 = 0.6 \sim 1.0$ 时，$\varphi(\alpha_0) = 1 \sim 4.34$。此时消声量的计算值远大于实测值。$\alpha_0$ 越大，计算值与实测值之间的偏差越大，需要进行一定的修正。根据实测与经验，当 $\alpha_0 = 0.6 \sim 1.0$ 时，取 $\varphi(\alpha_0)$ 的值为 $1.0 \sim 1.5$，见表 2-19。$\alpha_0 < 0.6$ 时，$\varphi(\alpha_0)$ 用式(2-67) 计算或查表 2-19 均可。

表 2-19　$\varphi(\alpha_0)$ 与 α_0 的关系

α_0	0.05	0.10	0.15	0.20	0.25	0.30	0.35	0.40	0.45	0.50	0.55	0.60~1.0
$\varphi(\alpha_0)$	0.05	0.11	0.17	0.24	0.31	0.39	0.47	0.55	0.64	0.75	0.86	1.0~1.5

由式(2-66) 可以看出，阻性消声器的消声量与吸声材料的声学性能和消声器的几何尺寸有关。材料的吸声性能越好，管道越长，消声量就越大。因此，在设计阻性消声器时，如条件允许应尽可能选用吸声性能好的多孔材料，并详细计算通道的几何尺寸。对于相同截面积的通道，P/S 值以矩形最大，圆形最小。因此，对截面积较大的管道常在管道纵向插入几片消声片，将其分隔成多个通道以增加周长和减小截面积，消声量可明显提高。

要注意的是式(2-66) 是在没有气流条件下，根据声波在管道中的传播理论并结合实践经验导出的半经验公式。在低、中频时，计算值与实测值符合较好。在高频时，往往计算值要高于实测值。

2.7.3.2　片式消声器

对于大风量的消声器多采用这种消声结构。它与直管式消声器的区别在于它的通道是由多孔材料组成的吸声片构成。可等效为各个吸声管道并联，如图 2-36(d) 所示。当片式消声器每个通道的构造尺寸相同时，只要计算单个通道的消声量，即为该消声器的消声量。

吸声系数与材料的种类和厚度有关，通常取吸声片厚度为 $50 \sim 100mm$，片间距离（通道宽度）取 $100 \sim 250mm$ 之间。为了增加高频的消声效果可将直通道改为曲折通道，如图 2-36(b) 所示，称之为折板式消声器。由于折板式阻力较大，一般用于高压风机或鼓风机的消声。为了减小阻力，也可将折板式的折角变为平滑，如图 2-36(c) 所示，称为

声流式消声器，这两种消声器是片式消声器的变形。实际设计时应考虑折角不要过大，一般小于 20°，以刚刚遮挡住视线为宜。

2.7.3.3　其他形式的消声器

（1）蜂窝式消声器

这种消声器是由若干个小型直管消声器并联而成，如图 2-36(e) 所示，因管道的周长 P 与截面积 S 之比要比直管式和片式大，所以消声量较高。且由于小管的尺寸很小，使上限失效频率大大提高而改善了高频消声特性。但由于构造复杂，阻力较大，通常用于风量较大的低流速条件。

（2）室式消声器

室式消声器实际是一个在内壁面衬贴有吸声材料的小消声室，进排气管接在室的两对角上，如图 2-36(h) 所示。这种消声器是由截面积的两次突变引起声反射以及吸声材料对声波的吸收而起到消声作用的。其特点是消声频带较宽，消声量也较大。缺点是阻力较大，占有空间也大，一般适用于低速进排气消声。它的传递损失为

$$L_R = -10\lg\left[S\left(\frac{\cos\theta}{2\pi D^2}+\frac{1-\bar{\alpha}}{S_m\bar{\alpha}}\right)\right] \tag{2-68}$$

式中　S——进（出）风口的面积，m^2；

　　　$\bar{\alpha}$——材料的平均吸声系数；

　　　S_m——小室内吸声衬贴表面面积，m^2；

　　　D——进风口至出风口的距离，m。

由式(2-68) 可以看出，括号内第一项是进口到出口的直达声随距离的衰减，$\cos\theta$ 相当于指向性因数；第二项是房间常数 R_r 的倒数，表示混响声的衰减。

将若干个室式消声器串联起来，则构成"迷宫式"消声器，如图 2-36(f) 所示。其消声原理和计算方法类似于单室，特点是消声频带宽，消声量较高。但阻力较大，适用于低风速条件。

（3）盘式消声器

盘式消声器是在装置消声器的空间尺寸受到限制时使用的，如图 2-36(g) 所示。其外形呈圆盘状，使消声器的轴向长度和体积大为缩减。因消声通道截面是渐变的，气流速度也随之变化，阻损比较小。还因进气和出气方向互相垂直，使声波发生弯折而提高了中、高频的消声效果。一般轴向长度不超过 50cm，插入损失 10～15dB(A)，适于风速不大于 16m/s 的情况。

（4）消声弯头

当使用弯管以改变管道内气流方向时，在弯管壁面衬贴 2～4 倍截面线度尺寸的吸声材料，就成为一个有明显消声效果的消声弯头，见图 2-37。其形式有圆管弯头、矩形管弯头、圆弧形弯头和直角形弯头等。弯头的插入损失大致与弯折角度成正比，如 30°弯头的插入损失仅为 90°弯头的 1/3。对于无规入射，180°弯头的减噪量约为 90°弯头的 1.5倍。图 2-38 是 180°消声弯头声压级差随衬贴材料吸声系数 α 与 N 的变化关系，其中 L 是消声弯头中轴线长度，d 为吸声材料贴面之间的距离，N 为 L 与 d 之比。

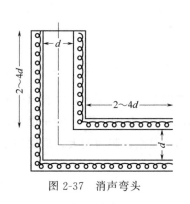

图 2-37　消声弯头

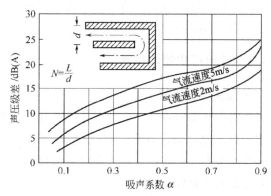

图 2-38　180°消声弯头声压级差与材料吸声
系数 α 和 N 的关系

2. 7. 3. 4　阻性消声器的设计

阻性消声器的设计一般可按如下程序和要求进行。

① 确定消声量　应根据有关的环境保护和劳动保护标准，适当考虑设备的具体条件，合理确定实际所需的消声量。对于各频带所需的消声量，可参照相应的 NR 曲线来确定。

② 选定消声器的结构形式　首先要根据气流流量和消声器所控制的流速（平均流速），计算所需要的通流截面，并由此来选定消声器的形式。一般认为，当气流通道截面的当量直径小于 300mm，可选用单通道直管式；当直径在 300～500mm 时，可在通道中加设一片吸声层或吸声芯，如图 2-39 所示，当通道直径大于 500mm 时，则应考虑把消声器设计成片式、蜂窝式或其他形式。

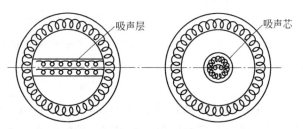

图 2-39　通道中加吸声层（芯）的消声器

③ 正确选用吸声材料　这是决定阻性消声器消声性能的重要因素。除首先考虑材料的声学性能外，同时还要考虑消声器的实际使用条件，在高温、潮湿、有腐蚀性气体等特殊环境中，应考虑吸声材料的耐热、防潮、抗腐蚀性能。

④ 确定消声器的长度　这应根据噪声源的强度和降噪现场要求来决定。增加长度可以提高消声量，但还应注意现场有限空间所允许的安装尺寸，消声器的长度一般为 1～3m。

⑤ 选择吸声材料的护面结构　阻性消声器小的吸声材料是在气流中工作的，必须用护面结构固定起来。常用的护面结构有玻璃布、穿孔板或铁丝网等。如果选取护面不合理，吸声材料会被气流吹跑或使护面结构激起振动，导致消声性能下降。护面结构形式主

要由消声器通道内的流速来决定，见表 2-20。

表 2-20　不同流速下的护面结构

气流速度/（m/s）		护面结构
平　行	垂　直	
<10	<7	布或金属网 多孔材料
10～23	7～15	穿孔金属板 多孔材料
23～45	15～38	穿孔金属板 玻璃布 多孔材料
45～120		穿孔金属板 钢丝棉 穿孔金属板 多孔材料

⑥ 验算消声效果　根据"高频失效"和气流再生噪声的影响验算消声效果。

2.7.4　抗性消声器

抗性消声器主要是利用声抗的大小来消声。它不使用吸声材料，而是利用管道截面的突变或旁接共振腔使管道系统的阻抗失配，产生声波的反射、干涉现象从而降低由消声器向外辐射的声能，达到消声的目的。抗性消声器的选择性较强，适用于窄带噪声和低、中频噪声的控制，常用的有扩张室消声器和共振腔消声器两大类。

2.7.4.1　扩张室消声器

扩张室消声器也称为膨胀室消声器，它是由管和室组成的，其最基本的形式是单节扩张室消声器，如图 2-40 所示。

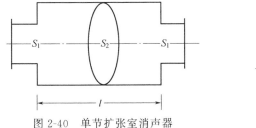

图 2-40　单节扩张室消声器

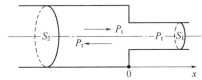

图 2-41　有突变截面管道中声的传播

（1）消声原理

声波沿截面突变的管道传播时，截面突变引起声阻抗变化，而使声波发生反射，如图 2-41 所示。设 S_2 管中入射声波声压为 P_i，反射声波声压为 P_r，S_1 管中透射波声压为 P_t，在 $x=0$ 处，根据声压和体积速度的连续条件有

$$P_i + P_r = P_t \tag{2-69}$$

$$S_2 \left(\frac{P_i}{\rho_0 c} - \frac{P_r}{\rho_0 c} \right) = S_1 \frac{P_t}{\rho_0 c} \tag{2-70}$$

式（2-69）和式（2-70）可得声压反射系数为：

$$r_P = \frac{P_r}{P_i} = \frac{S_2 - S_1}{S_1 + S_2} \tag{2-71}$$

并由此得声强的反射系数 r_1 和透射系数 τ_1 分别为：

$$r_1 = \left(\frac{S_2 - S_1}{S_1 + S_2}\right)^2 \tag{2-72}$$

$$\tau_1 = 1 - r_1 = \frac{4S_1 S_2}{(S_1 + S_2)^2} \tag{2-73}$$

声功率的透射系数为：

$$\tau_W = \frac{I_t S_1}{I_i S_2} = \tau_1 \times \frac{S_1}{S_2} = \frac{4S_1^2}{(S_1 + S_2)^2} \tag{2-74}$$

可以看出，不管是扩张管（$S_1 > S_2$），还是收缩管（$S_1 < S_2$），只要面积比相同，τ_1 便相同。但对二者 τ_W 值却是不同的。

对于单节扩张室消声器，相当于在截面为 S_1 的主管道中插入长度为 l，截面积为 S_2 的中间插管，见图 2-40，此时有 $x=0$ 和 $x=l$ 两个截面突变的分界面，由声压和体积速度在界面处的连续条件列出 4 组方程，可解得经扩张室后声强的透射系数为：

$$\tau_1 = \frac{1}{\cos^2 kl + \frac{1}{4}\left(\frac{S_1}{S_2} + \frac{S_2}{S_1}\right)^2 \sin^2 kl} \tag{2-75}$$

由式（2-75）可以看出，声波经中间插管的透射，不仅与主管道与插管截面积的比值有关，还与插管的长度有关。

（2）消声器的计算

如果只考虑扩张室本身的特性，由式（2-76）可得单节扩张室消声器的消声量计算公式为：

$$L_R = 10\lg \frac{1}{\tau_1} = 10\lg\left[1 + \frac{1}{4}\left(m - \frac{1}{m}\right)^2 \sin^2 kl\right] \tag{2-76}$$

式中　m——扩张比，$m = S_2/S_1$；

　　　S_2——扩张室截面积，m^2；

　　　S_1——进、出气管截面积，m^2；

　　　k——波数，m^{-1}，$k = 2\pi/\lambda$；

　　　l——扩张室长，m。

可以看出，管道截面收缩 m 倍或是扩张 m 倍，其消声作用是相同的，在实用中为了对气流的阻力，常用的是扩张管。

扩张室消声器的消声量与 $\sin kl$ 有关，所以消声量要随频率做周期性的变化，为设计方便，将式（2-76）绘成图 2-42。

由式（2-76）可以看出，当 $\sin^2 kl = 1$ 时，有最大消声量，当 $\sin^2 kl = 0$ 时消声量等于零，即不起消声作用，现分别讨论如下。

① 当 $kl = (2n+1)\frac{\pi}{2}$，即 $l = (2n+1)\frac{\lambda}{4}$（$n = 0、1、2、3\cdots$）时，$\sin^2 kl = 1$，扩张

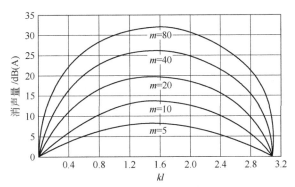

图 2-42　单节扩张室消声器的消声量

室消声量达到最大值，此时式(2-76)可写成：

$$L_R = 10\lg\left[1 + \frac{1}{4}\left(m - \frac{1}{m}\right)^2\right] \tag{2-77}$$

由式(2-77)可以清楚地看出，扩张室消声器要取得显著的消声效果，必须选取足够大的扩张比 m，例如，要求 $L_R \geqslant 8$dB（A）时，m 应选定在 5 以上。将波数 $k = \dfrac{2\pi}{\lambda} = \dfrac{2\pi f}{c}$ 代入 $k = (2n+1)\dfrac{\pi}{2}$ 中。可以导出消声量达最大值时的相应频率。

$$f_{max} = (2n+1)\frac{c}{4l} \tag{2-78}$$

② 当 $kl = n\pi$，即 $l = n\lambda/2$（$n = 0$、1、2…）时，$\sin^2 kl = 0$，消声量 $L_R = 0$，表明声波可以无衰减地通过消声器，这是单节扩张室消声器的主要缺点所在。此时，对应的频率称为消声器的通过频率：

$$f_{min} = \frac{n}{2l}c \tag{2-79}$$

为了消除某一频率的噪声可适当选择扩张室的长度，以使消声器在该频率上有最大消声量。图 2-43 是扩张比 m 相同时，不同腔长 l 的消声量曲线。可以看出 l 变化时，最大消声频率和通过频率都在变化。

（3）扩张室消声器的设计

在设计扩张室消声器时，消声量与消声频率范围之间是矛盾的。即要获得大的消声量应有足够大的扩张比 m，但消声下限截止频率随 m 的增大而降低，致使消声器的有效消声频率范围变窄。因此，扩张比不能选择太大，要兼顾消声量和消声频率两个方面。实际工程设计中，在阻力损失满足要求的情况下常用以下两种方法来解决。

① 用一组并联的小通道代替一个大通道，在每个小通道上设计安装扩张室消声器，如图 2-44 所示。这样既可在有足够扩张比的条件下，使扩张室截面不致过大，又在较宽的频率范围内有较大的消声量。

② 错开扩张室进、出口管轴线，使得声波不能以窄束状直接穿过扩张室，如图 2-45 所示。这时可以明显地改善扩张室消声器的消声频率特性。

综上所述，扩张室消声器可按如下程序进行设计。

① 根据声源的频谱特性，合理地分布最大消声频率，并以此来确定各节扩张室及其

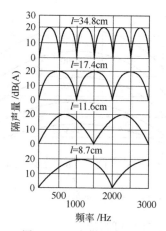

图 2-43　L_R 与 l 的关系

（$m=21.1$，内管 $\phi28\text{mm}$，外管 $\phi128\text{mm}$）

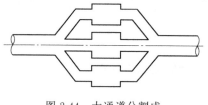

图 2-44　大通道分割成
多个小扩张室并联

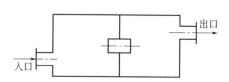

图 2-45　进、出口管轴线错开
的扩张室消声器

插入管的长度。如果噪声源频谱特性中某一频率的声压级特别高，也可考虑用同样长的扩张室。插入管的长度一般按 1/4 和 1/2 腔长设计。

② 根据需要的消声量和气流速度，确定扩张比 m，设计扩张室各部分截面尺寸。在允许的范围内，尽量选用较大的扩张比。一般情况下，取 $9<m<16$；通道直径小时，可取 $m>16$，但不宜大于 20；通道直径较大时，可取 $m<9$，但不应小于 5。

③ 验算所设计的扩张室消声器的上、下限截止频率是否在所需要的频率范围以外，否则应重新修改设计方案。

④ 验算气流对消声量的影响，看在给定的气流速度下，消声值是否还能满足要求，否则应重新设计。

2.7.4.2　共振腔消声器

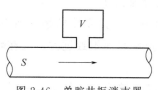

图 2-46　单腔共振消声器

共振腔消声器也是一种抗性消声器，它是利用共振吸声原理进行消声的。最简单的结构形式是单腔共振消声器，它是由管道壁上的开孔与外侧密闭空腔相通而构成的，见图 2-46。

（1）消声原理与计算公式

共振消声器实质上是共振吸声结构的一种应用，其基本原理基于亥姆霍兹共振器。管壁小孔中的空气柱类似活塞，具有一定的声质量；密闭空腔类似空气弹簧，具有一定的声顺，二者组成一个共振系统。当声波传至颈口时，在声压作用下空气柱便产生振动，振动时的摩擦阻尼使一部分声能转换为热能耗散掉。同时，由于声阻抗的突然变化，一部分声能将反射回声源。当声波频率与共振腔固有频率相同时，使产生共振，空气柱振动速度达到最大值，此时消耗的声能最多，消声量也就最大。

当声波波长大于共振腔消声器的最大尺寸的 3 倍时，其共振吸收频率为

$$f_r = \frac{c}{2\pi} \sqrt{\frac{G}{V}} \tag{2-80}$$

式中　c——声速，m/s；

　　　V——空腔体积，m^3；

　　　G——传导率，为长度的量纲，其值为

$$G = \frac{S_0}{t+0.8d} = \frac{\pi d^2}{4(t+0.8d)} \tag{2-81}$$

式中　S_0——孔颈截面积，m^2；

　　　d——小孔直径，m；

　　　t——小孔颈长，m。

工程上应用的共振消声器很少是开一个孔的，而是由多个孔组成。此时要注意各孔间要有足够的距离，当孔心距为小孔孔径的 5 倍以上时，各孔间的声辐射可互不干涉，此时总的传导率等于各个孔的传导率之和，即 $G_{总} = nG$（n 为孔数）。

忽略共振腔声阻的影响，单腔共振消声器对频率为 f 的声波的消声量为

$$L_R = 10\lg\left[1 + \frac{k^2}{(f/f_r - f_r/f)^2}\right] \tag{2-82}$$

$$k = \frac{\sqrt{GV}}{2S} \tag{2-83}$$

式中　S——气流通道的截面积，m^2；

　　　V——空腔体积，m^3；

　　　G——传导率。

图 2-47 给出的是不同情况下共振腔消声器的消声特性曲线。可以看出，共振腔消声器的选择性很强。当 $f = f_r$ 时，系统发生共振，L_R 将变得很大，在偏离 f_r 时，L_R 迅速下降。K 值越小，曲线越尖锐，因此 K 值是共振消声器设计中的重要参量。

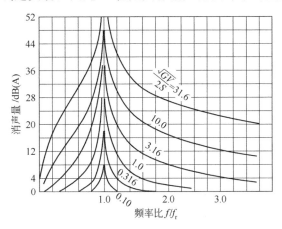

图 2-47　共振腔消声器的消声特性

式（2-82）计算的是单一频率的消声量。在实际工程中的噪声源多是连续的宽带噪声，常需要计算在某一频带内的消声量，此时式（2-82）可简化为

对倍频带：
$$L_R = \lg[1 + 2K^2] \tag{2-84}$$

对 1/3 倍频带：
$$L_R = 10\lg[1 + 19K^2] \tag{2-85}$$

（2）共振消声器的设计

共振消声器可按如下步骤设计。

① 根据要消除的主要频率和降噪量（倍频程或 $L/3$ 倍频程），由式（2-84）或式（2-85）确定相应的 K 值。

② 确定 K 值后，按式（2-80）和式（2-83）求出共振腔的体积 V 和传导率 G。

③ 设计消声器的几何尺寸，对某一确定的 V 值可以有多种不同的几何形状和尺寸，对某一确定的 G 值也有多种的孔径、板厚和穿孔数的组合。在实际设计中，应根据现场条件和所用的板材，首先确定板厚、孔径和腔深等参数，然后再设计其他参数。

为取得好的消声效果，在设计时应注意以下几点。

① 共振腔的最大几何尺寸应小于共振频率相应波长的 1/3，以保证共振腔可以视为集总参数元件。在共振频率较高时，此条件不易满足，共振腔应视为分布参数元件，消声器内会出现选择性很高且消声量较大的"尖峰"。以上计量公式不再适用。

② 穿孔位置应集中在共振腔中部，穿孔范围应小于共振频率相应波长的 1/12。穿孔过密各孔之间相互干扰，使传导率计算值不准。一般情况下，孔心距应大于孔径的 5 倍。当两个要求相互矛盾时可将空腔分割成几个小的空腔来分布穿孔位置，总的消声量可近似视为各腔消声量的总和。

③ 共振腔消声器也有高频失效问题。

2.7.5 阻抗复合式消声器

一般情况下，阻性消声器对中、高频噪声消声效果好，抗性消声器则适于消除低、中频噪声。为使消声器在宽频带范围内有良好的消声效果，可将二者复合起来使用，这就是阻抗复合式消声器。常用的形式有阻性-扩张室复合式、阻性-共振腔复合式、阻性-扩张室-共振腔复合式等。图 2-48 给出了工程上采用的几个阻抗复合式消声器的示意。

阻抗复合式消声器的消声原理，定性地可以认为是阻性和抗性原理的结合。但当声波波长较长时，阻抗复合后因耦合作用而相互有干涉等因素的影响，使声波在传播过程中的衰减机理变得极为复杂，难以确定简单的定量关系。因此，在实际应用中阻抗复合式消声器的消声量通常由试验或实际测量确定。

2.7.6 微穿孔板消声器

（1）消声原理及分类

这是利用微穿孔板吸声结构制成的一种新型消声器。在厚度小于 1mm 的金属板上钻许多孔径为 0.5～1mm 的微孔，穿孔率一般为 1%～3%，并在穿孔板后面留有一定的空腔，即成为微穿孔板吸声结构。这是一种高声阻、低声质量的吸声元件。由理论分析可知，声阻与穿孔板上的孔径成反比。与一般穿孔板相比，由于孔很小，声阻就大得多，而

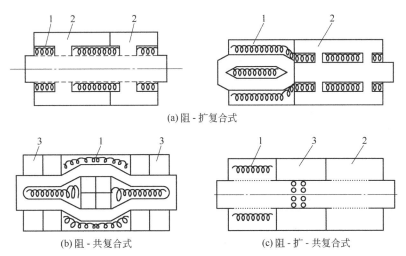

(a) 阻 - 扩复合式

(b) 阻 - 共复合式　　　　　　　(c) 阻 - 扩 - 共复合式

图 2-48　几个阻抗复合式消声器示意

1—阻性；2—扩张室；3—共振腔

提高了结构的吸声系数。低的穿孔率降低了其声质量，使依赖于声阻与声质量比值的吸声频带宽度得到展宽。同时微穿孔板后面的空腔能够有效地控制共振吸收峰的位置。为了保证在宽频带有较高的吸声系数，可采用双层微穿孔板结构。因此，从消声原理上看微穿孔板消声器实质上是一种阻抗复合式消声器。

微穿孔板消声器的结构形式类似于阻性消声器，按气流通道的形状，可分为直管式、片式、折板式、声流式等。

（2）消声量的计算

微穿孔板消声器的最简单形式是单层管式消声器，这是一种共振式吸声结构。对于低频消声，当声波波长大于共振腔（空腔）尺寸时，其消声量可以用共振消声器的计算公式，即

$$L_R = 10\lg\left[1 + \frac{a + 0.25}{a^2 + b^2(f_r/f - f/f_r)^2}\right] \tag{2-86}$$

式中，$a = rS$。

$$b = \frac{Sc}{2\pi f_r V} \tag{2-87}$$

式中　r——相对声阻；

　　　S——通道截面积，m^2；

　　　V——板后空腔体积，m^3；

　　　c——空气中声速，$\mathrm{m/s}$；

　　　f——入射声波的频率，Hz；

　　　f_r——微穿孔板的共振频率，Hz；可由式（2-88）计算：

$$f_r = \frac{c}{2\pi}\sqrt{\frac{P}{t'D}} \tag{2-88}$$

$$t' = t + 0.8d + 1/3PD$$

式中　t——微穿孔板厚度，m；

　　　P——穿孔率；

D——板后空腔深度，m；

d——穿孔直径，m。

微穿孔板消声器往往采用双层微穿孔板串联，这样可以使吸声频带加宽。对于低频噪声，当共振频率降低 $D_1/(D_1+D_2)$（D_1、D_2 分别为双层微穿孔板前腔和后腔的深度），则其吸收频率向低频扩展 3～5 倍。

对于中频消声，其消声量可以应用阻性消声器别洛夫公式（2-66）进行计算。

对于高频噪声，其消声量可以用如下经验公式计算：

$$L_R = 75 - 34\lg v \qquad (2\text{-}89)$$

式中 v——气流速度，m/s，其适用范围为 120m/s $\geqslant v \geqslant$ 20m/s。

上式表明，消声量与流速有关，流速增高，消声性能变坏。金属微穿孔板消声器可承受较高气流速度的冲击，当流速达 70m/s 时仍有 10dB（A）的消声量。

（3）微穿孔板消声器的设计与应用

设计方法与阻性消声器基本相同，不同之处是用微穿孔板吸声结构代替了阻性吸声材料。在结构形式上，如果要求阻损小，一般可设计成直通道形式；如果允许有些阻损，可采用声流式或多室式。当采用双层吸声结构时，前后空腔的深度可以按不同的吸声频带，参照表 2-21 原则确定。

表 2-21　空腔深度设计原则

频率/Hz	空腔厚度/mm
125～250	150～200
500～1000	80～120
2000～4000	30～50

前后两层空腔的厚度可以相同，也可以不相同，其比值不大于 1.3。前部第 1 层微穿孔板的穿孔率可略高于后层。为防止声波在空腔内沿管长方向的传播，可每隔 500mm 加一块横向挡板。表 2-22 给出几种微穿孔板结构的参数，供设计时选用。

表 2-22　双层穿孔板结构参数

微穿孔板规格						吸收系数 α_0				
板厚 /mm	孔径 d/mm	穿孔率/%		腔　深/mm		频率/Hz				
		前腔 P_1	后腔 P_2	前腔 D_1	后腔 D_2	125	250	500	1000	2000
0.5	1.0	2.4	2.4	107	37	0.21	0.65	0.71	0.93	0.98
0.5	0.5	2.7	2.7	100	40	0.55	0.81	0.86	0.82	0.75
0.8	0.8	2.0	1.0	80	120	0.48	0.97	0.93	0.64	0.15
0.8	0.8	2.5	1.5	50	50	0.18	0.69	0.97	0.99	0.24
0.8	0.8	2.5	1.0	30	70	0.26	0.71	0.92	0.65	0.35
0.8	0.8	3.0	1.0	80	120	0.40	0.92	0.95	0.66	0.17

与其他类型消声器相比，微穿孔板消声器主要有以下优点：a.微穿孔板上的孔径小，外表整齐平滑，因此空气动力性能好，适用于要求阻损小的设备；b.气流再生噪声低，允许有较高的气流速度；c.不使用多孔吸声材料，没有纤维粉尘的泄漏，可用于对卫生条件要求严格的医药、食品等行业；d.微穿孔板用金属制成，可用于高温、潮湿、腐蚀或有短暂火焰的环境中。

2.7.7 扩散消声器

小喷口高压排气或放空所产生的强烈的空气动力性噪声在工业生产中普遍存在。这类噪声的特点是声级高、频带宽、传播远、危害大，严重污染周围环境。对这类噪声源特性的研究以及消声器的研制，近年来从理论到实践均有较大的发展。按其消声原理可分为小孔喷注、多孔扩散、节流降压等类型的消声器。

2.7.7.1 小孔喷注消声器

小孔喷注消声器的特点是体积小、质量轻、消声量大，主要用于空压机排气及热电厂中不同压力的锅炉蒸汽排空。其消声原理不是在声音发出后把它消除，而是从发声机理上使它的干扰噪声减小。理论分析及试验研究表明，喷注噪声是宽频带噪声，其峰值频率为

$$f_p \approx 0.2 \frac{v}{D} \tag{2-90}$$

式中 v——喷流速度，m/s；

D——喷口直径，m。

式（2-90）表明，在喷流速度不变时，喷注噪声峰值频率与喷口直径成反比。在一般的排气放空中，排气管的直径为几厘米到几十厘米，峰值频率较低，辐射的噪声主要在人耳的听阈范围内。而小孔消声器的小孔直径为 1mm，其峰值频率比普通排气管喷注噪声峰值频率要高几十倍或几百倍，移到了人耳不敏感的高频率范围去。根据这个原理，在保证排气量相同的条件下，用许多小孔来代替一个大的喷口，即可达到降低可听声的目的。图 2-49 是小孔喷注消声器的示意，这是一根直径与排气管直径相同、末端封闭的管子，管壁上钻有很多小孔，小孔的孔径越小，降低噪声的效果就越好。图 2-50 是小孔消声与孔径的关系。

小孔喷注消声器的消声量可用式（2-91）计算：

$$\Delta L = -10\lg \left[\frac{2}{\pi} \left(\arctan x_A - \frac{x_A}{1+x_A^2} \right) \right] \tag{2-91}$$

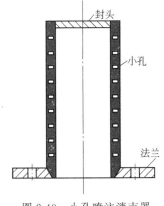

图 2-49 小孔喷注消声器

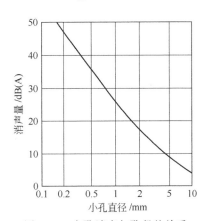

图 2-50 小孔消声与孔径的关系

在阻塞情况下，取 $x_A = 0.165 D/D_0$（D 是喷口直径，以 mm 表示，$D_0 = 1$mm）。当 $D \leqslant 1$mm 时，$x_A \ll 1$，则式（2-91）可化简为

$$\Delta L = -10 \lg \left(\frac{4}{3\pi} x_A^3 \right) = 27.2 - 30 \lg D \tag{2-92}$$

由式（2-92）可以看出，在小孔范围内，孔径减半可使消声量提高 9dB（A）。从实用角度出发，孔径不宜选得过小，过小的孔径既难加工又易堵塞、影响排气量。实用的小孔消声器孔径一般为 1~3mm，而以 1mm 孔径用得较多。

设计小孔消声器要注意各小孔之间有足够大的距离，各个小孔的喷注才能看作是相互独立的。如果小孔间距过小，气流经小孔形成的小喷注会汇合形成大的喷注而辐射噪声，从而降低了消声器的消声量。因此根据喷注前驻压的不同，孔心距应取 5~10 倍的孔径，驻压越高，孔心距越大。

为了保证安装消声器后不影响原设备的排气，一般要求小孔的总面积应比排气口的截面积大 20%~60%，因此，相应的实际消声量要低于计算值。

现场试验表明，在高压气源上采用小孔消声器，单层 ϕ2mm 小孔可消声 16~21dB（A）；单层 ϕ1mm 小孔可消声 20~28dB（A）。

2.7.7.2　多孔扩散消声器

随着材料工业的发展，近年来国内外已广泛使用多孔陶瓷、烧结金属、烧结塑料、多层金属网等材料来控制各种压力排气产生的空气动力性噪声。这些材料本身有大量的细小孔隙（达 100μm 级），当气流通过这些材料制成的消声器时，排放气流被滤成无数个小的气流，气体压力被降低，流速因扩散减小，辐射噪声的强度也就相应减弱。同时，这类材料还具有阻性材料的吸声作用。自身也可以吸收一部分声能。图 2-51 是几种多孔扩散消声器的示意。

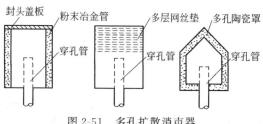

图 2-51　多孔扩散消声器

设计多孔扩散消声器应注意两方面的问题：一是要满足所要求的消声量；二是不能因安装消声器而影响气流排放。

小的孔隙对气流通过有一定阻力，使用中要注意其压降。设计时还要注意消声器的有效流出面积要大于排气管道的截面积。如果扩散面积足够大，可以取得 30~50dB（A）的消声效果。

2.7.7.3　节流降压消声器

根据节流降压原理，当高压气流通过具有一定流通面积的节流孔板时，压力得到降低。通过多级节流孔板串联，就可以把原来高压气体直接排空的一次大的突变压降分散为多次小的渐变压降。排气噪声功率与压力降的高次方成正比，所以把压力突变排空改为压力渐变排空，便可取得消声效果。

节流降压消声器的各级压力是按几何级数下降的，即

$$P_n = P_s G^n \tag{2-93}$$

式中　P_s——节流孔板前的压力，Pa；

　　　P_n——第 n 级节流孔板后的压强，Pa；

　　　n——节流孔板级数；

　　　G——压强比，即某节流板后压强与板前压强之比。

各级压强比一般情况下取相等的数值，即 $G = \dfrac{P_2}{P_1} = \dfrac{P_3}{P_2} = \cdots = \dfrac{P_n}{P_{n-1}} < 1$。对于高压排气的节流降压装置，通常按临界状态设计。表 2-23 总结出几种气体在临界状态下的压强比及节流面积的计算公式。

表 2-23　几种气体的压强比及节流面积

气　　体	压强比 G	节流面积 S/cm^2
空气(或 O_2,N_2 等)	0.528	$S = 13.0\mu q_m \sqrt{v_1/P_1}$
过热蒸汽	0.546	$S = 13.4\mu q_m \sqrt{v_1/P_1}$
饱和蒸汽	0.577	$S = 14.0\mu q_m \sqrt{v_1/P_1}$

注：表中各符号意义如下：q_m 为排放气体的质量流量，t/h；v_1 为节流前气体比容，m^3/kg；P_1 为节流前气体压强，98.07kPa；μ 为保证排气量的截面修正系数，通常取 1.2～2。

在计算出第一级节流孔板通流面积 S_1 后，可按与比容成正比的关系近似确定其他各级通流面积，然后可以确定孔径、孔心距和开孔数等参数。

按临界降压设计的节流降压消声器，其消声值 [dB(A)] 可用下式估算：

$$\Delta L = 10a \lg \frac{3.7(p_1 - p_0)^3}{n p_1 p_0^2} \tag{2-94}$$

式中　p_1——消声器入口压力，Pa；

　　　p_0——环境压力，Pa；

　　　n——节流降压层级数；

　　　a——修正系数，其试验值为 0.9 ± 0.2。压力较高时，a 取偏低数值，如取 0.7；

　　　　　压力较低时，a 取偏高数值，如取 1.1。

图 2-52 是一实用高压排气采用的节流降压消声器示意，实测消声值为 25dB(A)。

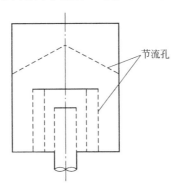

图 2-52　节流降压消声器

2.7.7.4 其他类型消声器

控制气流排放噪声有时还用到下面两种形式的消声器。

（1）喷雾消声器

对于锅炉等排放的高温蒸汽流噪声，可采用向发出噪声的蒸汽喷口均匀地喷淋水雾来达到降低噪声的目的。其消声机理为：a.喷淋水雾后，介质密度 ρ 和声速 c 发生了变化，因而导致声阻抗的变化，使声波发生反射；b.气液两相介质混合时，它们之间的相互作用（摩擦）又可以消耗一部分声能。

喷雾消声器的消声效果与喷水量的多少有关。图 2-53 是在常压下，消声量与喷水量的关系。图 2-54 是一种喷雾消声器的结构示意。

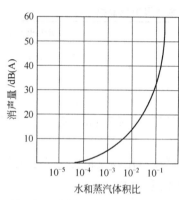

图 2-53　消声量与喷水量的关系

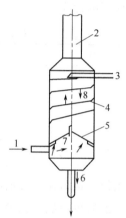

图 2-54　喷雾消声器

1—进气管；2—放空管；3—喷水管；4—钢带；
5—汽水分离器；6—污水；7—气流；8—水滴

（2）引射掺冷消声器

对于排放高温气流的噪声源，例如锅炉排气、燃气轮机排气等也可以采用引射掺入冷空气的方法来提高吸声结构的消声性能。图 2-55 是这种消声器的结构示意。底部接排气管，消声器周围设置有微穿孔板吸声结构。在通道外壁上开有掺冷孔与大气相通。其主要的消声机理为：当气流由排气管排出时，在周围形成负压区，利用这种负压把外界冷空气从上半部外壁上的掺冷孔中吸入，经微穿孔板吸声结构的内腔，从排气管口周围掺入到排放的高温气流中去。在消声器通道内形成温度梯度，使声波在传播中向消声器周壁弯曲。因为在周壁设置有微穿孔板吸声结构，因而恰好把声能吸收。根据声弯曲原理，可以导出掺冷结构所需长度的计算公式：

$$l = D \left(\frac{2\sqrt{T_2}}{\sqrt{T_2} - \sqrt{T_1}} \right)^{1/2} \tag{2-95}$$

式中　D——消声器通道直径，m；

$\quad\quad T_1$——掺冷装置内周围温度，K；

$\quad\quad T_2$——掺冷装置中心温度，K。

图 2-56 是直径 $\phi260\text{mm}$，长度为 960mm 的单层微穿孔板吸声结构掺冷与不掺冷的消声性能对比。可以看出，由于引射掺冷的作用，明显地提高了微穿孔结构的消声性能。

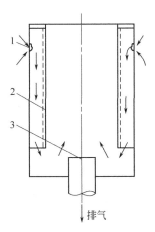

图 2-55　引射掺冷消声器

1—掺冷孔；2—微穿孔板；3—排气管

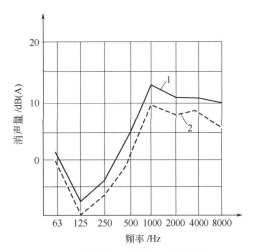

图 2-56　掺冷与不掺冷消声性能对比

1—掺冷；2—不掺冷

1. 铁路上海南站沿线住宅的噪声治理

（1）案例背景

上海市作为华东地区的交通枢纽，现有两大机场和三个主要的火车站，除浦东机场位于城市边缘外，其他交通枢纽均位于或者靠近闹市区，周围密布各类居住区，沿线居民易受交通噪声干扰。铁路上海南站地区不仅有高铁动车，还有货运铁路和轨交 3 号线等。为解决上海南站周边的住宅小区的噪声和振动困扰，从 2014 年上海市各级政府开始实施针对这些小区的噪声综合治理改造工程。

（2）噪声原因

轮轨噪声是指钢轨和车轮振动发出的噪声，为铁路的主要噪声来源，主要来自两个方面：

① 由于钢轨顶部或车轮踏面的不均匀消磨及线路不平顺引起的噪声。

② 钢轨接头、扣件不密贴或部分轨枕失效引发的冲击噪声。

除此之外，还包括发动机噪声、鸣笛瞬发噪声等，这些噪声由远到近呈线性分布。国家现行《城市区域噪声标准》规定了相应的噪声值限值作为各类工程设计中的设计标准，不得突破。铁路边界噪声限值等效声级 L_{eq}［dB（A）］≤70dB；居住区室外环境噪声限值：1 类地区昼间≤55dB，夜间≤45dB；4a 类地区昼间≤70dB，夜间≤55dB；住宅室内噪声限值：卧室昼间≤45dB，夜间≤37dB；起居室昼夜均≤45dB。

（3）列车噪声的危害

噪声会损害听力，研究发现，人长时间听汽车噪声，超过 9h 后听力会受损；长时间处于音乐厅中，听力也会受损；如果长期生活在 80dB 以上的噪声环境中，很有可能会造成耳聋。噪声同样能损坏视力，当听觉器官受损后，由于神经系统之间的联系，视觉系统就会受到损伤，造成视力衰弱，甚至造成色觉、色视野出现问题。研究发现，噪声也是造成高血压发病率增高的重要因素之一。同时，噪声会影响人们的情绪，长时间处于噪声环境中的人会出现焦躁、易怒的情绪。除此之外，噪声会影响人的睡眠质量，人被突如其来的噪声吵醒后，很难正常入睡，过高的噪声也让人难以进入睡眠状态。

（4）防治措施

铁路噪声治理需要从两方面入手进行综合治理：一方面需要对铁路及轨道交通的噪声源加以控制，而且从源头治理噪声效果较明显；另一方面需要对被动接受噪声影响的住宅区的相关房屋进行物理隔声降噪。前者需要与铁路及轨交部门配合，可通过调整运营班次、改变轨交折返线布局、增设声屏障和设置减震沟等各类方法进行噪声治理。在本案例的实际操作中，选择了在铁路沿线设置声屏障和减震沟的方法。减震沟方法采用下列的原则：首先对现场噪声数据进行监测，经过分析得出有针对性的噪声治理方案，然后在现场设置样板房，再次做噪声数据监测分析，最终得出具有可行性的噪声治理施工方案，推广至铁路沿线所有受影响的房屋，最终获得了理想的降噪效果。

声屏障是一种构筑物，其设计主要包括3个方面：

① 声学设计　以治理目标值为基础进行声屏障的位置、尺寸、结构形式等设计，并进行各种方案的降噪预测。

② 结构设计　用以保证所选择的声屏障能安全、牢固地竖立在所要设置的部位上进行的设计，包括声屏障承重结构设计和声屏障构造设计。

③ 景观设计　为避免阻挡司机乘客的视线，运用人的视觉与知觉对周围环境及四周景象产生的反应，给人以行车安全和视觉上的舒适协调的设计。

上海南站声屏障工程具体如下：3.5m高钢筋混凝土挡墙＋2m隔声构造（1.6m亚克力板＋0.4m高吸隔声屏体及干扰型降噪器）的方案，整个围墙及隔声构造总高5.5m，通过这一举措，住宅楼一、二层的铁路噪声已经基本被遮挡，主要影响楼层分布在住宅楼的三至六层。铁路轨道振动则通过设置减震沟的方法基本可以消除。在居民门窗紧闭时，室内噪声基本达标，但个别时段个别房间夜间仍然不达标。完全紧闭门窗显然无法满足居民的日常生活，因此仍然需要采取降噪措施。

① 门窗隔声　住户居室外门窗采用内外两层5＋9A＋5中空玻璃组合隔声门窗，外侧采用平开方式，内侧门窗采用推拉方式开启；公共楼梯间的外门和外窗采用单层5＋9A＋5中空玻璃窗封闭；阳台封窗和通向阳台的门窗采用单层5＋9A＋5中空玻璃窗封闭。

② 其他隔声措施　对外墙空调等管道孔洞采用柔性密封材料进行封堵，以防噪声声波通过孔洞缝隙发生绕射影响室内，尤其是低频声波。采用了上述隔声措施后，住宅室内正常使用条件下的噪声环境达到国家标准的要求。

2. 北京地铁噪声污染控制

（1）案例背景

轨道交通作为一种绿色、高效、节能、环保的交通工具正在被各大城市所推崇，然而在轨交线路新建和延伸的过程中，地铁运行中产生的噪声对外界会产生不良影响。北京市某小区有两幢五层房屋，房屋类型为一室户小房型，房屋位于地铁线路两站中间，途经的地铁线路底部穿越房屋，轨道交通距地面垂直距离13m左右。由于房屋是始建于20世纪50年代的砖木结构，采用黏土砖混合砂浆横墙承重，且70年代对其增加两层，其房屋的结构导致地铁运行过程中产生的噪声对该处居民生活造成了一定影响。同时随着轨道交通线路的延长，线路能够避开医疗区、文科教研区和以居民住宅与机关为主的对噪声敏感的建筑区域，但是列车运行中产生的噪声会通过轨交结构将振动波传到地面及附近的建筑中，难免受到影响。

（2）地铁噪声的产生原因

城市轨道交通噪声来源主要是轮轨噪声，其次是车辆非动力噪声。

Ⅰ.轮轨噪声

① 摩擦噪声（或尖啸声）　车辆在一条较小半径曲线线路上运行，曲线的径向与车轴方向不一致时，车轮沿钢轨非纯滚动运行，会产生横向的局部滑动，正是这样的滑动导向造成"卡滞-滑动效应"，使车轮与轨道间产生摩擦，同时形成高频率的尖啸声。

② 撞击噪声　轮轨之间的接触刚度较大，长期作用产生磨耗，车辆防滑系统发生故障时，车轮就会擦伤，出现失圆或者产生扁疤的情况。状态不好的轮轨之间相互作用就会使轮轨振动加剧、噪声变大，车辆行驶时就会产生撞击噪声，也叫做噪声钢轨。

③ 轮轨滚动噪声　车辆在运行时，车轮在钢轨上高速滚动，由于轮轨表面粗糙度以及轮轨的缺陷，造成对车轮的激扰，从而产生滚动噪声，减小轮轨接触面的粗糙度是降低轰鸣噪声行之有效的途径。

Ⅱ.车辆非动力噪声包括：制动噪声；连接件之间产生的噪声；运行过程中车辆与空气摩擦产生的噪声；牵引系统噪声。

（3）地铁噪声的危害

① 损害心血管系统　人长期在 90dB 以上的高噪声环境中工作，心血管系统的发病率会明显升高，会导致心肌受损，同时出现冠心病、高血压和动脉硬化等疾病。噪声会使人的交感神经紧张兴奋，从而引发心律失常、血压升高、心动过速。

② 损害神经系统　长期生活在噪声环境中会使人焦躁、易怒。研究表明，噪声能够刺激神经系统，使神经系统产生抑制，长时间处于噪声环境中，会引起头疼、耳鸣、视力衰退等症状。

③ 影响睡眠质量　人处于睡眠状态时，噪声突然超过 40dB，10% 的人受到惊吓而惊醒，突然超过 60dB，70% 的人会惊醒。

（4）防治措施

① 安装谐振消声器　安装谐振消声器能够降低列车在行驶中产生的振动噪声与滚动噪声。谐振消声器是一种环形板状的装置，一般情况下安装在辐板或轮辋上，它具有减振阻尼的特性，能够让自身与车轮的频率在行驶中达到一致。列车行驶中车轮受到外界的刺激，产生振动并发出噪声，此时谐振消声器就会同车轮产生共振，阻尼器将共振产生的能量转化为热能，从而削减轮轨噪声。

② 采用橡胶弹性车轮　在车轮的轮辋与辐板之间加设橡胶件，避免二者直接接触，利用橡胶元件把轮辋和辐板的振动转化为热能，吸收和衰减一部分噪声。目前该措施在国外取得了不错的进展。经测试，弹性车轮对于水平和垂直激扰的消声效果，相比于全钢整体车轮，可降低噪声达 10～20dB。基本上消除了刚性车轮通过曲线时的尖啸声，噪声平均降低 8～10dB，动载荷横向减少 25%，垂向减少 37%～50%，钢轨与车轮使用寿命提高 25%～40%。

③ 采用新型线性驱动电机　由于线性电机相当于把旋转电机的定子和转子剖开展平，因此，相同功率的线性电机要比旋转电机缩小 3/4 的高度，线性电机车辆具有车身体积小、质量轻、噪声低、通过小半径曲线和爬坡能力强等优点。

思考题

1. 什么是噪声？噪声对人的健康有什么危害？

2. 论述噪声控制的基本方法。

3. 噪声测量仪器和测量方法有哪些？

4. 试说明吸声机理、分类效果。

5. 试说明隔声机理、效果（单层频率特性，为什么需双层？）

6. 某测点的背景噪声为 65dB，周围有 3 台机器，单独工作时，在测点处测得的声压分别为 70dB、76dB、78dB，试求这 3 台机器同时工作时，在测点的总声压级。

7. 在车间内测量某机器的噪声，在机器运转时测得的声压级为 87dB，该机器停止运转时的背景噪声为 79dB，求被测机器的声压级。

8. 某点附近有 2 台机器，当机器都未工作时，该点的声压级为 50dB，若同时工作时，该点的声压级为 60dB，若其中 1 台工作时，则该点的声压级为 55dB，试求另 1 台机器单独工作时，该点的声压级为多少？

9. 一工人操作 4 台机器，在他的操作位置，机器的声压级分别为 85dB、84dB、88dB 和 82dB，问在操作岗位上，机器产生的声压级有多少 dB？

10. 若在某点测得机器 1、机器 2、机器 3 分别运转时声压级为 85dB、87dB 和 91dB，3 台机器都停止时测得声压级为 82dB，试求仅由 3 台机器在该点产生的总声压级。

11. 在空间某处测得环境噪声的倍频程声压级如下表，求其线性声压级和 A 计权声压级。

f_c/Hz	63	125	250	500	1000	2000	4000	8000
L_P/dB	90	97	99	83	76	65	84	72

12. 在空间某处测得环境噪声的倍频程声压级如下表，求其线性声压级和 A 计权声压级。

f_c/Hz	63	125	250	500	1000	2000	4000	8000
L_P/dB	90	97	99	83	76	65	84	72

13. 甲在 82dB（A）的噪声下工作 8h；乙在 81dB（A）的噪声下工作 2h；在 84dB（A）的噪声下工作 4h，在 86dB（A）的噪声下工作 2h。谁受到的危害大？

14. 甲地区白天的等效连续 A 声级为 64dB，夜间为 45dB，乙地区的白天等效连续 A 声级为 60dB，夜间为 50dB，哪一地区的环境对人们的影响更大？

15. 有一个房间大小为 25m×10m×5m，500Hz 时地面吸声系数为 0.02，墙面吸声系数为 0.04，平顶吸声系数为 0.25，求平均吸声系数和总的吸声量。

第 3 章　振动污染及其控制

 本章重点和难点

- 振动污染控制的基本方法。
- 振动污染的危害。
- 振动污染的评价指标。

本章知识点

- 振动的定义。
- 振动描述物理量：位移、速度、加速度、周期、频率。
- 振动的危害：人体和机械设备。
- 振动污染的评价指标：振动加速度级、振动级、修正方法等。
- 振动控制方法：振源控制、传递过程中振动控制、对受振对象采取控制措施。
- 隔振设计与计算。

　　环境振动学研究有关振动的产生、测试、评价以及采取隔振、防振等措施以消除其危害。物体振动产生声音，因此振动与声音密切相关，但又有相对的独立性。从事声学、力学、机械制造等专业的科技人员都从事振动研究，作为环境科学的一个分支发展起来的环境振动学重点是研究振动环境以及它对人们的影响。

　　振动的位移能很好地描述振动的物理现象。通常一个物体辐射的声波使物体运动的速度和贴近它的空气运动速度相同。实际上，辐射的声压与振动速度成正比，与振动面辐射的声能运动速度的平方成正比。因此，当噪声是振动分析的主要因素时，重要的是振动的速度。但是，在许多机械振动问题中，要考虑机械损伤，这时由振动产生的力是主要因素。因为对于给定质量的加速度与作用在它上面的力成正比，因此加速度就成为主要因素。此外，在小型机械零件辐射声波时，由于声衍射作用，用加速度测声辐射比用速度更好些。减弱噪声和减弱振动也有密切关系。因此在噪声控制技术中也常常讨论防振和隔振措施，本章把它合并在这里讨论以避免重复。随着现代交通运输业和宇航声学的发展，使环境振动学有较快发展，特别是关于振动对人们的影响。

　　人们受振动影响的程度也取决于振动速度和加速度。通常，当振幅比较小、频率比较高时，振动速度对人们感觉起主要作用；而当振幅较大、频率较低时，加速度起主要作用。在外加振动频率接近人体及其器官的固有振动频率时，机体的反应最明显。随着工业的发展，接触振动作业的人数日益增多，由振动导致的职业危害已逐渐引起人们的重视。

3.1 振动的基本概念

3.1.1 振动的定义

机械振动（简称振动）是指力学系统在观察时间内，其位移、速度或加速度往复经过极大值和极小值变化的现象。

3.1.2 振动物理量的描述

描述振动的物理量主要有两类：一类是描述振动的振幅的量，如振动速度、振动加速度和振动位移等；另一类是描述振动的变化的量，如周期、频率、频谱等。

（1）振动位移

振动位移是物体振动时相对于某一参考坐标系的位置移动，单位为 m。在振动测量中，常用位移级 L_S 表示，单位为 dB。在描述振动机器的稳定性和隔声效果方面，常用位移这个物理量。

$$L_S = 20 \lg \frac{S}{S_0} \tag{3-1}$$

式中　S——位移，m；

　　S_0——位移基准值，8×10^{-12} m。

（2）振动速度

振动速度，即物体振动时位移的时间变化率，单位是 m/s。在计量振动速度时常用速度级 L_v 来表示，单位为 dB。速度级在描述振动体噪声辐射时很有用。

$$L_v = 20 \lg \frac{V}{V_0} \tag{3-2}$$

式中　V——振动速度，m；

　　V_0——速度基准值，5×10^{-8} m/s。

（3）振动加速度

振动加速度是物体振动速度的时间变化率，单位是 m/s^2。振动加速度一般在研究机械疲劳、冲击等方面被采用，现在也普遍用来评价振动对人体的影响，常用 g（重力加速度）作单位。分析和测量振动时常用加速度级 L_a 来表示，单位为 dB。

$$L_a = 20 \lg \frac{a}{a_0} \tag{3-3}$$

式中　a——振动加速度，m/s^2；

　　a_0——加速度基准值，5×10^{-4} m/s^2。

振动位移、速度、加速度之间存在一定的数学函数关系，见表 3-1。

表 3-1 　振动位移、速度、加速度关系

已　知　量	相　互　变　换		
	位移 S	速度 V	加速度 a
$S = S_0 \sin\omega t$		$V = \dfrac{\mathrm{d}S}{\mathrm{d}t}$ $V = S_0 \omega \cos\omega t$	$a = \dfrac{\mathrm{d}^2 S}{\mathrm{d}t^2}$ $a = -S_0 \omega^2 \sin\omega t$
$V = V_0 \sin\omega t$	$S = \displaystyle\int v\,\mathrm{d}t$ $S = -\dfrac{V_0}{\omega}\cos\omega t$		$a = \dfrac{\mathrm{d}V}{\mathrm{d}t}$ $a = V_0 \omega \cos\omega t$
$a = a_0 \sin\omega t$	$S = \displaystyle\int\left(\int a\,\mathrm{d}t\right)\mathrm{d}t$ $S = -\dfrac{a_0}{\omega^2}\sin\omega t$	$V = \displaystyle\int a\,\mathrm{d}t$ $V = \dfrac{a_0}{\omega}\sin\omega t$	

由表 3-1 可以看出，位移、加速度和速度之间存在着微分或积分关系，因此，在实际测量中，只要测量出其中的一个量就可以用积分或微分来对另外两个量进行求解。

（4）振动周期

按一定时间间隔做重复变化的振动，称为周期振动。在周期振动中，振幅的变化有最大值→最小值→最大值。这样变化一次所需要的时间称为周期，单位是 s。变化慢的振动常用周期表示。

（5）振动频率和周期

振动频率，即在单位时间（秒）内振动的次数，单位是 Hz。简谐振动只有一个频率，其值等于周期的倒数。非简谐振动的周期振动，称为谐振动。谐振动具有很多个频率，周期只是基频的倒数。这些频率分量的振幅作为频率的函数以图形表示，就称为频谱。

3.2 　振动的危害及评价

3.2.1 　振动的危害

3.2.1.1 　振动对人体的危害

振动作用于人体，会伤害到人的身心健康。振动对于人体的影响可分为全身振动和局部振动。全身振动是由环境振动引起，是指人直接位于振动物体上时所受到的振动。全身振动对人体健康的影响是多方面的，如呼吸加快、血压改变、心率加快、胃液分泌和消化能力下降、肝脏的解毒功能及代谢发生障碍等。局部振动是指手持振动物体时引起的人体局部振动，它只施加在人体的某个部位。长期局部振动引起的振动病，主要表现为肢端血管痉挛、周围神经末梢感觉障碍和上肢骨与关节改变，称之为职业性雷诺症、血管神经症和振动性"白指"病。

（1）振动频率对人体的影响

人能感觉到的振动按频率范围分为低频振动（30Hz 以下）、中频振动（30～100Hz）和高频振动（100Hz 以上）。对于人体最有害的振动频率是与人体某些器官固有频率相吻合（共振）的频率。这些固有频率是：人体在 6Hz 附近；内脏器官在 8Hz 附近；头部在

25Hz附近；神经中枢则在250Hz左右；低于2Hz的次生振动甚至有可能引起人的死亡。

（2）振动的振幅及加速度对人体的影响

振动对人体的影响，常因振幅或加速度的不同而表现出不同的效应。当振动频率较高时，振幅起主要作用，例如作用于全身的振动频率为40~120Hz时，一旦振幅达0.05~1.3mm就会对全身都有害。高频振动主要对人体和组织的神经末梢发生作用，引起末梢血管痉挛的最低频率是35Hz。

当振动频率较低时，则振动加速度起主要作用。试验表明，人体处于匀速运动状态下是无感觉的，而且匀速运动速度的大小对人体也不产生任何影响。当人处在变速运动状态时，就会受到影响，也就是加速度对人体会有影响。加速度以m/s^2为单位，考虑其对人体振动的影响则以重力加速度g来表示，$g=9.8m/s^2$。

频率为15~20Hz范围的振动，加速度在$4.9m/s^2$以下，对人体不致造成有害影响。随着振动加速度的增大，会引起前庭功能异常以致造成内脏、血液位移。变速或撞击，如果时间极短，人体所能忍受的加速度比上述值大得多。如果持续时间不超过0.1s，人体直立向上运动时能忍受（不受伤害）的加速度为$156.8m/s^2$，而向下运动时为$98m/s^2$，横向运动时则为$392m/s^2$。如果加速度超过这一数值，便会造成皮肉青肿、骨折、器官破裂、脑震荡等损伤。

（3）振动对人体的影响与作用时间有关

在振动作用下的时间越长，对人体的影响就越大。因此，评价振动对人体是否有危害，必须考虑人体暴露在振动下的时间长短。

（4）振动对人体的影响与人的体位、姿势有关

立位时对垂直振动比较敏感，而卧位时对水平振动比较敏感。人的神经组织和骨骼都是振动的良好传导体。

3.2.1.2 振动对机械设备的危害和对环境的污染

在工业生产中，机械设备运转发生的振动大多数是有害的。振动使机械设备本身疲劳和磨损，从而缩短机械设备的使用寿命，甚至使机械设备中的构件发生刚度和强度破坏。对于机械加工机床，如振动过大，可使加工精度降低；飞机机翼的颤振、机轮的摆动和发动机的异常振动，都有可能造成飞行事故。各种机器设备、运输工具会引起附近地面的振动，并以波动形式传播到周围的建筑物，造成不同程度的环境污染，从而使振动引起的环境公害日益受到人们的关注。具体说来，振动引起的公害主要表现在以下几个方面。

① 由振动引起的对机器设备、仪表和建筑物的破坏，主要表现为干扰机器设备、仪表的正常工作，对其工作精度造成影响，并由于对设备、仪表的刚度和强度的损伤造成其使用寿命的降低；振动能够减弱建筑物的结构强度，在较强振源的长期作用下，建筑物会出现墙壁裂缝、基础下沉，甚至发生［当振级超过140dB（A）］使建筑物倒塌的现象。

② 冲锻设备、加工机械、纺织设备如打桩机、锻锤等都可以引起强烈的支撑面振动，有时地面垂直向振级最高可达150dB（A）左右。另外为居民日常服务和维护服务的如锅炉引风、水泵等都可以引起75~130dB（A）之间的地面振动，超过75dB（A）时，便产生烦躁感，85dB（A）以上，就会严重干扰人们正常的生活和工作，甚至损害人体健康。

③ 机械设备运行时产生的振动传递到建筑物的基础、楼板或其相邻结构，可以引起

它们的振动，这种振动可以以弹性波的形式沿着建筑结构进行传递，使相邻的建筑物空气发生振动，并产生辐射声波，引起所谓的结构噪声。由于固体声衰缓慢，可以传递到很远的地方，所以常常造成大面积的结构噪声污染。

④ 强烈的地面振动源不但可以产生地面振动，还能产生很大的撞击噪声，有时可达 100dB（A），这种空气噪声可以以声波的形式进行传递，从而引起噪声环境污染，进而影响人们的正常生活。

3.2.2　振动的评价

根据评价对象的不同，振动评价的方法和标准也不一样，可大致分为以下几个方面。

3.2.2.1　振动对人体影响的评价

振动对人体的影响比较复杂，人的体位、接受振动的器官、振动的方向、频率、振幅和加速度都会对其造成影响。振动的强弱常用振动的加速度来评价，当加速度在 $0.01\sim 10\mathrm{m/s^2}$ 范围内时人体就可以感觉到振动。振动加速度的数学表达式为

$$L_a = 20\lg \frac{a_\mathrm{m}}{\sqrt{2}\,a_0} \tag{3-4}$$

式中　a_m——振动时的振幅，$\mathrm{m/s^2}$；

　　　a_0——常数，$\mathrm{m/s^2}$，常取 $3\times 10^{-4}\mathrm{m/s^2}$。

对于振动频率在振动加速度相同的情况下，对人的主观感觉造成的影响进行如下修正：

$$\mathrm{VL} = L_a + \mathrm{Cn}$$

式中　VL——振动级；

　　　Cn——感觉修正值，如表 3-2 和表 3-3 所列。

表 3-2　垂直振动的修正值

频率/Hz	1	2	4	8	16	31.5	63	90
Cn/dB	−6	−3	0	0	−6	−12	−18	−21

表 3-3　水平振动的修正值

频率/Hz	1	2	4	8	16	31.5	63	90
Cn/dB	3	3	−3	−9	−15	−21	−27	−30

振动级与感觉的关系如表 3-4 所列。根据振动强弱对人的影响，大致有 4 种情况。

表 3-4　振动级与感觉的关系

振动级/dB	振动感觉状况	振动级/dB	振动感觉状况
100	墙壁出现裂缝	70	门窗振动
90	容器中的水溢出，暖壶倒地等	60	人能感觉到振动
80	电灯摇摆，门窗发出响声		

① 振动的"感觉阈"　在此范围内人体刚能感觉到振动的信息，但一般不觉得不舒适，此时大多数人可以容忍。

② 振动的"不舒适阈" 当振动增加到使人感觉到不舒服，或有厌烦的反应，此时就是不舒适阈。这是一种大脑对振动的本能反应，不会产生心理的影响。

③ 振动的"疲劳阈" 当振动的强度使人进入到"疲劳阈"时，这时人体不仅能对振动产生心理反应，而且出现了不良症状，如注意力转移、工作效率低下等。但当振动停止后，这种心理反应也随之消失。

④ 振动的"危险阈" 当振动的强度不仅对人体产生心理影响，而且还造成生理性伤害时，这时振动的强度就达到了"危险阈"。超过危险阈的振动将使人体的感觉器官和神经系统产生永久性的病变，即使振动停止也不能复原。

根据振动强弱对人体的影响，国际标准化组织对局部振动和整体振动都提出了相应的标准。

① 局部振动标准 国际标准化组织于 1981 年起草了局部振动标准（ISO 5349）。该标准规定了 8～1000Hz 不同暴露时间的振动加速度和振动速度的允许值，用来评价手传振动对人体的损伤，图 3-1 为手的暴露评价曲线。从标准曲线可以看出，人对加速度最敏感的振动频率范围是 8～16Hz。

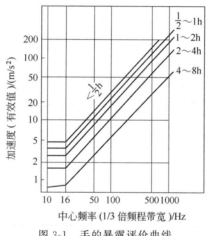

图 3-1 手的暴露评价曲线

② 整体振动标准 国际标准化组织 1978 年公布推荐了整体振动标准（ISO 2631），如图 3-2、图 3-3 所示。该标准规定了人体暴露在振动作业环境中的允许界限、振动的频率范围为 1～80Hz。这些界限按三种公认准则给出，即"舒适性降低界限"、"疲劳-工效降低界限"和"暴露极限"。这些界限分别按振动频率、加速度值、暴露时间和对人体躯干的作用方向来规定。图 3-2 和图 3-3 分别给出了纵向振动和横向振动"疲劳-工效降低界限"曲线，横坐标为 1/3 倍频程的中心频率，纵坐标是加速度的有效值。当振动暴露超过这些界限时，常会出现明显的疲劳和工作效率的降低。"暴露极限"和"舒适性降低界限"具有相同的曲线，当"疲劳-工效降低界限"相应的量级提高 1 倍［即＋6dB(A)］就是"暴露极限"的曲线，当相应值减去 10dB(A) 即可得到"舒适性降低界限"的曲线。

由图 3-2 和图 3-3 可以看出，对于垂直振动，人最敏感的频率范围是 4～8Hz；对于水平振动，人最敏感的振动范围是 1～2Hz。低于 1Hz 的振动会出现许多传递形式，并产生一些与较高频率完全不同的影响，例如引起晕动病和晕动并发症等。0.1～0.63Hz 的

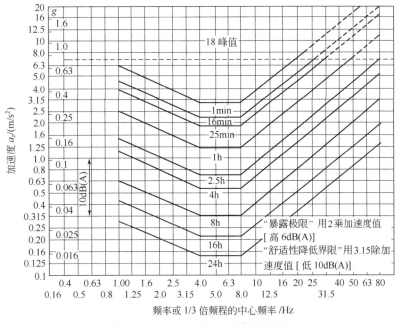

图 3-2　纵向"疲劳-工效降低界限"

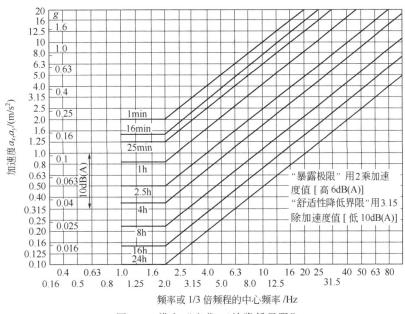

图 3-3　横向"疲劳-工效降低界限"

振动传递到人体引起从不舒适到感到极度疲劳等病症，ISO 2631 对于 0.1～0.63Hz 人承受 z 轴方向全身振动极度不舒适限定值见表 3-5。高于 80Hz 的振动，感觉和影响主要取决于作用点的局部条件，目前还无 80Hz 以上的关于整体振动的标准。

3.2.2.2　我国城市区域环境振动标准

我国《城市区域环境振动标准》（GB 10070—1988）节选内容如下。

（1）标准值

城市各类区域铅锤向 z 振级标准值如表 3-6 所列。

该标准采用的基本评价量为铅垂向 z 振级。铅垂向为传感器安置方向垂直于地面；z 振级定义为按 ISO 2631/1—1985 规定的全身振动 z 计权因子修正后的振动加速度级，记为 VL_z（dB）。

（2）测点

测点选在建筑物室外 0.5m 以内振动敏感处，必要时测点置于建筑物室内地面中央，标准值均取表 3-6 的值。

表 3-5　z 轴（垂直）方向用振动加速度数值表示的极度不舒适限定值

1/3 倍频程的中心频率/Hz	加速度/(m/s²)			1/3 倍频程的中心频率/Hz	加速度/(m/s²)		
	振动时间				振动时间		
	30min	2h	8h（暂行）		30min	2h	8h（暂行）
0.1	1.0	0.5	0.25	0.315	1.0	0.5	0.25
0.125	1.0	0.5	0.25	0.4	1.5	0.75	0.375
0.16	1.0	0.5	0.25	0.5	2.15	1.08	0.54
0.2	1.0	0.5	0.25	0.63	3.15	1.60	0.80
0.25	1.0	0.5	0.25				

表 3-6　城市区域环境振动标准　　　　　　　　　　单位：dB

适用地带范围	昼间	夜间	适用地带范围	昼间	夜间
特殊住宅区	65	62	工业集中区	75	72
居民、文教区	70	67	交通干线道路两侧	75	72
混合区、商业中心区	75	72	铁路干线两侧	80	80

注："特殊住宅区"指需要特别安静的住宅区；"居民、文教区"指纯居民和文教、机关区；"混合区"是指一般居民与商业混合区，以及工业、商业、少量交通与居民混合区；"商业中心区"指商业集中的繁华地段；"工业集中区"是指城市中明确规划出来的工业区；"交通干线道路两侧"是指每小时车流量大于 100 辆的道路两侧；"铁路干线两侧"是指每日车流量不少于 20 列的铁道外轨 30m 外两侧的住宅区。

3.2.2.3　机械设备振动的评价

目前世界各国大多采用速度有效值作为量标来评价机械设备的振动（振动的频率范围一般在 10～1000Hz 之间），国际标准化组织颁布的国际标准《转速为 10～200r/s 机器的机械振动——规定评价标准的基础》（ISO 2372—1974）规定以振动烈度作为评价机械设备振动的量标。它是在指定的测点和方向上，测量及其振动速度的有效值，在通过各个方向上速度平均值的矢量和来表示机械的振动烈度。振动等级的评定按振动烈度的大小划分为四个等级：

A 级　不会使机械设备的正常运转发生危险，通常标作"良好"；

B 级　可验收、允许的振级，通常标作"许可"；

C 级　振级是允许的，但是有问题、不满意，应加以改进，通常标作"可容忍"；

D 级　振级太大，机械设备不允许运转，通常标作"不允许"。

对机械设备进行振动评价时，可先将机器按照下述标准进行分类。

第一类 在其正常工作条件下与整机联成一个整体的发动机及其部件，如 15kW 以下的电机产品。

第二类 刚性固定在专用基础上的 300kW 以下发动机及其部件，设有专用基础的中等尺寸的机器，如输出功率为 15～75kW 的电机。

第三类 装在振动方向上刚性或重基础的具有旋转质量的大型电机和机器。

第四类 装在振动方向上相对较软的基础上的有旋转质量的大型电机和机器，如结构轻的透平发动电机组。

然后可参见表 3-7 机械设备的评价具体进行评价。

表 3-7 机械设备的评价

振动烈度的量程/(mm/s)	判定每种机器质量的实例			
量　程	第 一 类	第 二 类	第 三 类	第 四 类
0.28	A	A	A	A
0.45	A	A	A	A
0.71	A	A	A	A
1.12	B	A	A	A
1.8	B	B	A	A
2.8	C	B	B	A
4.5	C	C	B	A
7.1	C	C	C	B
11.2	D	C	C	B
18	D	C	C	C
28	D	D	D	C
45	D	D	D	C
71	D	D	D	D

3.2.2.4 对建筑物的允许振动标准

建筑物的允许振动标准是与其上部结构、地基的特性以及建筑物的重要性有关。德国 1986 年颁布的标准 DIN4150 第三部分"振动对建筑物的影响"中规定，在短期振动作用下，使建筑物开始遭损坏，诸如粉刷开裂或原有裂缝扩大时，作用在建筑物基础上或楼层平面上的合成振动限值见表 3-8。

表 3-8 建筑物开始损坏时的振动速度 v 值

序号	结 构 形 式	振动速度限值 v/(mm/s)			多层建筑物最高一层楼层平面
		基　础			
		频率范围/Hz			混合频率/Hz
		10 以下	10～50	50～100	
1	商业或工业用的建筑物与类似设计的建筑物	20	20～40	40～50	40

续表

序号	结 构 形 式	振动速度限值 v/(mm/s)			
		基 础			多层建筑物最高一层楼层平面
		频率范围/Hz			
		10 以下	10～50	50～100	混合频率/Hz
2	居住建筑和类似设计的建筑物	5	5～15	15～20	15
3	不属于 1、2 项所列的对振动特别敏感的建筑物和具有纪念价值的建筑物（如要求保护的建筑物）	3	3～8	8～10	8

3.3 振动的测量

3.3.1 振动测量技术

在环境问题中，振动测量包括两类：一类是对引起噪声辐射的物体振动测量；另一类是对环境振动的测量。

3.3.1.1 物体振动的测量

对辐射噪声物体的振动测量，其测点选择应根据实际情况而定。不仅要测量发声物体的振动，还要测量振源（如电动机、齿轮或凸轮轴等）的振动和传导振动的物体的振动。

在声频范围内的振动测量，一般取 20～20000Hz 的均方根振动值（线性挡或 C 挡振动值）。振动的频谱一般是用窄带分析。振动值可以用加速度、速度或位移来表示，速度是与辐射噪声有密切关系的振动值。

振动频率的测量应扩展到 20Hz 以下。可按振源基座三维正交方向测量振动加速度。机械振动在多数情况下包括重要的离散分量（突出的单频振动）。对这一特点，在振动测量中应予以充分的注意。

在测量过程中，加速度计必须与被测物良好地接触，否则会在垂直或水平方向产生相对移动，使测量结果产生严重误差。常用的压电加速度计可用金属螺栓、绝缘螺栓和云母垫圈、永久磁铁、胶合剂和胶合螺栓、蜡膜黏附等方法附着固定在振动物体上。

使用加速度计测振时，加速度的感振方向和振动物体测点位置的振动方向应取一致。如果两个方向之间有夹角为 α，则测量值的相对误差 $C = 1 - \cos\alpha$。

测量前应认真选择加速度计，其灵敏度、频率响应要能满足测量要求。对于质量小的振动物体，附在它上面的加速度计要足够小，以免影响振动的状态。估算加速度计附加质量的影响，通常按下式计算：

$$a_r = a_s \frac{m_s}{m_s + m_a} \tag{3-5}$$

式中　a_r——附有加速度计时，对结构加速度计产生的响应；

　　　a_s——无加速度计时，对结构加速度的响应；

　　　m_s——振动结构的等效质量；

m_a——加速度计质量。

此外，测量前应充分了解温度、湿度、声场和电磁场等环境条件，以使加速度计和其他仪器能有效地工作。

3.3.1.2　环境振动的测量

造成人体暴露在振动环境中的振动，称环境振动。环境振动的特点一般是振动强度范围广，加速度有效值的范围为 $3 \times 10^{-3} \sim 3 m/s^2$，振动频率为 $1 \sim 80 Hz$ 甚至为 $0.1 \sim 1 Hz$ 的超低频。因此，测量仪器应选择高灵敏度加速度计、低频振动测量放大器和窄带滤波器，或使用装有国际标准化组织推荐的频率计权网络的环境振动测量仪，通过计权网络测量得到振动级。

环境振动测量一般是测量 $1 \sim 80 Hz$ 范围内的振动，在 x、y、z 三个方向上的加速度有效值。环境振动可以通过比较测量值与振动标准所规定的数值来评价。为了准确测量传到人体的振动，振动测点应尽可能选在振动物体和人体表面接触的地方。站在地面或坐在平台上的人，如人体和支撑物之间没有缓冲垫，则拾振器应安置在地面或阳台上；如人体和支撑物之间有柔软的垫层，则应在人体和垫层之间插入一刚性结构（如钢板），放置拾振器。

在住宅、医院、办公室等建筑物内测量振动，应在室内地面中心附近选择 $3 \sim 5$ 个测点进行测量；考虑楼房对振动的放大作用，应在建筑物各层都选择几个房间进行测量。

为了解环境振动源（运转的机器）的振动特征和影响范围，应在振动源的基础座上，以及距基础座 5m、10m、20m 等位置上选择测点，进行振动测量。

测量公路两侧由于机动车辆引起的振动时，应在距公路边缘 5m、10m、20m 处选定测点，测量振动级。拾振器要水平放置在平坦坚硬的地面上，而不应放在沙地、泥地、草坪上。

测量环境振动和振源强度时，应在同一位置测量本底振动，振源的实际振动应按表 3-9 进行修正。

表 3-9　振源的实际振动修正值

振源与本底振动的差值/dB(A)	3	4～5	6～9	>10
修正值/dB(A)	-3	-2	-1	0

3.3.2　振动测量的方法

3.3.2.1　振动测量系统

常用的振动测量系统如图 3-4 所示。它分为 4 部分：a. 振动接收器；b. 前置放大器；c. 放大和频率分析器；d. 读数和记录装置。振动测量系统的频率响应的选择应该使振动的基频比测量系统的下限高 10 倍；而待测的最高频率分量应低于系统的上限频率的 1/10。对于很低频率的振动，可以考虑用慢录快放的方法进行测量与分析。

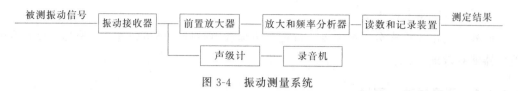

图 3-4　振动测量系统

　　振动测量仪器除了力电换能器及其附加的前置放大器以外，振动测量系统的其他部分基本上与声学测量和分析系统相同。因此这里仅简单讨论与振动测量直接有关的仪器。关于用激光测振的方法将在后面叙述。

　　测量振动的换能器种类很多，最常用的方法是将机械振动转换为电信号。测量位移的称为测振计，测量速度的称为速度计，测量加速度的称为加速度计。按照换能方式分类，非接触型换能器有电容式、霍尔效应式和涡流式；接触型有电磁式、压电式和电阻式等。但是在振动测量中最常用的是压电式加速度计，它将振动的加速度转换为相应的电信号以便利用电子仪器进一步测量并分析其频谱。

　　压电加速度计具有谐振频率高，尺寸小，质量轻，灵敏度高和坚固等优点。它具有宽的频率响应和加速度测量范围，所以在振动测量中获得广泛应用。

3.3.2.2　加速度计的校准

　　为了获得准确的加速度值，加速度计在测量前应该先校准。加速度计的校准方法有4种。

　　① 标准加速度法　产生一频率恒定而精确的加速度，把待校加速度计固定在振动激励器上，在规定信号激励下测出待校加速度计的输出电压以求出加速度计的灵敏度。

　　② 比较法　待校加速度计与灵敏度已知的加速度计安装在同一振动激励器上，测量出它们的输出电压，两输出电压之比，即为灵敏度之比。

　　③ 互易法　方法基本与传声器互易校准类似。

　　④ 光学方法　以低频电信号激励振动台获得较大振幅，用光学方法测量振动的绝对值进行校准。

3.3.2.3　加速度计的选择和安装

　　测量时选择合适的加速度计并进行固定，它们对测量的准确度的影响很大。测量时主要从灵敏度和它的频率特性来选择。其次要考虑测量环境条件，例如温度、湿度和强噪声的影响等。灵敏度和频率特性是互相制约的。对于压电式加速度计，尺寸小则灵敏度低，但可以测量的频率范围较宽。

　　如果待测振动物体和加速度计之间有相对运动，那么加速度计的输出就不能反映物体的振动。为了使振动的测量，特别是高频振动的测量精确可靠，加速度计的固定非常重要。常用的加速度计固定方法可以用螺栓、胶合、磁性接触、探针接触和用薄蜡层粘等。应该注意，可用的测量高频率范围仅为安装后谐振频率的1/3。因此对高频振动测量必须很注意加速度计的安装技术。

3.3.2.4　激光测振方法

　　激光是20世纪60年代出现的一种新光源，它具有相干性、方向性、单色性和高亮度等特点。利用激光源做成的干涉仪测量振动比一般的光干涉仪要精确。所以激光干涉仪已被用作加速度计的一级标准。此外，激光全息干涉仪测振法也已广泛应用。全息照相利用光的干涉原理记录由振动引起的干涉条纹，以比较部件的振动也可显示振动表面的振动方式。在各种频率下拍摄全息图就可以观察各种振动方式。采用连续曝光时间平均法来记录振动物体的全息图可以测得振动平面上幅度分布的时间平均值。在振动节点处产生亮纹，而腹点则产生暗纹。对于处在波节与物体上已知静止点之间的轮廓线加以计数，便可求得该物体上各点振动的幅度。

3.4　振动的控制

3.4.1　振动源

振动是普遍存在的现象，振动的来源可分为自然振源和人工振源两大类：一是自然振源，如地震、海浪和风振等；二是人工振源，如各类动力机器的运转、交通运输工具的运行、建筑施工打桩和人工爆破等。

人工振源所产生的振动波，一般在地表土壤中传播，通过建筑物的基础或地坪传至人体、精密仪器设备或建筑物本身，这将会对人和物造成危害。

3.4.2　振动控制的基本方法

振源产生振动，通过介质传至受振对象（人或物），因此振动污染控制的基本方法也就分为振源控制、传递过程中振动控制和对受振对象采取控制措施三个方面。

3.4.2.1　振源控制

（1）采用振动小的加工工艺

强力撞击在机械加工中常常见到。强力撞击会引起被加工零件、机器部件和基础振动。控制此类振动的有效方法是在不影响产品加工质量等的情况下，改进加工工艺，即用不撞击的方法来代替撞击方法，如用焊接代替铆接、用压延代替冲压、用滚轧代替锤击等。

（2）减少振动源的扰动

振动的主要来源是振源本身的不平衡力和力矩引起的对设备的激励，因而改进振动设备的设计和提高加工装配精度，使其振动达到最小，这是最有效的控制方法。

① 旋转机械　这类机械有电动机、风机、泵类、蒸汽轮机、燃气轮机等。此类机械大部分属高速运转类，如每分钟在千转以上，因而其微小的质量偏心或安装间隙的不均匀常带来严重的振动危害。为此，应尽可能地调好其静、动平衡，提高其制造质量，严格控制其对中要求和安装间隙，以减少其离心偏心惯性力的产生。对旋转设备的用户而言，在保证生产工艺等需要的前提下，应尽可能选择振动小（往往其他质量也好）的设备。

② 旋转往复机械　此类机械主要是曲柄连杆机构所构成的往复运动机械，如柴油机、空气压缩机等。对于此类机械，应从设计上采用各种平衡方法来改善其平衡性能。故对用户而言，可在保证生产需要的情况下，选择合适型号和质量好的往复机械。

③ 传动轴系的振动　它随各类传动机械的要求不同而振动形式不一，会产生扭转振动、横向振动和纵向振动。对这类轴系通常是应使其受力均匀，传动扭矩平衡，并有足够的刚度等，以改善其振动情况。

④ 管道振动　工业各种管道越来越多，随传递输送介质（气、液、粉等）的不同而产生的管道振动也不一样。通常在管道内流动的介质，其压力、速度、温度和密度等往往是随时间而变化的，这种变化又常常是周期性的，如与压缩机相衔接的管道系统，由于周期性地注入和吸走气体，激发了气流脉动，而脉动气流形成了对管道的激振力，产生了管道的机械振动。为此，在管道设计时应注意适当配置各管道元件，以改善介质流动特性，避免气流共振和减低脉冲压力。

⑤ 改变振源（通常指各种动力机械）的扰动频率　在某些情况下，受振对象（如建筑物）的固有频率和扰动频率相同时会引起共振，此时改变机器的转速、更换机型（如柴油机缸数的变更）等，都是行之有效的防振措施。

⑥ 改变振源机械结构的固有频率　有些振源，本身的机械结构为壳体结构，当扰动频率和壳体结构的固有频率相同时会引起共振，此时可采用改变设施的结构和总体尺寸，采用局部加强法（如多加筋、支撑节点）或在壳体上增加质量等，上述方法均可以改变机械结构的固有频率，避开共振。

⑦ 加阻尼以减少振源振动　如振源的机械结构为薄壳结构，则可以在壳体上加阻尼材料抑制振动。

3.4.2.2　振动传递过程中的控制

（1）加大振源和受振对象之间的距离

振动在介质中传播，由于能量的扩散和土类等对振动能量的吸收，一般是随着距离的增加振动逐渐衰减，所以加大振源和受振对象之间的距离是振动控制的有效措施之一。一般采用以下几种方法。

① 建筑物选址　对于精密仪器、设备厂房，在其选址时要远离铁路、公路以及工业上的强振源。对于居民楼、医院、学校等建筑物选址时，也要远离强振源。反之，在建设铁路、公路和具有强振源的建筑物时，其选址也要尽可能远离精密仪器厂房、居民住宅、医院和一些其他敏感建筑物（如古建筑物）。对于防振要求较高的精密仪器设备，尚应考虑远离由于海浪和台风影响而产生较大地面脉动的海岸。

② 厂区总平面布置　工厂中防振等级较高的计量室、中心实验室、精密机床车间（如高精度螺纹磨床、光栅刻线机等）等最好单独另建，并远离振动较大的车间，如锻工车间、冲击车间以及压缩机房等。换一个角度，在厂区总体规划时应尽可能将振动较大的车间布置在厂区的边缘地段。

③ 车间内的工艺布置　在不影响工艺的情况下，精密机床以及其他防振对象，应尽可能远离振动较大的设备。为计量室及其他精密设备服务的空调制冷设备，在可能条件下，也尽可能使它们与防振对象离远一些。

④ 其他加大振动传播距离的方法　将动力设备和精密仪器设备分别置于楼层中不同的结构单元内，如设置在伸缩缝（或沉降缝）、抗振缝的两侧，这样的振源传递路线要比直接传递长得多，对振动衰减有一定效果。缝的要求除应满足工程上的要求外，不得小于

5cm；缝中不需要其他材料填充，但应采取弹性的盖缝措施。有桥式起重机的厂房附设有对防振要求较高的控制室时，控制室应与主厂房全部脱开，避免桥式起重机开动或刹车时振动直接传到控制室。

（2）隔振沟（防振沟）

对冲击振动或频率大于 30Hz 的振动，采取隔振沟有一定的隔振效果；对于低频振动则效果甚微，甚至几乎没有什么效果。隔振沟的效果主要取决于沟深 H 与表面波长的 λ_R 之比，对于减少振源振动向外传递而言，当振源距沟为一个波长 λ_R 时，H/λ_R 至少应为 0.6 时才有效果；对于防止外来振动传至精密仪器设备，该比值要达到 1.2 以上。

3.4.2.3　隔振措施

至今为止，在振动控制中，隔振是投资不大却行之有效的方法，尤其是在受空间位置限制或地皮十分昂贵或工艺需要时，无法加大振源和受振对象之间的距离，此时则更加显示出隔振措施的优越性。

隔振分为两类：一类为积极隔振，就是为了减少动力设备产生的扰力向外的传递，对动力设备所采取的隔振措施（即减少振动的输出）；另一类为消极隔振，就是为了减少外来振动对防振对象的影响，对防振对象（如精密仪器）采取的隔振措施（即减少振动的输入）。无论何种类型隔振，都是在振源或防振对象与支撑结构之间加隔振器材。

除了机器设备隔振外，管道隔振也是常采用的方法。管道隔振采取的措施有以下几种。

① 在动力机器与管道之间加柔性连接装置，如在风机的连接处，采用柔性帆布管接头，以防止振动的传出；在水泵进出口处加橡胶软接头，以防止水泵机体振动沿管路传出；在柴油机排气口与管道之间加金属波纹管，以防止柴油机机体振动沿排气管传出等。

② 在管路穿墙而过时，应使管路与墙体脱开，并垫以弹性材料，以减少墙体振动。为了减少管道振动对周围建筑物的影响，应每隔一定距离设置隔振吊架和隔振支座。

3.4.2.4　对防振对象采取的振动控制措施

对防振对象采取的措施主要是指对精密仪器、设备采取的措施。一般方法如下。

（1）采用黏弹性高阻尼材料

对于一些具有薄壳机体的精密仪器或仪器仪表柜等结构，宜采用黏弹性高阻尼材料（阻尼漆、阻尼板等）增加其阻尼，以增加能量耗散，降低其振幅。

（2）精密仪器、设备的工作台

精密仪器、设备的工作台应采用钢筋混凝土制的水磨石工作台，以保证工作台本身具有足够的刚度和质量，不宜采用刚度小、容易晃动的木制工作台。

（3）精密仪器室的地坪设计

为避免外界传来的振动和室内工作人员的走动影响精密仪器和设备的正常工作，应采用混凝土地坪，必要时可采用厚度≥500mm 的混凝土地坪。当必须采用木地板时，应将木地板用热沥青与地坪直接粘贴，不应采用在木隔栅上铺木地板架空做法，否则由于木地板刚度较小，操作人员走动时产生较大的振动，对精密仪器和设备的使用是很不利的。

3.4.2.5 其他振动控制方法

（1）楼层振动控制

对于安装有动力设备或机床设备的楼层，振动计算十分重要。楼层结构的固有频率谱排列很密，而楼层上各类设备的转速变化范围较宽，故可能会出现共振。因而在楼层设计时应根据楼层结构振动的规律及机械设备振动特性，合理地确定楼层的平面尺寸、柱网形式、梁板刚度及其刚度比值，以便把结构的共振振幅控制在某个范围内。无论是哪一种楼层，只要适当加大构件刚度，调整柱网尺寸，均可达到减少振动的目的。

工艺布置时，振动设备必须布置在楼层上时，应尽可能放在刚度较大的柱边、墙边或主梁上，要注意使其产生扰力的方向尽量与结构刚度较大的方向一致。

（2）有源振动控制

有源振动控制是近些年来发展起来的高新技术。该方法为：用传感器将动力机器设备扰力信号检测出来，并送进计算机系统进行分析，产生一个相反的信号，再驱使一个电磁结构或机械结构产生一个位相与扰力完全相反的力作用于振源上，从而可达到控制振源振动目的，但这一技术在我国尚在试验阶段。

3.4.3 振动控制方法

3.4.3.1 隔振

隔振是利用振动元件间阻抗的不匹配，以降低振动传播的措施。隔振技术常应用在振动源附近，把振动能量限制在振源上不向外界扩散，以免激发其他构件的振动；也应用在需要保护的物体附近，把需要低振动的物体同振动环境隔开，避免物体受振动的影响。采取隔振措施主要是设计合适的隔振器。隔振的原理是把物体和隔振器（主要是弹簧）系统的固有频率设计得比激发频率低得多（至少为1/3）；但对高频振动要注意把隔振器的特性阻抗设计得与连接构件的特性阻抗有很大变化（至少差3倍）。为此，隔振器如用钢丝弹簧，还要垫上橡皮、毛毡等垫子。在隔振器的设计中，还应考虑阻尼的作用。对启动过程中变速的机械，设计隔振器时应加阻尼措施，以免经过共振频率时振动过大。

3.4.3.2 阻尼

阻尼是通过黏滞效应或摩擦作用，把振动能量转换成热能而耗散的措施。阻尼能抑制振动物体产生共振和降低振动物体在共振频率区的振幅。其具体措施是提高构件的阻尼或在构件上加设阻尼材料和阻尼结构。如近年来研制成的减振合金材料，具有很大的内阻尼和足够大的减振特性，可用于制造低噪声的机械产品。

另外，在振源上安装动力吸振器，对某些振动源也是降低振动的有效措施。对冲击性振动，吸振措施也能有效地降低冲击激发引起的振动响应。电子吸振器是另一类型的吸振设备。它的吸振原理与上述隔振、阻尼不同，它是利用电子设备产生一个与原来振幅相等、相位相反的振动，以抵消原来振动而达到降低振动的目的。

在某些振动环境中，采取若干振动防护措施也能消除或减轻振动对人的危害。

3.4.4 隔振材料与减振器

（1）钢弹簧

在隔振设计中，钢弹簧的应用最为广泛，它具有能承受很大的负荷，能在高温、油污或潮湿环境中使用，且可在很大的静压缩量下有很低的固有频率等优点；但阻尼特性差，容易传递高频振动，甚至在150～350Hz频率范围内发生共振而失效。

为保证弹簧支撑的机械设备具有足够的水平方向稳定性，应尽量选取短而粗的弹簧，使竖向刚度与侧向刚度大致相等。

钢弹簧的品种很多，使用较多的是螺旋弹簧，还有片条状弹簧、锥盘弹簧等。

（2）橡胶和橡胶隔振器

橡胶是很好的弹性材料，其中以天然橡胶、丁腈橡胶、氯丁橡胶等弹性较好，但一般市场上见到的整片、整大块的硬橡胶相对变形量很小，除非做适当的加工，如肋状、打孔、切成小块、小条等以增大相对变形，否则其固有频率较高，不易收到预期的效果。

橡胶隔振垫的应用十分广泛，品种繁多。其特点是结构简单，使用方便，价格低廉，效果显著。根据承载大小和所需压缩变形量来选取，尤其适用于竖向振动的隔振措施。IVJ型的隔振垫是由四组直径和高度不等的圆柱形凸台，分布于11mm厚橡胶基层板的两侧，在荷载作用下，凸台产生剪切变形，调制橡胶配方成分可制成40HA、60HA、85HA、90HA四种硬度，相应的容许承载应力为$4kg/cm^2$、$6kg/cm^2$、$8kg/cm^2$、$10kg/cm^2$的材料。阻尼比为0.07～0.08，在弹性范围内动、静刚度变化很小，可近似作等刚度考虑。静态压缩量一般不大于4.2mm最低固有频率可控制在14Hz附近，如需进一步降低固有频率，可将垫层叠起来使用。XD型隔振垫选用波纹形构造，在同样负载下剪切变形增大，最低固有频率可达12Hz。使用各种隔振垫时一般不需要地脚螺栓固定。

（3）玻璃纤维板

酚醛树脂或聚醋酸乙烯胶合的玻璃纤维板（俗称冷藏板）是一种新型的隔振材料。它具有隔振效果好、防水、防腐、施工方便、价格低廉、材料来源广泛等优点，在工程中已日益广泛地被应用。作为实际应用的隔振垫，其负载一般控制在$1～2t/m^2$，厚度可选取10～15cm（未预加压）。现场使用时，最好采用预制混凝土机座，将材料均匀地垫在机座底部。如机座过大，可在现场捣混凝土，但需作防潮措施，以免吸水过大而丧失弹性，去模后，宜在垫层周边灌注沥青麻刀防潮嵌缝条。

（4）软木

用软木隔振是一种传统的隔振措施。其压缩量取决于软木的孔隙率。固有频率随密度增大而提高，反之下降。软木的最佳使用负载是$0.35～1.75kg/cm^2$。负载大小还与软木颗粒有关：粒径<1mm时，负载为$1～5kg/cm^2$；粒径接近1mm时，负载为$4～6kg/cm^2$；粒径>1mm时，负载$6～10kg/cm^2$。

对负载不大而频率又低的振源，由于其压缩性很小，所以不宜使用。根据近年来的实验研究，发现软木的固有频率较高（一般均超过25Hz），其原因是软木经过炭化，失去了天然软木的弹性，因而隔振效果不佳。

（5）毛毡

对于负载很小而隔振要求不太高的设备，使用毛毡既方便又经济。实践证明，用1.3～

2.5cm 厚的软毛毡制成块状或条状垫层，对隔离高频振动有较好的效果。

毛毡的可压缩量一般不超过厚度的 1/4。当压缩量增大、弹性失效，隔振效果便差，固有频率一般大于 30Hz。

毛毡的阻尼很高，可减小共振时的振幅。使用时应注意防腐。对于一般清洁环境，不需采取任何措施。在特殊情况下，可用油纸或塑料薄膜包裹，并密封。

（6）其他材料

泡沫塑料、塑料气垫纸、矿渣棉毡、废橡胶、废金属丝等，也可用作为隔振材料使用。

塑料制品易老化，性能受环境变化影响较大，除作小型设备等临时隔振措施外，工程中应用不多。市场中可发性聚苯乙烯泡沫塑料弹性性能差，仅能作为一种质轻、隔热、防潮、易于固定设备的包装材料，不宜用作为隔振材料。

对于要求特别高的场合，通常选用组合式隔振器和复合双垫座隔振系统。

3.4.5 隔振设计与计算

3.4.5.1 隔振原理

振动所辐射的噪声级 L_P 与振动体的振动速度（加速度）成正比，与振动速度级 L_v 之间的关系为

$$L_P = L_v + L_c \quad [dB(A)] \tag{3-6}$$

式中 L_c——与振动体尺寸、振动特征等有关的量。不同物体，不同振动特征，L_c 亦不同。

隔振降噪，实际上就是采取隔振措施，使振动着的机器设备传到楼板或地基的扰动力最小，从而达到降振目的。如隔振前后 L_P 中的因素不变，可直接写成：

$$\Delta L_P = \Delta L_v \quad [dB(A)] \tag{3-7}$$

它表示隔振前后楼下噪声的变化值与楼板振动级的变化值相同，而与楼板的尺寸、特性等无关。对于一般实际情况，楼板总比隔振系统重得多，楼板振动级的变化量 ΔL 与隔振系统的绝对传递率 T_A 有如下关系：

$$\Delta L_v = 20 \lg T_A \quad [dB(A)] \tag{3-8}$$

故有

$$\Delta L_P = 20 \lg T_A \quad [dB(A)] \tag{3-9}$$

对于单向无阻尼振动，绝对传递率 T_A 主要与振源的扰动频率和系统本身的弹性有关，T_A 的表示式为

$$T_A = \left[\frac{1}{1 - \left(\frac{f}{f_0}\right)^2} \right] \tag{3-10}$$

式中 f——振动体（即外力）的作用频率，Hz；
f_0——振动系统（包括质量和弹簧）的固有频率，Hz。
而

$$f_0 = \frac{1}{2\pi}\sqrt{\frac{K}{m}} \quad (Hz) \tag{3-11}$$

若 m 用重量 P 表示，在 P 作用下，弹簧的压缩量为 δ（cm），则

$$f_0 = \frac{1}{2\pi}\sqrt{\frac{P/\delta}{P/g}} \approx \frac{5}{\sqrt{\delta}} \quad \text{（Hz）} \tag{3-12}$$

因而，只要求出弹簧振动系统的静态压缩量 δ，f_0 即可方便地求出。

如果考虑阻尼系统的作用，如图 3-5 所示，则

$$f_0 = \frac{1}{2\pi}\sqrt{\frac{K}{m}\left[\left(1-\frac{c}{c_0}\right)^2\right]} \quad \text{（Hz）} \tag{3-13}$$

$$T_A = \sqrt{\frac{1+4(f/f_0)^2(c/c_0)^2}{[1-(f/f_0)^2]^2 + 4(f/f_0)^2(c/c_0)^2}} \tag{3-14}$$

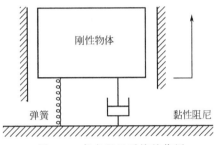

图 3-5　考虑阻尼系统的作用

但在工程应用中，为便于估计隔振系统的绝对传递率，可采用式(3-15)估算：

$$T_A = \frac{9 \times 10^4}{\delta n}(\%) \tag{3-15}$$

或 $\qquad\qquad \Delta L_P = 99 - 20\lg\delta - 40\lg n \quad \text{[dB(A)]} \tag{3-16}$

式中　n——振动物体每分钟振动次数，或转速（r/min）。

由于外力作用，频率 f（或转速 n）和系统固有频率 f_0（或静态压缩量 δ）可按图 3-6 很方便地估算 T_A 或 ΔL_P。

作为合理的隔声设计应选取扰动力接近而转速较高的机器设备，同时应在保证机器运行稳定的前提下，增大静态压缩量 δ 值（增加系统重量或选择弹性变形较大的材料）。应用上述公式或减振设计选用图，均忽略了材料的阻尼特性，因而上述结果可能与实际应用的弹性材料有一定的出入。

3.4.5.2　弹簧隔振器的设计与计算

以钢弹簧为例，通常应用最广泛的是螺旋弹簧。在设计时，由扰动频率和传递率查图 3-6，得到钢弹簧的静态压缩量 δ。弹簧刚度 $K = W/\delta$。根据机组安装时所选取隔振器的个数，确定每个弹簧刚度，引入安全系数（一般取为 $1.2 \sim 1.4$），求出弹簧的设计压缩量 δ_1 和负载 W_1，从而计算出弹簧的直径、圈数和高度。

（1）弹簧钢筋直径 D

弹簧受压面，主要受扭转力的作用，可由力学分析计算，即

$$D = \sqrt[3]{\frac{8W_1\phi}{\pi\tau_{\max}}} \quad \text{（cm）} \tag{3-17}$$

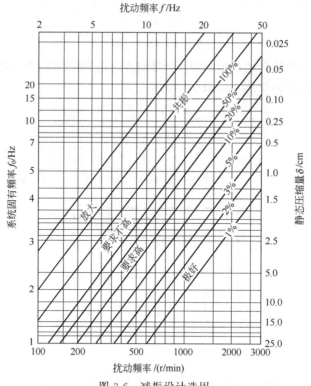

图 3-6　减振设计选用

式中　W_1——弹簧设计负载，kg；

　　　ϕ——弹簧圈的平均直径，由构造要求确定；

　　τ_{max}——允许抗扭张力，kgf/cm²，一般为 4.3×10^6 kgf/cm²（1kgf/cm² = 98.0665kPa）。

（2）弹簧圈数 n

弹簧圈数 n 可由式(3-18)求得，即

$$n = \frac{D^4 G}{8\phi^8 K_1} \quad （圈）$$ (3-18)

式中　G——剪切弹性模量，kgf/cm²，8×10^5 kgf/cm²；

　　　K_1——一个弹簧的刚度，kgf/cm²。

由于弹簧端为平头，有 1.5 圈不受扭力作用，故弹簧总圈数 $n' = n + 1.5$。

钢筋的伸展总长度 $l = \pi\phi n'$（cm）。

（3）弹簧静态高度 H

静态高度应等于钢筋直径和圈数乘积，再加上静态安全压缩量 δ'，因上下两端"死圈"削平，设计高度应为

$$H = (n+1)D + \delta' \quad （cm）$$ (3-19)

弹簧不宜太大、细长，一般静态高度应小于弹簧圈平均直径的 2 倍。

3.4.5.3　橡胶类弹性垫的设计与计算

橡胶类弹性垫是应用最广泛的一种隔振材料。设计选用隔振垫时，主要是选择适宜的

材料、弹性垫的布置方式，以及各部几何尺寸。同钢弹簧设计相同，先由扰动频率和传递率来确定所需的静态压缩量 δ：

$$\delta = \frac{WH'}{E_{动}S} \quad (\text{cm}) \tag{3-20}$$

式中　W——振动系统的总质量（包括机重和台座质量），kg，其中台座质量一般取 $2 \sim 3$ 倍机重，至少要大于 1 倍以上；

　　　H'——隔振垫的工作高度（$H' = H - \delta$），cm；

　　　S——垫层的总面积，$\text{cm}^2\left(S = \dfrac{W}{\sigma}, \sigma \text{ 为材料允许应力，} \text{kgf/cm}^2\right)$；

　　　$E_{动}$——隔振垫材料的动态弹性模量，kgf/cm^2。

每个弹性垫的面积为

$$S_1 = S/N \quad (N \text{ 为垫块数，由构造要求决定,} N \geqslant 4) \tag{3-21}$$

如取正方形垫，则边长 $b = \sqrt{S_1}$，垫层的静态高度 H 根据构造要求，希望

$$1.2b > H \geqslant b$$

在设计橡胶类隔振垫时，往往由于橡胶品种繁多而难以选择，甚至把硬度很大的实心橡胶皮作垫层，结果效果适得其反，系统发生共振。这一点务必引起注意。表 3-10 为橡胶硬度和弹性模量之间的关系，其中 50° 者相当于软橡皮。

表 3-10　橡胶硬度和弹性模量之间的关系

邵氏硬度/HA	30	35	40	45	50	55	60	65	70
$E_{静}/(\text{kgf/cm}^2)$	10	11	17	20	25	30	37	42	50
$E_{动}/(\text{kgf/cm}^2)$	14	20	90	40	50	60	71	84	100

3.4.6　振动的阻尼

3.4.6.1　振动阻尼的原理

振动的阻尼是抑制振动的有效措施。即在薄板或管道上紧贴或喷涂上一层内摩擦大的材料，如沥青、软橡胶或其他高分子涂料。

阻尼材料之所以能减弱振动，降低噪声的辐射，主要原因是它减弱了金属板中传播的弯曲波。即当薄板发生弯曲振动时，振动能量迅速传递给紧贴在薄板上内摩擦耗损大的阻尼材料，于是引起薄板和阻尼层之间相互摩擦和错动，阻尼材料忽而被拉伸，忽而被压缩，将振动能量转化为热能被消耗。因此，在薄板上涂贴阻尼材料，不仅可以减弱共振时产生的振幅和声辐射，还可以降低由于机器振动或撞击而在基础或板上产生的噪声。

阻尼大小用阻尼系数（或称耗损因数）η 来表征，它与材料固有振动在单位时间内转变为热能与消失的部分振动成正比，因此 η 越大，损耗振动的能量越多，阻尼振动的效果也越好。

3.4.6.2　几种阻尼材料的性能与配制

作为阻尼材料，η 至少要在 10^{-2} 数量级，通常由于制作配方成分不一，η 的变化很

大。表 3-11 为几种国产阻尼材料的 η 值。

表 3-11　几种国产阻尼材料的 η 值

名　　称	厚度/mm	耗损因数（η）	制　造　厂
石棉漆	3	3.5×10^{-2}	上海造漆厂
硅石阻尼浆	4	1.4×10^{-2}	青海油漆厂
石棉沥青膏	2.5	1.1×10^{-2}	济南油漆厂
聚氯乙烯胶泥	3	9.3×10^{-2}	冶金建研院
软木纸板	1.5	3.1×10^{-2}	上海软木纸厂

目前应用较为广泛的阻尼浆，一般由石油沥青中的氧化沥青等与其他各种附加剂组成。附加剂包括填充剂，如石棉纤维和滑石粉等，主要保证阻尼层有良好的黏滞性和可流动性，油剂可起软化作用，酚醛树脂是增加黏合性，漆与橡胶液可增加耐磨性。

① 软木防热隔振阻尼浆配比，见表 3-12。

表 3-12　软木防热隔振阻尼浆配比

材料名称	按 15kg 配置的重量	材料名称	按 15kg 配置的重量
厚白漆	3kg	软木屑（粒径 3~5mm）	2kg
光油	2kg	水	1kg
生石膏	3.5kg	松香水	约 0.7kg

据测定，该阻尼涂料在常温下 $\eta\approx4\times10^{-2}\sim5\times10^{-2}$，在 80℃以下 η 几乎不变，当升温至 150℃时，$\eta\approx3\times10^{-2}\sim4\times10^{-2}$，经长期使用，发现其与钢板黏结性良好。

② J-70-1 防振隔热阻尼浆配比，见表 3-13。

表 3-13　J-70-1 防振隔热阻尼浆配合比

材料名称	质量分数/%	材料名称	质量分数/%
30%氯丁橡胶液	60	粗膨胀硅石（1.0~5.0mm 粒径）	8
420 环氧树脂	2	石棉粉	6
胡麻油醇酸树脂	4	萘酸钴液	0.6
珍珠岩（膨胀）	8	萘酸铅液	0.8
细膨胀硅石（0.3~1.0mm 粒径）	10	萘酸锰液	0.6

该涂料已用于长征号燃气轮机的顶棚和东方红 4 型内燃机车车壁上，有较好的降噪作用。

③ 沥青阻尼浆配比，见表 3-14。

表 3-14　沥青阻尼浆配合比

材料名称	质量分数/%	材料名称	质量分数/%
沥青	57	蓖麻油	1.5
胺焦油	23.5	石棉油	14
热桐油	4	汽油	适量

该涂料应用在某些越野车上，有一定效果。实测 $\eta\approx3\times10^{-2}\sim4\times10^{-2}$。

 阅读材料

1. 塔科马海峡桥坍塌事故

（1）案例背景

美国华盛顿州的塔科马海峡桥（Tacoma Narrows Bridge），于 1940 年建成，但当年 11 月在风力的作用下振动而坍塌，经调查当天的风速仅为 19m/s。大桥的坍塌震动了世界桥梁界。大桥在通车以前，已经被风吹得有些摇晃，所以通车时一直有人员在进行监测。1940 年 11 月 7 日上午，7：30 测量到风速 38mph（约 61km/h），到了 9：30 风速达到 42mph（约 68km/h）。大桥开始在风的作用下像波浪一样起伏。10：03 分大桥的一半跨面突然侧翻过来，侧向也开始激烈的扭动，另半跨随后也跟着扭动。10：07 分扭动大到半跨路面的一侧翘起达 28ft（约 8.5m），倾斜 45°。10：30 分大桥西边半跨大块混凝土开始坠落，11：02 分大桥东边半跨桥面下坠，11：08 分大桥全部坠入大海。

（2）坍塌原因

大桥坍塌当天，海风并不大。本质原因是桥身梁体刚度不够，在大风的作用下桥梁失去稳定性。桥梁被风吹得来回振动，振幅越来越大，梁体变形，吊索被振断，由于吊索跨度增大，梁体开始支撑不均，最后梁体遭到毁坏。

经调查发现，引发桥体振动的是桥上竖直方位的桥面板，风很难通过，风吹来后，庞大的气流经过桥面板最终压向桥面。气流因为不停被屈折导致速率大增，从而使得桥面板的上下压力减少。若风只正向吹到横梁横面上，上下方的压力能互相抵消。但是，如果风向不断改变，压力也会不断地改变。压力差最终作用在桥面上，并因梁体结构产生的涡流而增大，桥体就会进行波浪式振动，这会扯断桥梁结构，最后使桥梁坍塌。

（3）大桥坍塌留下的启示

在塔科马大桥事故之前，桥梁工程师在悬索桥的设计中，通常只考虑静态力对大桥的影响，而没有意识到动态力会对大桥产生的作用。甚至在塔科马大桥垮塌后，美国著名土木工程师斯坦曼（David B. Steinman）——曾经设计了麦基诺悬索桥以及多座悬索桥的知名工程师，依然否认塔科马大桥是受动态力的影响而导致垮塌。他在 1943 年发表的文章中指出，塔科马大桥应当是受到静态不稳定力的影响，而不是动态不稳定力。他解释说："向上吹的风会在前缘大梁的下方和后方产生一个吸力或负压区域，这种现象与伯努利原理有关。在伯努利原理中，速度越快，压力越小。桥梁周围分布的风力并不均匀，更多的气流在下面流动，从而导致更高的风速、更低的气压和向下的力。在较深的大梁后面，吸力会延伸到足够的横截面上，产生主导的向下力，从而产生垂直不稳，在不稳定的柔性梁中，会发生负阻尼，因为扭转轴线将超出甲板中心线，产生不平衡的、自放大的扭转。"因此，斯坦曼当时认为，这次事故的原因主要是板梁设计柔性太大，而不是动态不稳定力的影响。

后来，斯坦曼的思想慢慢发生了转变，他也开始研究桥梁空气动力学。他在 1957 年的文章中写道："塔科马大桥的失败不能怪他（设计师），整个行业都有责任。很简单，该行业忽视了将空气动力学和动态振动知识与迅速发展的结构设计知识结合起来并及时加以应用。"塔科马大桥事故开启了工程科学中的桥梁空气动力学研究，逐步提出了新的理论

工具、量化数据、标准与规范，促进了桥梁工程知识的增长。

2. 港珠澳大桥

（1）项目背景

作为目前世界上最长也是中国建设史上里程最长、投资最多、施工难度最大的跨海桥梁，港珠澳大桥是我国继三峡工程、青藏铁路、南水北调、西气东输、京沪高铁之后又一重大基础设施项目，2015 年英国《卫报》兴奋地将它称为"新的世界七大奇迹"之一。港珠澳大桥全长 55 公里，主体工程"海中桥隧"长 35.578 公里，其中让人叹为观止的海底隧道长约 6.75 公里。在 2017 年全面建成后，这座大桥连接起了世界上最具活力的经济区，在促进香港、澳门和珠江三角洲西岸地区经济的进一步发展中具有重要的战略意义，是中国从桥梁大国走向桥梁强国的里程碑之作。

（2）振动原因

导致桥梁发生振动可能原因主要有两种：一是桥面通行车辆激励发生共振；二是自然环境作用产生的大幅度振动。

共振指的是物体受到激励振动频率与自身固有频率接近时，发生的振幅增大的现象。自然环境下，其实"万物皆在动"，任何物体都会受到自然激励发生振动，大部分振动都很微弱，人体很难感觉到，共振因为振幅更大，人们更容易察觉。共振现象在自然界中非常多，比如声学常说的"共鸣"、电学上的振荡电路以及人类和动物的耳中基底膜共振等。桥上通行的车辆经过桥面时，车辆自重对桥梁结构造成激振，同时如果桥面不平整，桥梁就会在车辆冲击下产生振动，这也是一种激振。若频率接近桥梁结构固有频率就易发生共振。

自然环境作用产生的大幅度振动有几种较常见的成因：一是地震作用；二是风力作用；三是风雨振。地震作用显而易见，桥梁墩柱或塔身传导地震波到桥面，造成桥梁产生大幅度振动。风雨振则多出现在斜拉桥的拉索上，成因是雨水在拉索表面附着，迎风后上水线（风向与索截面的上切点）发生的有规律振动，由于拉索阻尼器的普及，这种振动基本可以消除。最后也是最复杂的就是风力作用，风振主要是由于风的动力作用产生的。包括的现象有涡振、颤振、抖振和驰振。

（3）振动危害

通常情况下，涡振的振幅很小，但当旋涡脱落频率与结构的固有频率相接近时，流体与结构间产生强烈的相互作用引起涡激共振，会对桥体造成结构性破坏。颤振是一种危险性的自激发散振动，其特点是当达到临界风速时，振动着的桥梁通过气流的反馈作用而不断地从气流中获得能量，而该能量又大于结构阻尼所能耗散的能量，从而使振幅增大形成一种发散性的振动。对于近流线型的扁平断面可能发生类似机翼的弯扭耦合颤振。对于非流线型断面则容易发生分离流的扭转颤振，颤振会引发结构发散性失稳破坏。抖振会激起结构或部分结构的不规则振动。驰振使得振动过程中结构的位移始终与空气力的方向相一致，结构不断从外界吸收能量，从而形成不稳定振动。

（4）防治措施

我国的港珠澳大桥设计采用了振动控制技术，港珠澳大桥的设计中加入了调谐质量减振器（TMD）。它是由一个弹簧，一个阻尼器还有质量块组成的振动控制系统，用来支撑或者是悬挂在需进行振动控制的主体结构上。当主体结构受到外界力的作用产生振动后，TMD 系统也会被带动，随主体一起振动。此时可通过频率调谐，让 TMD 系统运动以后产生的动力再反作用回主体结构，使其与外来的力方向相反，抵消外来力的一部分，从而达到使主体结构的速度、加速度、振动位移等各项反应值大大降低，达到控制主体结构振动的效果。塔科马海峡桥就是没能解决巨大的振动问题而坍塌。

此外，因为港珠澳大桥建在地震断层上，设计组还进行了减震隔震的理论分析和试验研究，突破了抗震的问题。在桥墩和桥梁之间加入了隔震支座，其他不同位置也安装了对应的隔震装置，解决了抗震的难题。

 **思考题**

1. 振动污染的来源有哪些？

2. 试说明振动的危害。

3. 共振现象是怎样产生的？有何危害？

4. 如何评价振动对人体和机械设备的影响。

5. 简述振动控制原理与基本方法。

6. 振动源的控制方法有哪些？

7. 振动在传递过程中应该如何控制？

8. 有源振动控制的方法是什么？

9. 振动控制材料可分哪几类？如何选择适宜的抗振材料？

10. 振动阻尼的原理是什么？

11. 将某台机器开动，由某一测点测量其振动，得加速度有效值为 $4.25g$，求这台机器的加速度级（$1g$ 为 $10^{-2}\,\mathrm{m/s^2}$）。

第 **4** 章　电磁辐射污染及其控制

 本章重点和难点

- 电磁辐射污染的传播途径；
- 电磁辐射的评价方法；
- 电磁辐射的危害及控制措施。

本章知识点

- 电磁辐射基本概念：交流电、电场、电场强度、磁场、电磁场与电磁辐射、周期与频率；
- 电磁场污染源；
- 电磁辐射污染传播途径；
- 电磁辐射危害；
- 电磁辐射控制措施：屏蔽、接地、滤波及其他措施。

19 世纪 60 年代，麦克斯韦尔在前人研究成果的基础上预言了电磁波的存在，20 年后德国物理学家赫兹首先实现了电磁波的传播，为人类进入信息时代奠定了基础。在电气化高度发展的今天，地球上各式各样的电磁波充满人类生存的空间。无线电广播、电视、无线通信、卫星通信、无线电导航、雷达、微波中继站、电子计算机、高频淬火、焊接、熔炼、塑料热合、微波加热与干燥、短波与微波治疗、高压及超高压输电网、变电站等的广泛应用，以及目前与人们日常生活密切相关的手机、对讲机、家用电脑、电热毯、微波炉等家用电器等相继进入千家万户，通信事业的崛起，给人们的学习、经济生活带来极大的方便。但是，随之而来的电磁污染日趋严重，不仅危害人体健康，产生多方面的严重负面效应，而且阻碍与影响了正常发射功能设施的应用与发展。当人们坐在电视机前欣赏节目，操作计算机在信息网络上畅游的同时，家用电器、电子设备在使用过程中都会不同程度地产生不同波长和频率的电磁波，这些电磁波无色无味、看不见、摸不着、穿透力强，且充斥整个空间，令人防不胜防，成为一种新的污染源，悄悄地威胁着人类身体，影响着人类健康，从而引发各种社会心理、生理疾病。据统计，电磁辐射已成为当今危害人类健康的主要致病源之一。

电磁污染的发生直接导致了环境物理学的一个分支——环境电磁学的产生。并在电磁污染的治理与控制中促进了环境电磁学的发展。环境电磁学是研究电磁辐射与辐射控制技术的科学。它以电气、电子科学理论为基础，研究并解决各类电磁污染问题，是一门涉及工程学、物理学、医学、无线电学及社会科学的综合学科。主要研究内容包括各种电磁污染的来源及其对人类生活环境的影响以及电磁污染控制方法和措施。

环境电磁学研究不同于其他环境物理学分支，主要表现如下。

① 涉及范围较广　它不仅包括自然界中各种电磁现象，而且包括各种电器电磁干扰，以及各种电器、电子设备的设计、安装和各系统之间的电磁干扰等。

② 控制技术难度大　因为干扰源日益增多，干扰的途径也是多种多样的，在很多行业普遍存在电磁干扰问题。电磁干扰对系统和设备是非常有害的，有的钢铁制造厂和化工厂就是因为控制系统被电磁干扰影响，又找不出原因，致使产品质量得不到保证，使企业每年损失数亿元。

环境电磁工程学所涉及的范围非常广泛、研究的内容十分丰富，在抗电磁干扰方面日益显现出它强大的生命力和发展前景。可以预见，在不久的将来会有更多的新技术应用于电磁辐射防治。

4.1　电磁辐射的基本概念

电磁辐射是物质的一种形式。为了说明电磁辐射的基本概念，现对一些常用名词、术语等做一简略介绍。

4.1.1　交流电

交流电是交替地即周期性地改变流动方向和数值的电流。如果我们将电源的两个极，即正极与负极迅速而有规律地变换位置，那么电子就会对着这种变化的节奏而改变自己的流动方向。开始时电子向一个方向流动，以后又改向与开始流动方向相反的方向流动，如此交替重复进行，这种电流就是交流电，如图 4-1 所示。

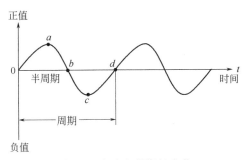

图 4-1　交流电周期性变化

在交流电中，电子在导线内不断地振动，从电子开始向一个方向运动起，然后又回到原点的平行位置时，这一运动过程，成为电流的一次完全振动，发生一次完全振动所需要的时间称为一个周期。半个振动所需要的时间称为二分之一周期或半周期。

所有物体都由大量的和分立的微小粒子组成，这些粒子有的带正电，有的带负电，也有的不带电。所有的粒子都在不断地运动，并被它们以一定的速度传播的电磁场所包围着，所以带电粒子及其电磁场是物质的一种特殊形态。

4.1.2 电场

我们知道，物体相互作用的力一般分为两大类：一类是物体的直接接触发生的力，叫接触力，例如碰撞力、摩擦力等；另一类是不需要接触就可以发生的力，称为场力，例如电场力、磁场力、重力等。

电荷的周围存在着一种特殊的物质叫做电场。两个电荷之间的相互作用并不是电荷之间的直接作用，而是一个电荷的电场对另一个电荷所发生的作用，也就是说在电荷周围的空间里，总是有电场力在作用着。因此，我们将有电场力作用存在的空间称为电场。电场是物质的一种特殊形态。

电荷和电场是同时存在的两个方面，只要有电荷，那么它的周围就必然有电场，它们永远是不可分割的整体。当电荷静止不动时，电场也静止不变，这种现象叫作静电场。当电荷运动时，电场也在变化运动，这种电场称作动电场，起电的过程，也就是电场建立的过程。起电后，当我们分离正负电荷时，需用外力做功。

那么，电场是怎样显示出来的呢？举个简单的例子，如用一块绒或绸子去摩擦梳子，梳子就会带电，也就是说梳子上面产生了电荷，这种带电的梳子在一定的距离内就可以吸起小纸屑。这个现象告诉我们，在带电的梳子附近形成了电场，也就是说有电场在起作用。如果将其所带电荷做交变运动，那么它的电场也是交变的。

4.1.3 电场强度

电场强度（E）是用来表示电场中各个点电场的强弱和方向的物理量，电荷的强弱可由单位电荷在电场中所受力的大小来表示。同一电荷在电场中受力大的地方电场就强，反之受力弱的地方电场就弱。实验证明，距离带电体近的地方则电场强，反之远的地方则电场弱。所以，电场强度即为试验电荷所受的力和试验电荷所带电量之比值。电场强度的表示单位为 V/m。在输电线路和高压电器设备附近的工频电场强度通常用 kV/m 表示，而家用电器设备附近电场强度相对较低，通常用 V/m 表示。

电场强度的物理单位常采用伏/米（V/m）、毫伏/米（mV/m）、微伏/米（μV/m）等表示。场强的表示亦可用分贝（dB），分贝多用在干扰大小的表示数量上。但在微波方面，表示电磁场的强弱常用功率密度（power density）毫瓦/厘米^2（mW/cm^2）、微瓦/厘米^2（μW/cm^2），亦可用伏/米（V/m）表示。

电场强度是一个矢量，它的方向为试验电荷（带有微量电荷的物体）在该点所受力的方向，基本公式为

$$E_m = F(m)/Q \tag{4-1}$$

式中　E_m——m 点的电场强度；

　　　F——电荷 Q 在 m 点所受的力。

电场中某点的电场强度在量值与方向上等于一个单位正电荷在该点所受的力。

4.1.4　磁场

磁场是电流在它所通过的导体周围所产生的具有磁力作用的场。如果导体中流通的电流是直流电，那么磁场也是恒定不变的；如导体中流通的电流是交流电，那么磁场也是变化的。电流的频率越高，其磁场变化的频率也就越高。

磁场的强弱用磁场强度 H 来表示，它是一个矢量。磁场强度 H 的大小，即磁场中某点的磁场强度 H 在数值上等于在该点上单位磁极所受的力。如果单位磁极所受的力正好是 1dyn（达因；$1dyn=10^{-5}N$），那么这点的场强度 H 就是 1Oe（奥斯特）。常用表示单位为安/米（A/m）。

4.1.5　电磁场与电磁辐射

任何交流电路其周围一定范围空间存在交变电磁场，该电磁场的频率与交流电的频率相同。

电场（代表符号为 E）和磁场（代表符号为 H）是这样存在的：有了移动的变化磁场，同时就有电场，而变化的电场也在同时产生磁场，两者相互作用，它们相互垂直，并与自己的运动方向垂直。这种电场与磁场的总和，就是我们所说的电磁场。

一般存在于某一空间的静止电场和静止磁场，不能叫作电磁场。在这种情况下，电场与磁场各自独立地发生作用，两者之间没有关系。我们通常所称的电磁场，始终是交变的电场与交变的磁场的组合。彼此之间相互作用，相互维持。这种相互联系，说明了电磁场能在空间里运动的原理。电场的变化，会在导体及电场周围的空间形成磁场，由于电场在不停地变化着，因而形成的磁场也必然不停地变化着。这样，变化的磁场又在它自己的周围空间里形成了新的电场，电磁场就这样反复下去。由此可见，电磁场是一个振荡过程，电磁波本身是具有能量的，因而会辐射到空间中去。正如麦克斯韦尔的电磁理论所阐述的要点：a.除静止的电荷所产生的无旋的电场外，变化的磁场也要产生蜗旋的电场；b.变化的电场和传导电流一样产生蜗旋的磁场。即变化的电场和磁场不是彼此孤立的，而是相互联系的，相互激发而组成一个统一的电磁场。

电磁波产生原理如图 4-2 所示。

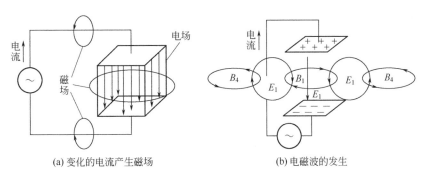

(a) 变化的电流产生磁场　　　　(b) 电磁波的发生

图 4-2　电磁波产生原理示意

这种比例化的电场与磁场交替地产生，由近及远，相互垂直，并与自己的运动方向垂直的以一定速度在空间内传播的过程，称为电磁辐射，亦称为电磁波。

电磁波类似于水波。当我们丢一块石子到水里，水面就会泛起水波，一浪推一浪地向四周扩张开来。水波是水的分子在振动，水分子上下的振动就形成了我们所看见的水波。无线电波是在空间里行进的波浪。当我们利用发射机把强大的高频率电流输送到发射天线上，那么电流就会在天线中振荡，从而在天线的周围产生了高速度变化的电磁场。这正像我们把石子投入水面激起水波一样。电磁波传播如图4-3所示。

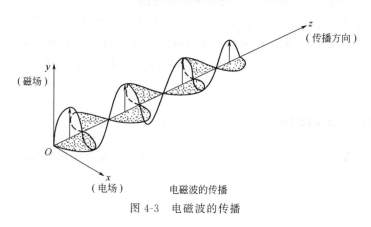

图 4-3　电磁波的传播

4.1.6　周期与频率

尽管电磁波跑得很快，可是它却不一定能跑得很远。要使它跑得更远，服务的范围更大，就必须有迅速变化的电场与磁场，也就是要有更高的振荡频率。

在交流电中，电子在导线内不断地振动。从电子开始向一个方向运动起，由正值到负值然后又回到原点的平行位置，这一运动过程，称为电流的一次完全振动。发生一次完全振动所需要的时间，称为一个周期。

频率是电流在导体内每一秒钟振动的次数。交流电频率的单位为赫兹或周。打一个比喻，电荷在导体内来回不停地奔跑，就好像钟摆来回不停地摆动一样，每秒钟内电荷来回奔跑的次数就是频率。

4.1.7　射频电磁场

一般交流电的频率为50Hz。而当交流电的频率达到每秒钟100kHz以上时，它的周围便形成了高频率的电场和磁场，这就是我们所说的射频电磁场，又称高频电磁场。而一般将每秒钟振动十万赫兹以上的交流电叫做高频电流，在空间进行的电磁场，通常称为电磁波。

实践中，射频电磁场或射频电磁波的表示可用波长（λ）——毫米、厘米、米来表征；也可用振荡频率（f）——周（赫兹）、千周（千赫）、兆周（兆赫）来表征。

无线电波在电磁波谱中占有很大的频段。无线电磁波按其波长和频率可以分为八大类，详见表4-1。

无线电波波长从1mm至10000m。继无线电波之后为红外线、可见光、紫外线、X射线、γ射线。大致划分如图4-4所示。

表 4-1 无线电波分类

频段名称	对应波段	缩写名称	频率范围
甚低频	万米波(甚长波)	VLF	3～30 千周
低频	千米波(长波)	LF	30～300 千周
中频	百米波(中波)	MF	300～3000 千周
高频	十米波(短波)	HF	3～30 兆周
甚高频	米波(超短波)	VHF	30～300 兆周
特高频	分米波	UHF	300～3000 兆周
超高频	厘米波	SHF	3～30 千兆周
极高频	毫米波	EHF	30～300 千兆周
至高频	亚毫米波	THF	300～3000 千兆周

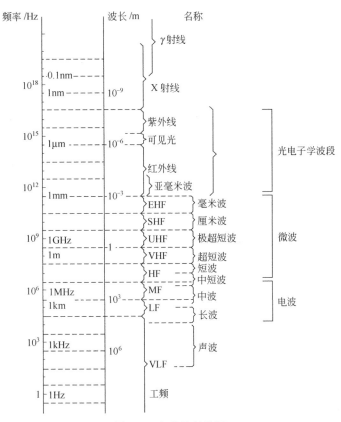

图 4-4 电磁波频谱图

由电子、电器设备工作过程中所造成的电磁辐射为非电离辐射而不是电离辐射。非电离辐射的量子所携带的能量较小，如微波频段的量子能量也只有 $1.2 \times 10^{-6} \sim 4 \times 10^{-4}$ eV（电子伏特），不足以破坏分子，使分子分离。因此，电磁辐射具有粒子性稳定、波动性显著等特点。所以电磁辐射是一种摸不到、看不见、嗅不到的物质波。

任何射频电磁场的发生源周围均有两个作用场存在着，即以感应为主的近区场（又称感应区）和以辐射为主的远区场（又称辐射场）。它们的相对划分界限为一个波长。

近区场与远区场的划分，只是在电荷电流交变的情况下才能成立。一方面，这种分布在电荷和电流附近的场依然存在，即感应场；另一方面，又出现了一种新的电磁场成分，它脱离了电荷电流并以波的形式向外传播。换言之，在交变情况下，电磁场可以看作有两个成分：一个成分分布在电荷和电流的周围，当距离 R 增大时，它至少以 $1/R^2$ 衰减，这一部分场是依附着电荷电流而存在的，这就是近区场，又称感应场；另一个成分是脱离了电荷电流而以波的形式向外传播的场，它一经从场源发射出以后，即按自己的规律运动，而与场源无关了，它按 $1/R$ 衰减，这就是远区场，又称辐射场。

4.1.7.1　场区分类及其特点

（1）近区场

以场源为零点或中心，在一个波长范围之内的区域，统称为近区场。由于作用方式为电磁感应，所以又称感应场，感应场受场源距离的限制。在感应场内，电磁能量将随着离开场源距离的增大而比较快地衰减。

近区场特点如下。

① 在近区场内，电场强度 E 与电磁强度 H 的大小没有确定的比例关系。一般情况下，电场强度值比较大，而磁场强度值则比较小，有时很小；只是在槽路线圈等部位的附近，磁场强度值很大，而电场强度值则很小。总的来看，电压高电流小的场源（如天线、馈线等）电场强度比磁场强度大得多，电压低电流大的场源（如电流线圈）磁场强度又远大于电场强度。

② 近区场电磁场强度要比远区场电磁场强度大得多，而且近区场电磁场强度比远区场电磁场强度衰减速度快。

③ 近区场电磁场感现象与场源密切相关，近区场不能脱离场源而独立存在。

（2）远区场

相对于近区场而言，在一个波长之外的区域称远区场。它以辐射状态出现，所以也称辐射场。远区场已脱离了场源而按自己的规律运动。远区场电磁辐射强度衰减比近区要缓慢。

远区场的特点如下。

① 远区场以辐射形式存在，电场强度与磁场强度之间具有固定关系，

即
$$E=\sqrt{\frac{\mu_0}{\varepsilon_0}}\,H=120\pi H\approx 377H \tag{4-2}$$

② E 与 H 相互垂直，而且又都与传播方向垂直。

③ 电磁波在真空中的传播速度为

$$c=1/\sqrt{\varepsilon_0\mu_0}\approx 3\times 10^8 (\mathrm{m/s}) \tag{4-3}$$

4.1.7.2　表征公式

无线电波的波长（m）与频率的关系为

$$\lambda=c/f \tag{4-4}$$

式中　c——电磁波传播的速度，m/s；

　　　　λ——波长，m；

　　　　f——频率，Hz。

4.1.7.3 场强影响参数

射频电磁场强度与许多因素有关，我们将这些因素称为场强影响参数。它们构成了场强变化规律，场强影响参数如下。

（1）功率

对于同一设备或其他条件相同而功率不同的设备进行场强测试的结果表明：设备的功率越大，其辐射强度越高，反之则越小。功率与场强变化成正比关系。

（2）与场源的间距

一般而言，与场源的距离加大，场强衰减增大。例如，在某设备的操作台附近场强为170～240V/m；距操作台 0.5m，场强衰减到 53～65V/m；距操作台 1m，场强衰减为24～31V/m；距操作台 2m，场强衰减到极小值。

由上可知，屏蔽防护重点应在设备附近。

（3）屏蔽与接地

屏蔽与接地的程序不同，是造成高频场或微波辐射强度大小及其在空间分布不均匀性的直接原因。加强屏蔽与接地，就能大幅度地降低电磁辐射场强。实施屏蔽（或吸收）与接地是防止电磁泄漏的主要手段。

（4）空间内有无金属天线或反射电磁波的物体以及金属结构

由于金属体是良导体，所以在电磁场作用下，极易感应生成涡流；由于感生电流的作用，便产生新的电磁辐射，致使在金属周围形成又一新的电磁作用场，即所谓二次辐射。有了二次辐射，往往要造成某些空间场强的增大。例如，某短波设备附近因有暖气片，由于二次辐射的结果，使之场强加大，高达 220V/m。所以，在射频作业环境中要尽量减少金属天线以及金属物体，防止二次辐射。

4.2 电磁辐射的产生与传播

4.2.1 电磁场污染源

电磁场源主要包括两大类：自然电磁场源与人工电磁场源。

① 自然电磁场源中，以天然电磁场（表 4-2）所产生的电磁辐射最为突出。由于自然界发生某些变化，常常在大气层中引起电荷的电离，发生电荷的蓄积，当达到一定程度后引起火花放电，火花放电频带很宽，它可以从几千赫一直到几百兆赫。但是，通常情况下，自然电磁辐射的强度一般对人类的影响不大，但可能局部地区雷电在瞬间的冲击放电造成人畜的死亡、家电的损坏。自然电磁辐射对短波电磁干扰特别严重。

表 4-2 天然电磁场源分类

分　类	来　源
大气与空气污染源	自然界的火花放电、雷电、台风、火山喷烟……
太阳电磁场源	太阳的黑子活动与黑体放射……
宇宙电磁场源	银河系恒星的爆发、宇宙间电子移动……

② 人工电磁场产生于人工制造的若干系统、电子设备与电气装置（分类见表 4-3）。人工电磁场源按频率不同又可分为工频场源与射频场源。工频杂波场源中，以大功率输电线路所产生的电磁污染为主，同时也包括若干种放电型场源。射频场源主要是指无线电设备或射频设备工作工程中产生的电磁感应与电磁辐射。

表 4-3 人工电磁场源分类

分 类		设 备 名 称	污染来源与部件
放电所致场源	电晕放电	电力线（送配电线）	由于高电压、大电流而引起静电感应、电磁感应、大地泄漏电流所造成
	辉光放电	放电管	白光灯、高压水银灯及其他放电管
	弧光放电	开关、电气铁道、放电管	点火系统、发电机、整流装置……
	火花放电	电器设备、发动机、冷藏车、汽车……	整流器、发电机、放电管、点火系统……
工频感应场源		大功率输电线、电气设备、电气铁道	高压、大电流的电力线及电气设备
射频辐射场源		无线发电机、雷达……	广播、电视与通信设备的振荡与发射系统
		高频加热设备、热合机、微波干燥机……	工业用射频利用设备的工作电路与振荡系统……
		理疗机、治疗机	医学用射频利用设备的工作电路与振荡系统……
家用电器		微波炉、电脑、电磁炉、电热毯……	功率源为主……
移动通信设备		手机、对讲机等	天线为主……
建筑物反射		高层楼群以及大的金属构件	墙壁、钢筋、吊车……

人为辐射的产生源种类、产生的时间和地区以及频率分布特性是多种多样的。若根据辐射源的规模大小对人为辐射进行分类，可分为以下三类。

① 城市杂波辐射 即使在附近没有特定的人为辐射源，也可能有发生于远处多数辐射源合成的杂波。城市杂波与各辐射源电波波形和产生机构等方面的关系不大，但它与城市规模和利用电器的文化活动、生产服务以及家用电器等因素有直接的成正比例关系。城市杂波没有特殊的极化面，大致可以看成连续波。

在我国，城市杂波辐射就是环境电磁辐射，它是评价大环境质量的一个重要参数，也是城市规划与治理诸方面的一个重要依据。

② 建筑物杂波 在变电站所、工厂企业和大型建筑物以及构筑物中多数辐射源会产生一种杂波，这种来自上述建筑物的杂波，则称为建筑物杂波。这种杂波多从接收机之外的部分传入到接收机中，产生干扰。建筑物杂波一般呈冲击性与周期性波形，可以认为是冲击波。

③ 单一杂波辐射 它是特定的电器设备与电子装置工作时产生的杂波辐射，它因设备与装置的不同而具有特殊的波形和强度。单一杂波辐射主要成分是工业、科研、医疗设备（简称 ISM 设备）的电磁辐射，这类设备对信号的干扰程度与该设备的构造、频率、发射天线形式，设备与接收机的距离以及周围地形地貌有密切关系。

当电磁辐射体运行时便产生或释放电磁能量，它随着其功率、频率不同而不同，所产生的电磁辐射强度不同，近区场和远区场的状况不同。但不管何种频率或波长的电磁波在空中的传播速率是相同的，即 $3 \times 10^8 \mathrm{m/s}$。这些电磁波可传得很远，可是在感应带的电磁场却随着与发射中心距离的延长急剧衰减。

4.2.2　电磁辐射污染的传播途径

电磁辐射所造成的环境污染途径大体上可分为空间辐射、导线传播和复合污染三种。

（1）空间辐射

当电子设备或电气装置工作时会不断地向空间辐射电磁能量，设备本身就是一个多形发射天线。

由射频设备所形成的空间辐射，分为两种：第一种，以场源为中心，半径为一个波长的范围之内的电磁能量传播以电磁感应方式为主，将能量施加于附近的仪器仪表、电子设备和人体上；第二种，在半径为一个波长的范围之外的电磁能量的传播，以空间放射方式将能量施加于敏感元件和人体之上。

（2）导线传播

当射频设备与其他设备共用一个电源供电时，或者它们之间有电器连接时，那么电磁能量（信号）就会通过导线进行传播。

此外，信号的输出/输入电路等也能在强电磁场之中"拾取"信号并将所有"拾取"的信号再进行传播。

（3）复合污染

它是同时存在空间辐射与导线传播所造成的电磁污染。

电磁辐射污染途径如图 4-5 所示。

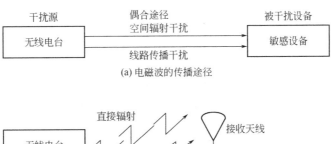

(a) 电磁波的传播途径

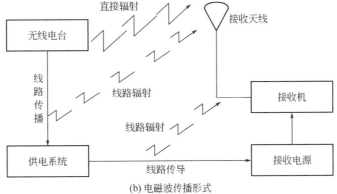

(b) 电磁波传播形式

图 4-5　电磁辐射污染途径

4.3 电磁辐射的危害

在信息社会中，电磁波是传递信息的最佳快捷方式，于是大量的广播站、电视台、雷达站、导航站、地面站、微波中继站、天线通信、移动通信等如雨后春笋般出现。从接收和传递信息来说，这些设备发出的电磁波信号，能达到信息传播的目的；但同时也不可避免地增加了环境中的电磁辐射水平，形成了环境污染。再加上其他工农业众多经济领域中广泛应用电磁辐射设备、电气设备等，这些设备辐射出的电磁波更加重了环境电磁辐射污染程度，这种污染日益突出。一般认为电磁辐射污染有三种危害，即电磁干扰危害、对人体健康的危害和引爆引燃的危害（见图4-6）。

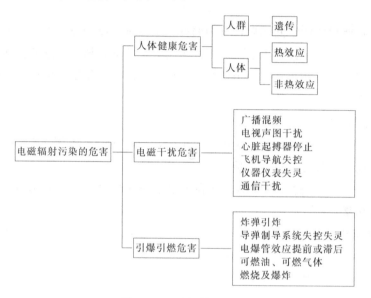

图4-6　电磁辐射的危害

4.3.1　不同频段的电磁辐射对人体的危害与不良影响

电磁辐射危害的一般规律是随着波长的缩短，对人体的作用加大。微波作用最突出。研究发现，电磁场的生物学活性随频率加大而递增，就频率对生物学活性而言，即微波＞超短波＞短波＞中波＞长波，频率与危害程度成正比关系。

不同频段的电磁辐射，在大强度与长时间作用的前提下对人体的不良影响如下。

4.3.1.1　中、短波频段（俗称高频电磁场）

在高频电磁场作用下，经受一定强度和一定时间的暴露，作业人员以及高场强作用范围内的其他人员会产生不适反应。高频辐射对机体的主要作用，是引起神经衰弱综合征和反映在心血管系统的自主神经功能失调。主要症状为神经衰弱综合征，例如普遍感到头痛头晕、周身不适、疲倦无力、失眠多梦、记忆力衰退、口干舌燥；部分人员则发生嗜睡、发热、多汗、麻木、胸闷、心悸等症状；女性人员有月经周期紊乱现象发生。体检发现，少部分人员血压下降或升高、皮肤感觉低下、心动过缓或过速、心电图窦性心律不齐等，且发现少数人员有脱发现象。

通过研究发现，高频电磁场对机体的作用是可逆的。脱离高频作用后，经过一段时期的休息或治疗后，症状可以消失，一般不会造成永久性损伤。通过大量的调查研究，我们发现，性别不同，年龄不同，高频电磁场对人体影响的程度也不一样。一般女性人员和儿童敏感性比较大些。

4.3.1.2 超短波与微波

由于超短波与微波的频率很高，特别是微波频率更高，均在 3×10^8 Hz 以上。在这样高频率的微波辐射作用下，人体则将一部分电磁能反射，将一部分电磁能吸收。被吸收的微波辐射能量使组织内的分子和电解质的偶极子产生射频振动，媒质的摩擦把动能转变为热能，从而引起温度上升。微波辐射的功率、频率、波形、环境温度和湿度以及被照射的部位等，对伤害的深度和程度产生一定的影响。

（1）微波辐射的热作用

微波对人体的影响，除引起比较严重的神经衰弱症状外，最突出的是造成植物神经机能紊乱。例如：心动过缓、血压下降或心动过速、高血压等；心电图检查可见窦性心律不齐、窦性心动过缓，T 波下降等变化。

有一些报道认为：微波作为一种非特异性因素，促使心血管系统疾病更早并更容易发生和发展，也有在微波引起严重血管张力失调的基础上，个别发展到心肌小灶性梗死的报道。

在电磁场长期作用下，部分人员可有脑生物电流的某些改变，主要表现慢波增多，脑电图除正常的 a 节律波外，出现较多的 Q 波和 S 波，这些慢波大多是散在的。

关于周围血象方面，呈现白细胞数的不稳定性，主要是下降倾向，轻度的白细胞减少。由于中性白细胞减少，相对淋巴细胞增高。此外有白细胞吞噬能力下降的报道，也有不少报道提出白细胞往往是增高的，尤其是在作用初期，红细胞一般变化不明显，可有轻度增高。在微波作用时大多认为可引起血小板下降。有人提出这种血细胞反应是神经反射性，停照后能恢复正常。血液生化改变方面，发现有组织胺量增高，血清总蛋白及球蛋白升高以及白蛋白和球蛋白比值下降，胆碱酯酶活性下降，及白细胞碱性磷酸酶活性增高等现象。还有报道无线电波作业人员工作后体温可略见升高，嗅觉分析器阈值提高，视觉暗适应时间延长等生理改变，这些分析器兴奋性的变化可发生在出现临床症状以前。

微波的临床表现除了以上作用，尤其是心血管系统的作用在程度上比其他波段明显外，还可引起眼以及生殖系统的损伤。

微波对睾丸的损害是比较大的。睾丸也是人体对微波辐射热效应比较敏感的器官。在微波辐射的作用下，即使睾丸的温升达到 $10 \sim 20$ ℃，皮肤虽还没有感到很痛，但男性生殖机能可能在不知不觉中受到微波辐射的损害。微波辐射只抑制精子的生长过程，并不损害睾丸的间质细胞，也不影响血液中的睾酮含量。受微波辐射的损害后，通常仅产生暂时性不育现象。辐射再大，将会引起永久性的不育。

微波可引起眼睛损伤。眼睛是人体对微波辐射比较敏感和易受伤害的器官。一方面，眼睛的晶状体含有较多的水分，能吸收较多的微波能量；另一方面，眼睛的血管分布较少，不易带走过的热。在微波辐射下可能角膜等眼的表层组织还没有出现伤害，而晶状体已出现水肿。在大强度长时间作用下会造成晶体混浊，严重的导致白内障。更强的辐射会使角膜、虹膜、前房和晶状体同时受到伤害，以致造成视力完全丧失。

必须指出：微波辐射所致白内障与性机能减退现象多为生物效应试验结果，而在实际当中这两方面的病例较少，尚不构成普遍性。

（2）微波辐射对机体的非热效应

微波辐射对人体的作用主要是热效应，除了热效应外还有非热效应的存在。人体暴露在强度不大的微波辐射时，体温没有明显的升高，但往往出现一些生理反应，主要表现如下。

① 对神经系统的作用　长时间的微波辐射可破坏脑细胞，使大脑皮质细胞活动能力减弱，已形成的条件反射受到抑制，反复经受微波辐射可能引起神经系统机能紊乱。某些长时间在微波辐射强度较高的环境下工作的人员，曾出现过疲惫、头痛、嗜睡、记忆力减退、工作效率低、食欲不振、眼内疼痛、手发抖、心电图和脑电图变化、甲状腺活动性增强、血清蛋白增加、脱发、嗅觉迟钝、性功能衰退等症状；但是这些症状一般都不会很严重，经过一段时间的休息后就能复原。

② 微波辐射对血液的作用　长期的微波辐射可引起血液内白细胞和红细胞数的减少，并使血凝时间缩短。长时间的微波照射，又可引起白细胞的增加，但是，国外对从事微波工作多年的人员相对接受微波治疗的病员进行检查的结果表明，白细胞数一般均减少。

③ 微波辐射的累积效应　微波辐射对生物体危害的另一特点是累积效应。一般一次低功率辐射之后会受到某些不明显的伤害，经过 4～7d 之后可以恢复。如果在恢复之前受到第二次辐射，伤害就将积累，这样多次之后就形成明显的伤害。而长期从事微波工作，并受到低功率照射时间较长，要在停止微波工作后 4～6 周才能恢复。

电磁辐射慢性作用的发展是逐渐的，往往没有剧烈的特殊表现。国外有人进行多年临床动态观察，提出疾病发展可分三期，开始的两期，是不同程度的神经衰弱综合征，伴有副交感神经紧张的心血管植物神经系统机能紊乱（从国外调查情况来看绝大多数病例停留在这阶段），有些人则可以发展到第三期即明显期，此时神经和血循环的紊乱以血管痉挛反应和血管紧张度显著变动为特征。伴有发作性的特点和交感神经系统反应占优势的倾向，表现为发作性头痛、显著疲劳、情绪不稳定，记忆力、注意力及睡眠破坏，以往的低血压和心动过缓代之以脉搏和血压的高度不稳定和高血压，心电图可呈现冠状动脉供血不足的图示。此时劳动能力显著下降，个别可出现血管危象：皮肤苍白、心区压缩性疼痛、寒颤，有的短时间失去知觉，此时脑电图可见弥漫性慢波。

总的来说，电磁辐射对机体的作用，主要是引起机能性改变，具有可复性特征，往往在停止接触数周后可恢复。也有在大强度长期作用下，症状持续较久的情况。

4.3.2　电磁辐射的潜在危险性

电磁辐射除对生活环境造成污染，构成对生物体的一定危害之外，最大量的也最头痛的就是干扰危害和引燃、引爆等巨大潜在危险性。

（1）对通信、电视等信号的干扰与破坏

射频强辐射，可以造成通信信息失误或中断；使电子仪器、精密仪表不能正常工作；铁路自控信号失误；还可以使飞机飞行指示信号失误，引起误航，甚至造成导弹与人造卫星的失控。另外，令人十分恼火的是，电视机受到射频辐射的干扰后，将会引起图像上有活动波纹、雪花等，使图像很不清楚，严重的根本不能收看。

射频设备，特别是大功率的射频设备，其能量输出，即使是高次谐波也还是非常强的。而且，大功率的射频设备在它的整个工作期间所形成的射频辐射，更是强大的。所有这些，必然对工作在射频设备附近的其他电子仪表、精密仪器、通信信号、参数测试等产生严重的干扰，影响上述设备的正常工作，甚至破坏了它们的工作。这种由于射频设备工作过程中所形成电磁泄漏与辐射而造成的干扰现象，称为高频干扰，它属于射频干扰的一种。

（2）电磁辐射对易爆物质和装置的危害

火药、炸药及雷管等都具有较低的燃烧能点，遇到摩擦、碰撞、冲击等情况，很容易发生爆炸，同样在辐射能作用下，可以发生意外的爆炸。此外，许多常规兵器采用电气引爆装置，如遇高电频的电磁感应和辐射，可能造成控制机构的误动，从而使控制失灵，发生意外的爆炸；如高频辐射场能够使导弹制导系统控制失灵，电爆管的效应提前或滞后。

（3）电磁辐射对通信电子设备的危害

高强度电磁辐射会造成通信电子设备永久的物理性损坏。电磁厂对绝缘材料作用的特点是引起绝缘材料发热、使材料热应力增加。

① 电子元器件　导致射频能量损害设备的机理是复杂的。通常，受损的是电路器件，即三极管、二极管等，受损情况由辐照的类型、电平和时间、受辐照的器件或零件、电磁场性质，以及许多其他因素来确定。设备损坏可能因其直接受辐照引起发热所致，而更多的则是由天线端、线路连线、元件端子、电源线等感应的电压或电流所致。

② 固体电路　固体电路对峰值电平及电压和电流变化率极其敏感。例如，晶体管击穿数据表明，使设备损坏的能量阈限值是 $10^{-6} \sim 10^{-4}$（以单个脉冲为基准）。因为几毫秒内就能将管子击穿，所以像旋转或扫描天线产生的辐照就有潜在的危险。继电器触点、天线偶合器以及其他元件都会因为感应高电压后引起电弧和电晕放电而损坏。

（4）电磁辐射对元器件的危害

设备中已损坏的元件可能是：使用场效应管作为射频放大器的接收机输入元件；雷达收发机中的开关二极管；心电图设备；脑电摄影设备。后两种设备只有在屏蔽室内才能得到保护和进行工作。这些设备对电磁场相当敏感，以至于最佳的接地方案也不足以保护元件。

① 绝缘体　尤其是表面受污染的绝缘体，其损坏可能由介质损耗引起发热而造成，或者因通道绝缘体电晕放电或其他形式放电而造成。灾难性失效可能发生于一旦，反之，长周期的绝缘退化则可能为一种较缓慢的失效过程。绝缘体可能内部击穿，这种击穿是以局部发热和化学变质来表征的，它会导致几何性延伸的累积性损坏。绝缘体内小空隙两端出现的高电位梯度可能会引起空隙内气态放电，导致延伸性损坏。有机材料绝缘体通常因碳化和烧焦时绝缘性能降低，对于无机材料绝缘体，则发生还原成金属氧化物的情况；这些氧化物具有负温度系数，它导致过热、机械裂缝和飞弧。

② 半导体和固体元件　对于晶体管和其他半导体元件，包括集成电路在内，对快速瞬变极其敏感，如果感应的峰值电压超过器件的最大额定值，则器件损坏。这些均是对温度敏感的结果。

③ 电子管　与半导体不同，电子管能承受过高压。工作在强电磁场中的充气电子管

可能会在无法预测的时间里导通，从而导致系统损坏。

④ 晶体　对雷达接收机上用的晶体来讲，常见的危害是：该接收机在保护晶体的收发转换开关和收发管有故障时，接收其他雷达发射的强信号，将晶体烧毁；此时，收发转换开关设计频带之外的频率信号在几乎没有衰减的情况下直接通过晶体。

⑤ 医疗设备　最近的调查表明，如心脏起搏器、助听器、人工测度仪这样一类医疗设备对电磁场也很敏感。例如，就心脏起搏器而言，实验证明射频发射机能抑制心脏起搏器产生心脏起搏脉冲。心脏起搏器损坏或即使暂时停止工作都会造成病员的死亡。在这些设备的有害电平和有害频率的正式标准还未建立的情况下，最明智的做法是不让使用这类装置的人进入已知有较强的电磁辐射的环境或采用穿屏蔽防护服的办法。

4.3.3　移动电话的电磁辐射污染

现代人人手一部移动电话，它的电磁波其实是很强的。在电脑前拨通移动电话，大家往往会发现电脑屏幕闪烁不停；在打开的收音机前拨动移动电话，收音机也受到很大的干扰。移动电话的影响和危害一方面体现在对飞机和汽车等交通工具的危害；另一方面体现在对人体也有不利的影响。

（1）移动电话对交通工具的影响

飞机拒绝移动电话恐怕已是人尽皆知了。1997 年初，中国民航总局发出通知，在飞行中，严禁旅客在机舱内使用移动电话等电子设备。它不仅关系到飞机的安全，也直接关系到机上数十人乃至数百人的生命财产安全。

移动电话是高频无线通信，其发射频率多在 800MHz 以上，而飞机上的导航系统又最害怕高频干扰，飞行中若有人用移动电话，就极有可能导致飞机的电子控制系统出现误动，使飞机失控，发生重大事故。这样的惨痛教训已很多。

1991 年英国劳达航空公司的那次触目惊心的空难有 223 人死亡。据有关部门分析，这次空难极有可能是机上有人使用笔记本电脑、移动电话等便携式电子设备，它释放的频率信号启动了飞机的反向推动器，致使机毁人亡。

1996 年 10 月巴西 TAM 航空公司的一架"霍克-100"飞机也莫名其妙地坠毁了，机上人员全部遇难，甚至地面上的市民也有数名惨遭不幸，这是巴西历史上第二大空难事件。专家们调查事故原因后认为，机上有乘客使用移动电话极有可能是造成飞机坠毁的元凶。也就是源于这次空难，巴西空军部民航局研拟了一项关于严格限制旅客在飞机飞行时使用移动电话的法案。

我国也有类似的事情发生。例如，1998 年初，台湾华航一班机坠毁，参与调查的法国专家怀疑有人在飞机坠毁前打移动电话，导致通信受到干扰，致使飞机与控制塔失去联络，最后坠毁。以及某日由上海飞广州的 CZ3504 航班的南航 2566 号飞机准备降落时，由于有四五名旅客使用移动电话致使飞机一度偏离正常航轨。同年一架南航 2564 号飞机执行 CZ3502 航班从杭州飞回广州时，在着陆前 4min 发现飞机偏离正常航道 6°，当时也是有人使用移动电话。这两起事例虽然没有酿成大祸，但让人后怕。

随着无线通信技术的快速发展，社会公众对飞机上使用便携式电子设备特别是使用手机的需求越来越强烈，多个国家的研究机构和专业组织对机上便携式电子设备使用进行了持续性研究。2018 年，中国民航局飞行标准司发布《机上便携式电子设备

（PED）使用评估指南》，确定便携式电子设备的开放使用。但在飞行期间需打开手机飞行模式，全程关闭蜂窝移动通信功能。不具备飞行模式的移动电话等设备，在空中仍然被禁止使用。

（2）移动电话对人体的危害

截至 2022 年 2 月末，我国移动电话用户总数达 16.51 亿户。移动电话使用时靠近人体对电磁辐射敏感的大脑和眼睛，对机体的健康效应已引起人们重视。随着移动电话的日益普及，手机能够诱发脑瘤的报道不时见诸报端，应答了公众对电磁辐射污染的关注。

手机无线电波和自然界的可见光、医疗用的 X 射线以及微波炉所产生的微波都属于电磁波，只是频率各不相同。X 射线的频率可超过百万兆赫兹，至于手机所用的无线电波，则大约只有数百万赫兹。通话时手机的无线电波有 20％～80％ 会被使用者吸收。

那么，吸收了手机无线电波，是否会影响健康呢？

从辐射强度来看，通过几种类型不同的移动电话天线距离（5～10cm）范围内的辐射强度分析，其场强平均超过我国国家标准规定限值（$50\mu W/cm^2$）的 4～6 倍之多。有一种类型手机天线近场区场强度竟高达 $5.97mW/cm^2$，超过标准近 120 倍，在那么高的辐射场强长期反复作用下，可以肯定会造成危害和影响。

近来有越来越多的证据指出手机的热效应，是指手机所使用的无线电波，被人体吸收后，会使局部组织的温度升高，若一次通话过久，而且姿势保持不变，也会使局部组织温度升高，造成病变。

另外也有研究称手机可能会导致脑瘤和眼癌。美国和瑞典医学专家经过长期的相关研究后发现，长期使用手机的人罹患脑瘤的风险会增加。德国研究人员发现，常用手机的人患上眼部肿瘤的机会比其他人多出 3 倍。权威医学杂志报告显示，使用手机会造成记忆力受损、睡眠紊乱、头痛及血压上升等，而儿童受影响的可能性更大。

由于手机的非热效应具有潜在的危险性，所以使用手机每次通话时间不宜过长；此外，一些免持听筒的装置，可避免天线过于贴近身体，可减低无线电波被身体吸收的比例。

研究显示，手机电磁波是有累积效应的，这个实验以 200 只老鼠做实验，100 只接受电磁波照射，另 100 只没有，经过了一年半后，受电磁波照射的老鼠死了，医生解剖发现，其脑瘤 9 个月后即已显现，且逐渐增加。依此推论，人体的累积效应十年后才会显现出来，而得肿瘤的概率大幅度提高。

电磁波对人体全部或部分吸收都会因为热作用的关系使人体全部或部分体温上升，通常人体内的血流会因其扩散排除热能的作用而消除，但眼球部分很难由血流来排除热能，所以容易产生白内障。据报道在瑞典，有 4 人长期使用手机，结果造成与惯用耳朵接听同侧的眼角膜溃烂产生血块，进而造成单眼失明，瑞典、挪威、芬兰等国因长期使用手机而造成的问题陆续显现。

移动电话电磁辐射基本上只对使用者产生电磁辐射危害，属近场电磁辐射污染，影响局限，目前我国没有相关标准和测量方法，在我国制定移动电话电磁辐射卫生标准十分必要。

4.3.4　电脑的辐射与污染

电脑的视频终端，即我们通常所说的显示器是对人体健康产生危害的主要场源。视频终端是计算机系统的重要显示部件，它肩负着信息输入/输出显示，以及人机对话等功能。随着电子技术的发展，社会的信息化、自动化、现代化的程度不断提高，计算机越来越广泛地应用于工农业生产、国防工程、科学研究及教学的各个领域中，越来越多的人需要操作管理计算机，终日和计算机打交道，特别是和视频终端打交道，而且操作距离越来越近，时间越来越长。作为电子计算机的终端设备——阴极射线管式视屏终端显示器以及家用电视机对人体健康的影响，尤其是对整日沉溺于游戏机的青少年眼睛的伤害，已越来越多地引起了人们的关注。

视频终端显示器和家用电视机的工作机理乃是电子扫描的结果，鉴于 VDT 的彩色显示器阴极射线管之电子枪，需要在 30kV 的高压作用下，将电子流射向荧光屏，电子在高压作用下迅速射击，碰撞荧光屏，从而产生电磁辐射，主要成分为 X 射线与光辐射；而 VDT 水平偏转系统、电磁线圈、电磁变压器和其他电子线路在工作过程中，则产生射频辐射，即狭义的电磁辐射。

对于电脑而言，主要辐射部位有电脑的上部、两侧，其辐射场强高。视频终端显示器辐射场强在国家标准中规定限制其范围。

由于计算机的工作频率范围在 150kHz～500MHz，这是一段包括中波、短波、超短波与微波等频率的宽带辐射，按标准评价，电脑的上部与两侧等部位均超标。一般超标几倍，最高达 45 倍。

世界卫生组织（WHO）早在 1987 年发表的"WHO Visual Display Terminals and Worker geneva：WHO Offiset Publication"出版物中指出：VDT 及其周围空间在其工作过程中存在有电磁辐射，包括 X 射线、紫外线、可见光、红外线与射频辐射，并认为 VDT 的电磁辐射对人体存在潜在的危险性。

1985 年，美国食品药物管理局（FDA）设在 Winchester 的工程和分析中心发表了他们对 VDT 的测试结果。在他们每年检测的 170 台 VDT 中，约有 10％的 X 射线辐射超过了安全标准：距 VDT 30cm 的地方测出的射频辐射强度最高达 120V/m。

美国科学家洛蒂尔，对 10 种常用的电脑显示器产生的电磁波进行了分析，结果表明在距荧光屏 10cm 时，有的电脑所产生的射线强度达到足以使儿童患上癌症的射线强度的 10 倍，并指出最强的射线来自电脑的两侧、后部和顶部。

电脑辐射可对信号造成严重干扰。由于计算机系统电磁辐射具有一定的强度，因而当高灵敏度的仪器、仪表与敏感设备位于附近时，必然发生干扰危害。例如，通常人绝不认为有多大辐射能量的袖珍计算器都会成为某些高灵敏设备（如导航仪）的干扰源。在飞机上使用激光唱片或便携式电脑会干扰飞机的拉制系统，进而导致严重的后果。

人们千万不要小看电脑的电磁辐射，它们的能量作用是惊人的：一些无序的和非法的电磁辐射，造成电磁场环境恶化，对卫星紧急无线电定位标、航空导航通信和水上移动通信等存在潜在干扰危险，就会像一颗随时引爆的定时炸弹，能要人命。

由于计算机是一种电磁敏感体，它在工作过程中，易受外界强电磁场的干扰和破坏，工作程序失误，而引发事故的发生。1988 年，苏联曾发生一起震惊世界的电脑杀人事件。

国际象棋大师尼古拉·古德科夫与一台超级电脑对弈，在连克三局之后，突然被电脑释放的强大电流所击中，毙于众目睽睽之下。后来组织了调查，证实其罪魁祸首是外来的电磁波干扰了电脑中已经编好了的程序，从而导致了电脑运作失误而突然放出强电流作用于人体，酿成悲剧。

关于视频终端显示器电磁辐射对人体健康的影响与危害，世界上诸如美国、法国、英国、德国、加拿大、日本、瑞典、新加坡、挪威、澳大利亚等发达国家组织力量进行了大量的研究，研究发现：电脑主要对眼睛、头部、骨骼肌、皮肤等器官和部位产生危害作用，对人体健康的危害如表4-4所列；对妊娠也产生有害影响。

表 4-4　电脑对人体健康危害一览表

视力衰退	近视、散光、眨眼、斜视等由电视强光及反射光所造成。荧光屏上的不固定眩光，不断地闪烁、放大缩小，人们的瞳孔也随着影响放大、缩小，影响视觉，造成各种眼睛疾病
胚胎组织	荧光屏所产生的低频辐射，能渗透人体，并伤害女性的染色体，触发婴儿畸形发育，低智能、自发性流产、死胎、初生婴儿死亡等怀孕意外，也可能导致不育症
白内障	荧光屏上的强光、反射光及眩光已造成眼睛疲劳，加上低频辐射影响眼球视网膜及水晶体，形成白内障
皮肤老化	荧光屏产生的正电荷，刺激皮肤长出橙红色的皮疹及色素沉积而产生色斑，加速皮肤老化
呼吸困难	荧光屏表面的静电产生的正离子，会把周围的负离子除去，并会夹带着污物、灰尘、细菌和烟灰，朝人体撞击，造成呼吸不顺畅，新陈代谢不平衡
腰酸背痛	正电离子影响人类中枢神经，尤其是老年人，容易造成腰酸背痛，并使记忆力减退
心情烦躁	正电离子影响人们的心理反应和神经系统，使人心情烦躁
头痛	长期面对电视和电脑荧光屏，容易使人疲倦并造成头痛

不得不提的是，计算机和电视机的 VDT 辐射及其他环境中的电磁辐射引起流产和畸胎增加。这一社会敏感问题引来一些科学家的重视，他们在这方面进行了动物实验，结果证实各种不同的电磁辐射均可引起哺乳动物生殖细胞染色体畸变和基因调控失衡。例如：受精的鸡蛋暴露于极低频电磁场，导致鸡胚胎畸形；妊娠小鼠最初 15d，每天 24h 暴露于锯齿脉冲电磁场，结果胎仔畸形率升高。

据中国优生优育协会近期调查表明：我国每年 2000 多万出生的人口中，有 35 万～38 万为缺陷婴儿，其中 25 万属智力缺陷。导致缺陷原因在已知的 30% 的因素中，有 20% 的因素是环境因素影响所造成的，畸形儿的产生是社会的不幸，家庭的不幸。

虽然计算机和显示器的视屏显示终端对胎儿健康影响的原因还存在着争议，但上述这些事实应该引起我们的足够重视。胎儿是人类的"种子"，他们最脆弱、最缺乏抵抗能力，我们有责任保护他们免受这些不良因素的伤害。

4.4　电磁辐射的控制措施

电磁辐射防护与治理的目的是减少、避免或者消除电磁辐射对人体健康和各种电子设备产生的不良影响或危害，以保护人群身体健康、保护环境。基于这一目的，就要对各种产生电磁辐射的设备，从设计、制造到使用都要特别注意到电磁辐射的污染问题，既要做到制造出各种低电磁辐射设备、或符合电磁辐射产品标准的设备，又要对运行中的设备检查和完善其防护与治理。

4.4.1 电磁辐射防护与治理措施的基本原则

① 屏蔽辐射源或辐射单元。

② 屏蔽工作点。

③ 采用吸收材料，减少辐射源的直接辐射。

④ 清除工作现场二次辐射，避免或减少二次辐射。

⑤ 屏蔽设施必须有很好的单独接地。

⑥ 加强个人防护，如穿具屏蔽功能的工作服、戴具屏蔽功能的工作帽等。

4.4.2 高频电磁辐射的防护与防治

为了防止、减少或避免高频电磁辐射对人体健康的危害和对环境的污染，应当采取防护与治理措施，其中很重要的是对高频电磁设备采取屏蔽、接地、滤波、阻波抑制等技术方法。

4.4.2.1 屏蔽

屏蔽的目的就是使电磁辐射体的电磁辐射能量被限定在所规定的空间之内，阻止其传播与扩散。更具体地说，屏蔽就是采取一切技术措施，将电磁辐射的作用与影响限制在规定的空间范围以内，所以才有屏蔽体构件。

所谓屏蔽体（shield body），是指用来消除场源空间内的辐射和限制其能量，而在场源直接占据的体积内所设置的零件的组合。其要求是一定要结构严密，接触良好。

（1）电磁屏蔽

众所周知，在电磁场中存在有电磁感应，人们采取一定措施来消除这种电磁感应的影响，这种措施称为电磁屏蔽。电磁感应是通过磁力线的交联耦合来实现的。很显然，若要把电磁场局限在某个空间之内，使它不影响到外部空间，那就必须使该电磁场在外部空间的磁力线等于零；反之，若要使外部电磁场不影响到某一空间内部，就必须使外部电磁场在某一空间内部的磁力线等于零。为此，电磁屏蔽就必须采用高导电率的金属材料做成屏蔽体。于是在某外来电磁场作用下，根据电磁感应定律，在屏蔽壳体上产生感应电流，而这些感应电流又产生了与外来电磁场方向相反的磁力线，并在所屏蔽的空间内抵消了该电磁场的磁力线，使总磁力线接近零，即达到了屏蔽的目的。

由于电磁屏蔽是基于在外来电磁场作用下，通过电磁感应在屏蔽壳体上产生感应电流，因此可以得到以下两点结论。

① 电磁屏蔽只适用于高频。因为感应电流是和频率成正比的，在低频时感应电流很小，它所产生的磁力线不足以抵消电磁场的磁力线。

② 在电磁屏蔽情况下，应保证屏蔽壳体具有良好的电气连接，使得感应电流能够在屏蔽壳体上畅流，以便产生足够大的磁力线来抵消外电磁场的磁力线，否则将会影响屏蔽效果。

（2）电磁场屏蔽的基本原理

对于电磁场，电场分量 E 和磁场分量 H 是同时存在的。只是当频率 f 越低、离磁场场源越近（即近场强区）时，随场源特性的不同，其场强分量 E 和磁场分量 H 有很大的差别。

高电压、高电流场源，近场以电场 E 为主；低电流场源，近场以磁场 H 为主。随着频率 f 的增大或远离场源，就以平面波电磁场为主。

对于电磁场的屏蔽，主要依靠屏蔽体的反射、吸收作用。

① 吸收　由电损耗、磁损耗及介质损耗等组成。这些损耗转化为热消耗在屏蔽体内，从而达到阻止电磁辐射和防止电磁干扰的目的。

② 反射　主要是由介质（空气）与金属的波阻抗不一致引起的。二者相差越大，反射损耗越大。

③ 电磁波在屏蔽体表面及屏蔽体内的吸收、反射　当入射电磁波遇到屏蔽体后，由于两者波阻抗不一致而使一部分电磁波被反射回空气介质中，另一部分穿透进入屏蔽体。这部分电磁波由于屏蔽体在电磁场中产生的电损耗、磁损耗及介质损耗等而消耗部分能量，即部分电磁波被吸收，因此剩余电磁波在到达屏蔽体另一表面时同样由于阻抗不匹配，使部分电磁波被反射回屏蔽体内，形成在屏蔽体内的多次反射，剩余部分穿透屏蔽体进入空气介质。

（3）屏蔽要求

① 对于中、短波频段，可用金属导体将辐射源屏蔽起来，并加以良好的接地。高频段一般选用铜、铝作为屏蔽材料。

② 对于超短波、微波段，一般先用屏蔽材料和吸收材料制成复合材料，然后再做成屏蔽体。

③ 屏蔽材料应选择导电性能好和磁导率高的材料制成屏蔽体，例如铜、铝等。试验表明钢也有一定的屏蔽效果，而且频率越高其屏蔽效果越好，但在实际应用中钢对能量损耗较大，所以一般不用钢作屏蔽。

④ 屏蔽结构要合理，在设计屏蔽结构时，应当注意屏蔽体对屏蔽设备特性的影响。通常由于屏蔽体的电磁感应，造成一部分能量被屏蔽体反射，致使电阻和电容量增加、电感量减少，从而使高频能量损耗过大。因此，要求屏蔽体与被屏蔽设备之间必须保持一定的距离，保持屏蔽结构的电气接触性能良好，并妥善进行屏蔽接地。当对微波设计屏蔽结构时尤其要注意避免微波辐射的反射问题。

4.4.2.2　接地

① 接地抑制电磁辐射的机理　射频接地是指将场源屏蔽体或屏蔽体部件内由于感应电流的产生而采取迅速的引流，造成等电位分布的措施；也就是说，高频接地是将设备屏蔽体和大地之间，或者与大地可以看成公共点的某些构件之间，用低电阻的导体连接起来，形成电气通道，造成屏蔽系统与大地之间提供一个等电位分布。

接地包括高频设备外壳的接地和屏蔽的接地。屏蔽装置有了良好的接地后可以提高屏蔽效果，以中波段较为明显。屏蔽接地除个别情况如大型屏蔽室以多点接地一般采用单点接地。高频接地的接地线不宜太长，其长度最好能限制在波长 1/4 以内，即使无法达到这个要求，也应避开波长 1/4 的奇数倍。

② 接地系统　射频防护接地情况，直接关系到防护效果。射频接地的技术要求有：射频接地电阻要尽可能小；接地线与接地极以用铜材为好；接地极的环境条件要适当；接地极一般埋设在接地井内。

接地系统包括接地线与接地极，其组成示意见图 4-7。

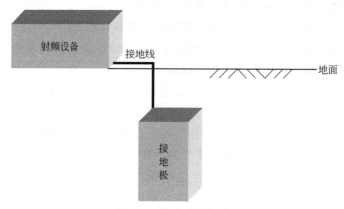

图 4-7　接地系统组成

任何屏蔽的接地线都要有足够的表面积，要尽可能短，以宽为 10cm 的铜带为好。

接地极主要有接地铜板、接地格网板和嵌入接地棒三种方式。

地面下的管道（如水管、煤气管等）是可以充分利用的自然接地体。这种方法简单节省费用，但是接地电阻较大，只适用于要求不高的场合。

4.4.2.3　滤波

滤波是抑制电磁干扰最有效的手段之一。线路滤波的作用就是保证有用信号通过，并阻截无用信号通过。电源网络的所有引入线，在其进入屏蔽室之处必须装设备滤波器。若导线分别引入屏蔽室，则要求对每一根导线都必须进行单独滤波。在对付电磁干扰信号的传导和某些辐射干扰方面，电源电磁干扰滤波器是相当有效的器件。

滤波器是由电阻、电容和电感组成的一种网络器件。滤波器在电路中的设置位置是各式各样的，其设置位置要根据干扰侵入的途径确定。

4.4.2.4　其他措施

① 采用电磁辐射阻波抑制器，通过反作用场在一定程度上抑制无用的电磁散射。

② 在新产品和新设备的设计制造时，尽可能使用低辐射产品。

③ 从规划着手，对各种电磁辐射设备进行合理安排和布局，并采用机械化或自动化作业，减少作业人员直接进入强电磁辐射区的次数或工作时间。

除上述防护措施外，加强个体防护，通过适当的饮食，也可以抵抗电磁辐射的伤害。

4.4.3　广播、电视发射台的电磁辐射防护

广播、电视发射台的电磁辐射防护首先应该在项目建设前，以《电磁环境控制限值》

（CB 8702—2014）为标准，进行电磁辐射环境影响评价，实行预防性卫生监督，提出包括防护带要求等预防性防护措施。对于业已建成的发射台对周围区域造成较强场强的，一般可考虑以下防护措施：

① 在条件许可的情况下，采取措施，减少对人群密集居住方位的辐射强度，如改变发射天线的结构和方向角；

② 在中波发射天线周围场强大约为 15V/m，短波场强为 6V/m 的范围设置一片绿化带；

③ 调整住房用途，将在中波发射天线周围场强大约为 10V/m、短波场源周围场强为 4V/m 的范围内的住房，改作非生活用房；

④ 利用建筑材料对电磁辐射的吸收或反射特性，在辐射频率较高的波段，使用不同的建筑材料，包括钢筋混凝土，甚至金属材料覆盖建筑物，以衰减室内场强。

4.4.4　微波设备的电磁辐射防护

为了防止和避免微波辐射对环境的"污染"而造成公害，影响人体健康，在微波辐射的安全防护方面，主要的措施有以下两个方面。

（1）减少源的辐射或泄漏

根据微波辐射传播原理，采用合理的微波设备结构，正确设计并采用适当的措施，完全可以将设备的泄漏水平控制在安全标准以下。在设计合理和结构合理的微波设备制成之后，应对泄漏进行必要的测定。合理地使用微波设备，为了减少不必要的伤害，规定维修制度和操作规程是必要的。

在进行雷达等大功率发射设备的调试和试验时，可利用等效天线或大功率吸收负载的方法来减少从微波天线泄漏的直接辐射。利用功率吸收器（等效天线）可将电磁能转化为热能散掉。

（2）实行屏蔽和吸收

为防止微波在工作地点的辐射，可采用反射型和吸收型两种屏蔽方法。

① 反射微波辐射的屏蔽　使用板状、片状和网状的金属组成的屏蔽壁来反射散射微波，可以较大地衰减微波辐射作用。一般，板片状的屏蔽壁比网状的屏蔽壁效果好，也有人用涂银尼龙布来屏蔽，亦有不错的效果。

② 吸收微波辐射的屏蔽　对于射频，特别是微波辐射，也常利用吸收材料进行微波吸收。

吸收材料是一种既能吸收电磁波又对电磁波的发射和散射都极小的材料。目前电磁辐射吸收材料可分为两类：一类为谐振型吸收材料，是利用某些材料的谐振特性制成的吸收材料，这种吸收材料厚度小，对频率范围较窄的微波辐射有较好的吸收频率；另一类为匹配型吸收材料，是利用某些材料和自由空间的阻抗匹配，达到吸收微波辐射能的目的。

人们最早用的吸收材料是一种厚度很薄的孔隙布。这层薄布不是任意的编织物，它具有 377Ω 的表面阻率，并且是用碳或碳化物浸过的。

如果把炭黑、石墨羟基铁和铁氧体等，按一定的配方比例填入塑料中，即可以制成较好的窄带电波吸收体。为了使材料具有较好的力学性能或耐高温等性能，可以把这些吸收物质填入橡胶、玻璃钢等物体内。

微波吸收的方案有两个：一是仅用吸收材料贴附在罩体或障板上将辐射电磁波能吸收；二是把吸收材料贴附在屏蔽材料罩体和障板上，进一步削弱射频电磁波的透射。

微波炉在使用时会产生电磁波。通常，微波炉的炉体和炉门之间，是可能泄漏电磁波的主要部位。在其间装有金属弹簧片以减小缝隙，然而这个缝隙减小是有限度的，由于经常开、关炉门，而附有灰尘杂物和金属氧化膜等，使微波炉泄漏仍然存在。为此，人们采用导电橡胶来防泄漏，由于长期使用，重复加热，橡胶会老化，从而失去弹性，以致缝隙又出现了。目前，人们用微波吸收材料来代替导电橡胶，这样一来，即使在炉门与炉体之间有缝隙，也不会产生微波泄漏。这种吸收材料由铁氧粉与橡胶混合而成，它具有良好的弹性柔软性，容易压成所需要的结构形状和尺寸，使用时相当方便。

微波辐射能量随距离加大而衰减，且波束方向狭窄，传播集中，可以加大微波场源与工作人员或生活区的距离，达到保护人民群众健康的目的。

4.4.5 微波作业人员的个体防护

必须进入微波辐射强度超过照射卫生标准的微波环境的操作人员，可采取下列防护措施。

① 穿微波防护服　根据屏蔽和吸收原理设计成三层金属膜布防护服，内层是牢固棉布层防止微波从衣缝中泄漏照射人体；中间层为涂金属的反射层，反射从空间射来的微波能量；外层为介电绝缘材料，用以介电绝缘和防蚀，并采用电密性拉锁，袖口、领口、裤角口处使用松紧扣结构。也可用直径很细的钢丝、铝丝、柞蚕丝、棉丝等混织金属丝布制作防护服。

现在有采用将银粒经化学处理，渗入化纤布和棉布的渗金属防护服，使用方便，防护效果较好，但银来源困难且价格昂贵。

② 戴防护面具　面具可制作成封闭型（罩上整个头部）或半边型（只罩头部的后面和面部）。

③ 戴防护眼镜　眼镜可用金属网或薄膜做成风镜式，较受欢迎的是金属膜防目镜。

 **阅读材料**

1. 信号塔电磁辐射污染

（1）案例背景

广播、电视发射塔是城市中最大的电磁辐射源。这些设备大多建在城市的中心地区，很多广播电视发射设备被居民区包围，在局部居民生活区形成强场区。我国电视和调频广播的频率范围是 $48.5 \sim 960\text{MHz}$，属于超短波与分米波频段，电磁波为空间直线传播。在我国电视、调频设备都安装在同一发射台，电视和调频天线绝大部分安装在同一塔的桅杆上。据资料统计，山东省共有广播、电视发射设备 623 台，分布在 17 市地辖区内，运行总功率达 1268.8kW，平均功率为 2.04kW/台。其中中波广播 87 台，设备运行功率为 520.6kW；调频广播设备 141 台，设备运行功率为 196.0kW；电视广播设备 395 台，运行功率为 552.2kW。在 623 台广播、电视发射设备中，枣庄市设备拥有量最多，有 65 台，占山东省广播电视台数的 10.43％，设备运行功率最大的是济南市，运行功率达 381.4kW，占山东省设备运行总功率的 30.1％。电磁辐射这种能量流污染，由于它看不见、摸不着，不容易被人们直接感知，其造成的污染更易被人们所忽视。

（2）电磁辐射种类及来源

电磁辐射分为天然电磁辐射和人为电磁辐射两种。天然电磁辐射主要来自自然界的雷电、太阳黑子活动、火花放电和宇宙间的恒星爆发等，其对电子通信和仪器仪表设备产生明显干扰，而雷电所产生的电磁辐射尤为突出。人为污染源多来自人工制造的许多电磁辐射系统，包括：a.脉冲放电，如切断大电流通路时产生的火花放电；b.工频交变电磁场（10～500Hz），如变压器、大功率电机及输配线周围产生的电磁场；c.射频电磁辐射（0.1～3000MHz），如电视、无线电台、微波通信等各种射频设备的辐射。其频率范围宽，影响范围大，对附近工作的人员造成极大的伤害。

（3）电磁辐射危害

广播电视台电磁环境会对人类的生活环境产生很多的影响。电磁环境能够直接干扰电子设备的信号，使通信设备无法正常使用，并对广播电视台附近的导线产生一定的电磁骚扰，并将这些电磁骚扰经设备的电源线传输到设备当中；广播电视台的电磁环境还可能会干扰到船舶的指示，影响船舶的正常航行，后果不堪设想；另外，广播电视台的电磁环境还可能会引起空气污染问题。

（4）防治措施

为实现辐射防护目的，对于电磁辐射应该采取主动防护的方法，现在已经有多种办法用于防止电磁辐射，包括：

① 严格执行相关法规　电磁辐射污染防护的基本前提是严格执行电磁辐射污染防治的相关法律法规。建立、健全电磁辐射污染管理体制，对公共场所的电磁污染进行检测，为电磁辐射污染防护提供目标与方向。

② 电磁辐射控制技术应用　屏蔽辐射源采用各种技术，将电磁波的影响控制在一定的范围内。利用屏蔽材料对电磁波进行反射与吸收，从而减少电磁波对人和环境的危害。

③ 吸收防护　在微波场源的周围或需要防护的环境四周设置吸波材料或装置，可以有效地将微波辐射场强降低。

④ 个体防护　在家用电器、手机等私人物品的使用上，应购买合格产品，不要集中摆放，使用时注意保持距离。其次，在变电站、高压线、电磁波发射塔、电视台附近工作的人员，应注意采取相应的防护措施，并对自身的各项指标进行检测。最后，在饮食上可以多食用蛋白质、维生素 A、维生素 C 丰富的食物，例如海带、西红柿、胡萝卜等，以增强机体抵抗力。

⑤ 隔离与滤波防护　研究开发电磁辐射污染所造成的信号干扰，可采取滤波和隔离的办法。设计上将射频电路与一般线路远距离布线，并且将射频电路屏蔽与接地，可防止射频电路对一般线路的干扰与耦合。

⑥ 距离防护　根据射频周围场强随距离的加大而迅速衰减的原理，在条件许可时实行远距离控制，利用空间自然衰减而达到防护的目的。

2. 通信基站电磁辐射污染

（1）案例背景

移动通信基站建设项目，其特点为数量多、较密集、信号覆盖范围广。就在人们充分享受着移动通信带来方便和快捷的同时也引起了移动通信的电磁辐射对人体健康影响的担忧。手机产生的电磁辐射仅影响使用者，而基站产生的电磁辐射影响着周围环境及居民。2015～2016 年，抽查重庆市主城十区总共采集 300 个基站监测样本，其中移动、联通、电信三大运营商每区每运营商各自选取 10 个基站，每运营商分别选取 100 个基站样本，涉及基站有 2G、3G、4G。监测数据表明，公众能够到达的楼面（地面）或环境敏感点电场强度值范围为 0.21～9.63V/m，等效平面波功率密度值在 0.0002～0.2660W/m² 范围内，磁场强度在 0.0004～0.0259A/m。2016 年 4 月，丽水市环保局接到某小区业主投诉，反映附近某基站存在电磁辐射影响问题。经调查核实，并组织相关人员进行现场监测发现，投诉业主所在楼层阳台，监测数值超过相关管理限值。丽水市环保局对建设单位下达《限期整改通知书》，要求建设单位对该基站进行限期整改，以求保障群众身体健康，维护社会和谐稳定。

（2）电磁辐射的产生原因

电子设备和电气装置运行时，会不断向四周辐射电磁能量，本身就像是一种多型信号发射基站。移动通信基站是 CDMA 移动通信系统的重要组成部分，CDMA 基站包括基站控制器、基站收发信台及天馈系统等。移动通信基站由室外和室内两部分组成，室内部分有基站控制器、信号发射机、功率放大器、合路器、部分馈线等设备，但在设计、制造这些设备时已采取了较好的屏蔽措施，一般不会对周围环境造成电磁辐射污染。室外部分有馈线和收、发天线，基站运行时，其发射天线向周围发射电磁波，使周围环境电磁辐射场强增高。信号塔发射出的电磁波以直线波的形式进行传播，传播的过程中遇到人体，人体器官中的电磁场受到外界电磁场的干扰，会失去稳定性，进而器官会无法正常工作，最后人体会出现各种不适的症状，例如失眠、乏力、头晕目眩等。

（3）防治措施

由电磁波的传播特性可知，天线发射出的电磁波强度将随与天线的距离增加而迅速减小，故通过在天线与环境保护目标之间控制一定的距离是一个有效的措施。在移动通信基站的选址和设计时，就应充分考虑天线与环境保护目标的相对位置关系，保证基站周围的环境保护目标（人员可活动和滞留的区域）与天线控制一定的距离，即电磁控制距离，确保基站的电磁环境影响的达标。

电磁控制距离主要体现了"预防原则"，目的是确保公众受基站电磁辐射影响在国家标准规定范围之内，而并不是"安全"与否的界线，更无需在此距离采取任何电磁防护措施，其概念类同于《电磁环境控制限值》（GB 8702—2014）中控制"限值"不超过对人体公众暴露的基本限值。由理论预测和现场监测结果都表明典型的宏蜂窝基站在距离天线正前方 25m 处，可以满足 HJ/T 10.3—1996 规定的对单个项目的管理约束值（$8\mu W/cm^2$）。

电磁控制距离的方法简单直观，可操作性强，在选址设计阶段就可以避免电磁环境的污染，也同时有利于基站电磁波信号发射，有利于缓解公众视觉紧张，减少建设运行过程中的矛盾，减少大量后期的现场环境监测工作。

思考题

1. 什么是电磁场？电磁辐射是如何产生的？

2. 什么是电磁辐射污染？电磁污染源可分为哪几类？各有何特性？

3. 电磁波的频率与其波长和波速有什么关系？

4. 试说明电磁辐射人为污染源的种类、传播方式和污染特点。

5. 电磁波的传播途径有哪些？

6. 不同频段的电磁辐射对人体有哪些危害？

7. 生活中的电子产品，如手机、电脑等会产生哪些不利影响？

8. 电磁辐射防治有哪些措施？各自适用的条件是什么？

第 **5** 章 放射性污染及其控制

本章重点和难点

- 放射性的来源与度量。
- 辐射生物效应及对人体危害。
- 辐射防护与放射性废物处理。

本章知识点

- 放射性来源。天然辐射本底——宇宙射线、地球辐射；人工放射污染源——大气层核试验、地下核试验、工业和核动力、核事故；其他辐射污染来源。
- 放射性的量度：a. 放射性活度 A；b. 吸收剂量 D；c. 器官剂量 D_T；d. 非限定传能线密度 L_a；e. 平均当量剂量 H_T；f. 组织权重因子 W_T 和全身有效剂量 E；g. 待积当量剂量 $H_T(\tau)$ 和待积有效剂量 $E(\tau)$；h. 剂量负担 $H_{C,T}$ 和 E_C；i. 外照射监测中采用的当量剂量；j. 集体当量剂量 S_T 和集体有效剂量 S_E。
- 辐射生物效应及对人体危害。
- 中放和低放废液处理：化学沉淀法、离子交换法、吸附法。
- 放射性废气处理技术：放射性粉尘的处理；放射性气溶胶的处理；放射性气体的处理；高烟囱排放。
- 放射性固体废物处理。

放射性污染又称辐射污染。自从 1895 年发现 X 射线和 1898 年居里夫妇发现镭元素后，原子能科学飞速发展。1942 年 12 月，美国科学家首次实现了铀的链式核裂变反应，标志着人类"原子时代"的开端。近几十年来，由于世界化石能源的日益减少，作为可能的替代能源之一，核能的研究日益深入。核工业的迅速发展也带来了放射性污染方面的环境问题。

5.1 环境中的放射性

5.1.1 放射性的基本知识

5.1.1.1 原子核、同位素

（1）元素和原子

地球上所有物质，尽管它们的形态各异，特征不同，但都是由各种元素组成的。目前发现的元素有 109 种，其中天然元素占绝大部分，一小部分是用人工方法制得的。

组成元素的单位是原子，它由带正电荷的原子核及绕核运动的带负电荷的电子所组成。原子很小，直径大约只有 10^{-8} cm；原子也很轻，例如较重的元素钍，它的一个原子也只有 3.85×10^{-22} g。由于原子质量很小，一般不直接用原子的实际质量，而采用其相对质量。国际上规定，以一种碳原子（6 个质子和 6 个中子的碳原子，质量为 1.993×10^{-23} g）质量的 $\frac{1}{12}$ 作为标准，其他原子的质量与它相比所得的数值，就是该种原子的相对原子质量。

原子核由带正电荷的质子（P）及不带电荷的中子（n）组成，质子和中子合称核子。实验测知，质子和中子的质量大致相等，约等于碳原子质量的 $\frac{1}{12}$，即约等于一个氢原子的质量。质子所带的电量和电子的电量相等，但电性相反，因此整个原子呈电中性。

通常用 $^A_Z X$ 表示某原子的结构，也表示某种核素，X 代表元素符号；Z 为原子数，等于原子核内的质子数，亦等于原子核所带的正电荷数；A 代表质量数，等于在原子核中的质子数和中子数之和。

（2）核素及同位素

具有相同原子序数而不同中子数的原子，我们称为同位素，它们在元素周期表中占有同一位置。组成同位素的原子称为核素，例如天然氧由 $^{16}_8 O$、$^{17}_8 O$、$^{18}_8 O$ 三种核素组成。核素及同位素的概念是不同的，核素是指原子核内具有特定数目的质子和中子，并具有同一能态的一类原子。像 $^{239}_{94} Pu$ 和 $^{238}_{92} U$ 它们具有放射性，我们称为放射性核素，而像 $^{12}_6 C$ 和 $^{17}_8 O$ 则称为稳定性核素。在自然界中有很多元素是该元素的各种同位素的混合物。某种同位素在所在天然元素中所占的原子百分数叫做丰度。如 $^{56}_{26} Fe$ 的丰度为 91.7%，即表示在天然存在的元素铁中，平均每一百个铁原子中有 91.7 个 $^{56}_{26} Fe$ 原子。有些原子核是不稳定的，能自发地改变核结构转变成为另一种原子核，并伴随转变过程放出带电的或不带电的粒子，这种现象称为核衰变，亦称为放射现象。不稳定的原子核称为放射性核素，相应的同位素叫做放射性同位素。有些原子核的电荷数 Z、质量数 A 都相等，但核内部的能量不同，这些核称为同质异能素，这些放射性核素的半衰期也不相同。例如 $Z=35$，$A=80$ 的溴同位素就有两种，$^{80}_{35} Br$ 和 $^{80m}_{35} Br$，半衰期分别为 $4.42h$ 和 $17.2min$，通常加上字母 m 来表示较高能级的同质异能素。

5.1.1.2 放射性

辐射是能量传递的一种方式，辐射依能量的强弱分为三种。

① 电离辐射　能量最强，可破坏生物细胞分子，如 α、β、γ 射线。

② 有热效应非电离辐射　如微波、光，能量弱，不会破坏生物细胞分子，但会产生温度。

③ 无热效应非电离辐射　如无线电波、电力电磁场，能量最弱，不破坏生物细胞分子，也不会产生温度。

放射性是一种不稳定的原子核（放射性物质）自发地发生衰变的现象，放射过程中同时放出射线（如 α、β、γ 射线），属电离辐射。1896 年，法国物理学家贝克勒尔发现放射性，并证实其不因一般物理、化学影响发生变化，由此获得 1903 年的诺尔贝物理学奖。

原子衰变主要有 α 衰变、β 衰变、γ 衰变，分别产生 α 射线、β 射线、γ 射线。放射性原子核处于不稳定状态，它们在发生核转变的过程中，能够自发地放出由粒子和光子组成的射线或者辐射出原子核里的过剩能量，本身则转变成另一种核素，或者成为原来核素的较低能态。辐射中所放出的粒子和光子，对周围介质会产生电离作用，这种电离作用就是放射性污染的本质。

α 射线由 α 粒子物质组成。α 粒子实际上是带两个正电荷、相对质量为 4 的氦离子。尽管它们从原子核发射出来的速度在 $(1.4\sim2.0)\times10^{11}$ cm/s 之间变化。但它们在室温时，在空气中的行程不超过 10cm。用普通一张纸就能够挡住。在它们的射程范围内，α 粒子具有极强的电离作用。

β 射线由带负电的 β 粒子组成，运动速度是光速的 30%～90%。β 粒子实际上是电子，通常，在空气中能够飞行上百米。用几毫米的铝片屏蔽就可以挡住 β 射线。β 粒子的穿透能力随着它们的运动速度而变化。由于 β 粒子质量轻，所以电离能比 α 射线弱得多。

γ 射线实际就是光子，是真正的电磁辐射，速度与光速相同，它与 X 射线相似，但波长较短。因此其穿透能力较大。γ 射线需要几厘米厚的铅或 1m 厚的混凝土作为适当的屏蔽层。

X 射线也称"伦琴射线"，是波长介于紫外线和 γ 射线之间的电磁波。具有可见光的一般特性，如光的直线传播、反射、折射、散射和绕射等，速度也与光速相同。它的能量一般为千兆电子伏至百万兆电子伏，比几个兆电子伏的可见光的光子高得多。X 射线与 γ 射线在电磁能谱上相互重叠。X 射线与 γ 射线的基本作用或效应无本质的区别。但两者的产生机制不同，X 射线是由核外发射的连续能谱辐射；γ 射线则由原子核衰变时的能量发射产生，由核内发射。

将发生放射性衰变的物质称为放射性核素，分为天然放射性核素和人工放射性核素。天然存在的放射性核素或同位素（同位素制不包括作为核燃料、核原料、核材料的其他放射性物质）具有自发放出放射线的特征，而人工放射线核素或同位素虽然也具有衰变性质，但核素本身必须通过核反应才能产生。

特定核素的每个原子发生自发衰变的概率，通常以半衰期 $\tau_{1/2}$（即核素原子减少一半所需的时间）表征，其在衰变期所发出的射线种类和能量大小，均由该核素的原子结构所决定。

5.1.2　放射性的来源

5.1.2.1　天然辐射本底

地球本身就是一个辐射体，地球形成时就包含了许多天然放射性物质。因此，地球上任何形式的生物都不可避免地受到天然辐射源的照射，也就是说，地球上的每一个角落、每一种介质（空气、岩石、土壤、水、动植物）无不包含天然放射性物质，所以，放射性是一种极普遍的现象，人类正是在天然放射性环境中进化、生存和发展的。

人类受到的天然辐射有两种不同的来源，即来自地球以外的辐射源和来自地球的辐射。前者是指宇宙射线，后者是指地球本身所含各种天然放射性元素，即原生放射性核素所造成的辐射。

（1）宇宙射线

宇宙射线是一种来自宇宙空间的高能粒子流，习惯上又把宇宙射线分为初级宇宙射线和次级宇宙射线两种。所谓初级宇宙射线是指从星际空间发射到地球大气层上部的原始射线，其组成比较恒定，83%～89%为质子，10%左右是 α 粒子，此外还有较少量的重粒子、高能粒子、光子和中微子。这种初级宇宙射线从各个方向均匀地向地球照射，其强度随太阳活动周期（大约为 11 年）而呈周期性变化。

当初级宇宙射线和地球大气中元素的原子核相互作用时，将产生中子、质子、介子以及许多其他反应产物（宇宙核素），如 ^8H、^7Be、^{22}Na 等，通称为次级宇宙射线，其中介子约占 70%。次级宇宙射线的生成过程相当复杂，因为初级宇宙射线同大气中元素的原子核碰撞后产生的次级粒子能量仍很高，足以引起新的核作用，它们将和大气中元素的原子核进行第二次、第三次的反应而生成更多的次级粒子，这一过程称为级联。

在对流层顶部附近，初级宇宙射线已大部分转变为次级宇宙射线，在海平面附近，次级宇宙射线的强度已降低了许多，同时，这一区域宇宙射线的强度已不受太阳活动的影响了。

宇宙射线与空气中元素的原子核作用产生的放射性同位素种类较多，如表 5-1 所列，其中天然存在的氚（^3H）约有 1/4 是由宇宙射线中的中子与空气中的氮作用产生的，其余则是由大气中元素的原子核被宇宙射线的高能粒子撞击而成的：

$$^{14}N + {}^1n \longrightarrow {}^3H + {}^{12}C$$

天然存在的 ^{14}C 亦是宇宙射线中的中子慢化后被空气中的 ^{14}N 俘获而产生的：

$$^{14}N + {}^1n \longrightarrow {}^{14}C + {}^1H(n,p)$$

表 5-1　宇宙射线产生的放射性同位素

放射性同位素	半　衰　期	β 粒子最大能量/MeV	大气低层中浓度/(pCi/m³)
^3H	12.3a	0.0186	5×10^{-2}
^7Be	353d	电子俘获	0.5
^{10}Be	2.7×10^6a	0.555	5×10^{-8}
^{14}C	5730a	0.156	1.3～1.6
^{22}Na	2.6a	0.545(β^+)	5×10^{-5}
^{32}Si	700a	0.210	8×10^{-7}

续表

放射性同位素	半衰期	β粒子最大能量/MeV	大气低层中浓度/(pCi/m³)
^{32}P	14.2d	1.710	1.1×10^{-2}
^{33}P	25d	0.243	6×10^{-3}
^{35}S	87.2d	0.167	6×10^{-3}
^{36}Cl	3.03×10^{5}a	0.714	1.2×10^{-8}
^{81}Kr	2.1×10^{5}a	电子俘获	—

宇宙射线被大气强烈地吸收，其强度随高度的增加而增加，在海拔数千米内，高度每升高1500m，总剂量率增加1倍。宇宙射线强度也受地磁纬度的影响，低纬度地区剂量率低，高纬度地区剂量率高。此外，外层大气的温度变化、气团的移动、气压的变化等均可能引起宇宙射线强度的变化，但总的来说，宇宙射线对地面γ辐射外照射剂量不起重要作用，对人体无重大影响，据联合国原子辐射效应委员会（UNSCEAR）的计算，地平面由宇宙射线产生的年有效剂量当量约为280μSv。

（2）地球辐射

地球辐射是地球本身因包含各种原生放射性核素（即天然放射性核素）而造成的辐射。

① 土壤中的天然放射性核素 土壤主要由岩石的侵蚀和风化作用而产生，可见，其中的放射性是从岩石转移而来的。由于岩石的种类很多，受到自然条件作用程度也不尽相同，可以预见土壤中天然放射性核素的浓度变化范围是很大的。土壤的地理位置、地质来源、水文条件、气候以及农业历史等都是影响土壤中天然放射性核素含量的重要因素。农肥施用情况的影响尤为明显，例如钾肥中含有一定量^{40}K，磷酸中含铀和镭的水平较高，使用这些肥料显然会增加农田土壤中放射性核素的浓度；肥料对于土壤中天然放射性核素的化学形态也有一定作用，因此，核素的物理迁移行为以及被生物体吸收的性质也受到影响。据报道，土壤中^{288}U、^{282}Th和^{40}K三个主要天然放射性核素的平均浓度分别为25Bq/kg、25Bq/kg和370Bq/kg。

② 地表水系含有的放射性核素 地面水系含有的放射性核素往往由水流类型决定。海水中含有大量的^{40}K，天然泉水中则有相当数量的铀、钍和镭。水中天然放射性的核素浓度与水所接触的岩石、土壤中该元素的含量有关。据报道，各种内陆河中天然铀的浓度范围在0.3～10μg/L，平均为0.5μg/L。^{226}Ra的浓度变化较大，一般在0.1～10pCi/L。有些高本底地区水中的^{226}Ra含量可达正常地区的几倍到几十倍。地球上任何一个地方的水或多或少都含有一定量的放射性，并通过饮用对人体构成内照射。

③ 空气中存在的放射性核素 空气中的天然放射性核素主要是由于地壳中铀系和钍系的子代产物氡和钍放射性气体的扩散，其他天然放射性核素的含量甚微。这些放射性气体很容易附着在空气颗粒上而形成反射性气溶胶。

空气中的天然放射性核素浓度受季节和空气中含量的影响较大。在冬季较大的工业城市往往空气中的放射性核素浓度较高，在夏季最低。当然，山洞、地下矿穴、铀和钍矿中的放射性浓度都高，有的可达10～10Ci/L(1Ci＝37GBq)。

室内空气中的放射性核素浓度比室外高，这主要和建筑物及室内通风情况有关。

④ 人体内的放射性核素　由于大气、土壤和水中都含有一定量的放射性核素，通过人的呼吸、饮水和食入不断地把放射性核素摄入到体内，进入人体的微量放射性核素分布在全身各个器官和组织，对人体产生内照射剂量。

宇宙放射性核素对人体能够产生较显著剂量的有 ^{14}C、^{7}Be、^{22}Na 和 ^{3}H。以 ^{14}C 为例，体内 ^{14}C 的平均浓度为 227Bq/kg。^{3}H 在体内的平均浓度与地表水的浓度接近，地表水的平均浓度为 400Bq/m^3 水。由于钾是构成人体重要的生理元素，^{40}K 是对人体产生较大内照剂量的天然放射性核素之一，因为脂肪中并不含钾，钾在人体内的平均浓度与人胖瘦有关。

天然铀、钍和其子体也是人体内照剂量的重要来源。它们进入人体的主要途径是食入。在肌肉中天然铀、钍的平均浓度分别是 0.19μg/kg 和 0.9μg/kg，在骨骼中的平均浓度为 7μg/kg 和 3.1μg/kg。

镭进入人体的主要途径是食入，混合食物中的 ^{226}Ra 浓度约为每千克数十毫贝可，70%～90%的镭沉积在骨中，其余部分大体平均分配在软组织中。根据 26 个国家人体骨骼中 ^{226}Ra 含量的测定结果，按人口加权平均，每千克钙中含 ^{226}Ra 的中值为 0.85Bq。

氡及其短寿命子体对人体产生内照剂量的主要途径是吸入。氡气对人的内照射剂量贡献很小，主要是吸入短寿命子体并沉积在呼吸道内，由它发射的 α 粒子对气管支气管上皮基底细胞产生很大的照射剂量。^{210}Po 和 ^{210}Pb 通过饮食进入人的体内，在正常地区，^{210}Po 和 ^{210}Pb 的每天摄入量为 0.1Bq。

5.1.2.2　人工放射性污染源

引起外环境人工放射性污染的主要来源是核武器爆炸及生产，使用放射性物质的单位排出的放射性废弃物等产生的放射性物质。如图 5-1 所示。

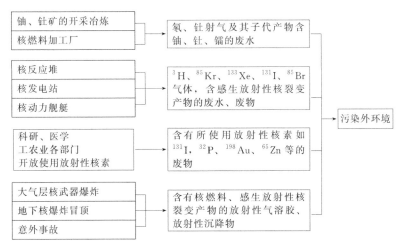

图 5-1　环境放射性污染的主要来源

（1）大气层核试验

核试验中核装置的爆炸能量来自重核 ^{235}U 和 ^{239}Pu 的链式裂变反应或氘和氚的热核聚变反应，其大小常以 TNT 当量表示。大气层核爆炸后裂变产物、剩余的裂变物质和结构材料在高温火球中迅速气化，近地面大气层爆炸时，火球中还夹带着大量被破碎分散的土壤和岩石颗粒，火球迅速上升扩展，其中的气态物质冷凝成分散度各不相同的气溶胶颗粒，这些颗粒具有很高的放射性比活度。

颗粒较大的气溶胶粒子因重力作用而沉降于爆心周围几百公里的范围内（局地性沉降）；较小的气溶胶粒子则在高空存留较长时间后降落到大面积范围的地面上，其中进入对流层的较小颗粒主要在同一半球同一纬度区内围绕地球沉降（对流层沉降），进入平流层的微小颗粒则造成世界范围的沉降（全球沉降或平流层沉降）。

放射性核素在平流层中的留存时间因核爆的地点、时间和高度而异。^{90}Sr 在平流层内的平均存留时间为 1 年，^{14}C 则更长；各种核素在对流层中的平均存留时间约为 30d。底层大气中的放射性气溶胶因降雨而导致湿沉积。

放射性沉降物中大多是短寿命放射性核素，只在爆炸后短时期对公众造成内外照射，目前对公众造成照射的则主要是其中的长寿命核素。

放射性沉降物对公众的照射包括经由吸入近地空气中的放射性核素和食入放射性污染的食物和水引起的内照射、空气中核素造成的浸没外照射和地面沉积核素造成的直接外照射。导致内照射的主要核素有^{14}C、^{137}Cs、^{90}Sr、^{106}Ru、^{144}Ce、^{3}H、^{131}I、$^{239\sim241}$Pu、^{55}Fe、^{241}Am、^{89}Sr、^{140}Ba、^{238}U 和^{54}Mn 等，其中^{131}I 主要经由牧草-奶牛-人途径进入人体，也可经由蔬菜摄入，主要蓄积于人的甲状腺组织中。导致外照射的主要核素有^{137}Cs、^{95}Zr、^{106}Ru、^{140}Ba、^{144}Ce、^{103}Ru 和^{140}Ce 等。

表 5-2 给出了 1980 年年底以前大气层核试验产生的放射性核素造成的全球人均有效剂量负担。

表 5-2 大气层核试验造成的全球人均有效剂量负担

核 素	有效剂量负担/μSv			
	外照射	食 入	吸 入	总 计
^{3}H		44	3.3	47
^{14}C		2600	0.26	2600
^{54}Mn	57		0.13	57
^{55}Fe		8.2	0.02	8.2
^{89}Sr		1.4	1.9	3.3
^{90}Sr		102	9.0	111
^{91}Y			2.8	2.8
^{95}Zr	85		1.9	87
^{95}Nb	40		0.82	41
^{103}Ru	12		0.56	13
^{106}Ru	44		26	69
^{125}Sb	27		0.08	28
^{131}I	1.4	48	2.0	51
^{137}Cs	300	170	0.35	470
^{140}Ba	15	0.25	0.21	16
^{141}Ce	1.0		0.43	1.5
^{144}Ce	14		38	52

续表

核　　素	有效剂量负担/μSv			
	外照射	食　入	吸　入	总　　计
^{238}Pu		0.0005	0.72	0.72
^{239}Pu		0.18	18	18
^{240}Pu		0.13	12	12
^{241}Pu		0.003	5.4	5.4
^{241}Am		0.87	15	15
合　　计	600	2980	140	3700

居住在核武器试验场址附近的公众接受的剂量比表 5-2 中所列的全球人口平均剂量要高得多。美国内华达试验厂在 1951～1962 年间进行了 100 次地面和近地表核试验，总爆炸当量为 1Mt，公众剂量评价表明场址周围儿童的甲状腺剂量高达 1Gy，180000 人所受的外照射集体剂量估计为 500 人·Sv。苏联地区一试验场曾进行过多次大气层核试验和约 300 次地下核试验，其周围 10000 人所受的外照射剂量约为 2600 人·Sv，食入内照射集体剂量为 2000 人·Sv，甲状腺的集体吸收剂量高达 10000 人·Gy。

（2）地下核试验

封闭较好的地下核爆炸对参试人员及公众造成的剂量或剂量负担都很小，但偶尔情况下，泄漏和气体扩散会使放射性物质从地下泄出，造成局部范围的污染。美国内华达试验场进行了 500 多次地下核试验，其中 32 次发生了泄漏，共向大气释放了 5×10^{15}Bq 的 ^{131}I，对周围公众造成的总集体有效剂量约为 50 人·Sv。全球地下核试验中释放出的 ^{131}I 造成的集体有效剂量估计为 150 人·Sv。

用于开挖作业的浅层地下核爆炸和采矿操作中的较深层地下核爆炸也都会导致放射性物质向环境释放，内华达试验场进行的一次 104ktTNT 当量的成坑试验中，对周围 10 万公众导致总集体有效剂量为 3 人·Sv。

（3）工业和核动力

随着社会的发展，能源越来越紧张。由于煤炭和石油已远不能满足社会对能源的需求，因此，核能的利用得到了飞速的发展。现世界上已有数百座核电站在运转。在正常运行的情况下，核电站对环境的污染比石油燃烧要小。当然核电站排出的气体、液体和固体废物也是值得特别注意的。

核工业的生产系统包括：铀矿开采和冶炼；^{235}U 加浓；核燃料制备；核燃料燃烧；乏燃料运输；乏燃料后处理和回收；核废物贮存、处理和处置等。在其生产的不同环节均会有放射性核素向环境逸散形成污染源。

从铀矿开采、冶炼直到燃料元件制出，所涉及的主要天然放射性核素是铀、镭、氡等。铀矿山的主要放射性影响源于 ^{222}Rn 及其子体。即使在矿山退役后，这种影响还会持续一段时间。

铀矿石在水冶厂进行提取的过程中产生的污染源主要是气态的含铀粉尘、氡以及液态的含铀废液和废渣。水冶厂的尾矿渣数很大。铀矿石含铀量大约在千分之几或万分之几，尾矿渣及浆液占地面积和对环境造成的污染是一个很严重的问题。目前，尚缺乏妥善的处置办法。

核燃料在反应堆中燃烧，反应堆属封闭系统。对人体的辐射主要来自气载核素，如碘、氪、氙等惰性物。实测资料表明，由放射性惰性气体造成的剂量当量为 $0.05 \sim 0.10 \mathrm{mSv}$；压水堆排出的废液中含有一定量的氚及中子活化产物，如 $^{60}\mathrm{Co}$、$^{51}\mathrm{Cr}$、$^{54}\mathrm{Mn}$ 等。另外还可能含有由于燃料元件外壳破损逸出，或因外壳表面被少量铀沾染通过核反应而产生的裂变产物。

经反应堆辐照一定时间后的乏燃料，仍含极高的放射性活度。通常乏燃料被贮存在冷却池中以待其大部分核素衰变。但当其被送往后处理厂时，仍含有大量半衰期长的裂变产物，如锶、铯和锕系核素，其活度在 $10^{17}\mathrm{Bq}$ 级。因此，在乏燃料的贮存、运输、处理转化及回收处置等过程均需要特别重视其防护工作，以免造成危害。

自核燃料后处理厂排出的氚和氪，在环境中将产生积累，成为潜在的污染源。

核动力舰艇和核潜艇的迅速发展，对海洋的污染又增加一个新的污染源，核潜艇产生的放射性废物有净化器上的活化产物，如 $^{55}\mathrm{Fe}$、$^{50}\mathrm{Fe}$、$^{60}\mathrm{Co}$、$^{51}\mathrm{Cr}$ 等。此外，在启动和一次回路以及辅助系统中排出和泄漏的水中都含有一定的放射性核素。

（4）核事故

操作使用放射性物质的单位，出现异常情况或意想不到的失控状态称为核事故。事故状态引起放射性物质向环境大量的无节制的排放，造成非常严重的污染。

① 核事故的等级划分　为了对核事件进行准确评定，国际原子能机构将发生的核事件分为 7 个等级。

七级，为特大事故，指核裂变废物外泄在广大地区，具有广泛的、长期的健康和环境影响，如 1986 年发生在苏联的切尔诺贝利核电厂事故。

六级，为重大事故，指核裂变产物外泄，需实施全面应急计划，如 1957 年发生在苏联客什姆特的后处理厂事故。

五级，具有厂外危险的事故，核裂变产物外泄，需实施部分应急计划，如 1979 年发生在美国的三里岛电厂事故。

四级，发生在设备内的事故，有放射性外泄，工作人员受照射严重影响健康，如 1999 年 9 月 30 日在日本发生的核泄漏事故。

三级，严重事件，少量放射性外泄，工作人员受到辐射，产生急性健康效应，如 1989 年在西班牙范德略核电厂发生的事故。

二级，不影响动力厂安全。

一级，超出许可运行范围的异常事件，无风险，但安全措施功能异常。

低于以上 7 级的为零级，叫偏离，安全上无重要意义。

② 放射性污染事件　从核技术使用以来，最严重的一起放射性污染事件于 1984 年 1 月发生在美国。当地的一座治疗癌症的医院存放的放射性 $^{60}\mathrm{Co}$ 的重 40 多磅（$1\mathrm{b}=0.453\mathrm{kg}$）的金属桶，被人运走并把桶盖撬开并将桶弄碎，当即有 6000 多颗发亮的小圆粒——具有强放射性的 $^{60}\mathrm{Co}$ 小丸滚落出来，继而散落在附近场地上。通过人们的各种活动造成大面积的污染。接触钴小丸的人，一个月后许多人出现了严重的受害症状，牙龈和鼻子出血、指甲发黑等，有的表面上没有什么症状，但经化验发现白细胞数、精子数等大大减少。此污染事件，虽当时没有死人，但接触 $^{60}\mathrm{Co}$ 放射性污染的人，患癌症可能性要大得多。

位于哈萨克斯坦共和国境内的塞米帕拉金斯克核试验基地，曾先后在这里进行过 470 次秘密核试验，其中包括 100 次地面核爆炸试验。该试验场附近的居民患有各种怪病，距离基地下风向 200km 外的许多居民也成了核试验的间接受害者。据统计最少有 100 万人受到了或轻或重的核污染。因为当年核爆炸的粉尘可以飘到数千公里外。其造成的影响大约相当于当年投到广岛原子弹的 1000 倍。

目前世界上已发生多起核事故，见表 5-3。

表 5-3　迄今为止最严重的核事故

发生时间	地点和产生危害影响
1957 年 9 月 29 日	苏联乌拉尔山中的秘密核工厂"车里雅宾斯克 65 号"一个装有核废料的仓库发生大爆炸，迫使紧急撤走当地 11000 名居民
1957 年 10 月 7 日	英国东北岸的温德斯凯尔一个核反应堆发生火灾，这次事故产生的放射性物质污染了英国全境，至少有 39 人患癌症死亡
1961 年 1 月 3 日	美国爱荷华州一座实验室里的核反应堆发生爆炸，当场炸死 3 名工人
1967 年夏天	苏联"车里雅宾斯克 65 号"用于储存核废料的"卡拉察湖"干枯，结果风将许多放射性微粒子吹往各地，当局不得不撤走 9000 名居民
1971 年 11 月 9 日	美国明尼苏达州"北方州电力公司"的一座核反应堆的废水储存设施发生超库存事件，结果导致 5000 加仑放射性废水流入密西西比河，其中一些水甚至流入圣保罗的城市饮水系统
1979 年 3 月 28 日	美国三里岛核反应堆因为机械故障和人为的失误而使冷却水和放射性颗粒外逸，但没有人员伤亡报告
1979 年 8 月 7 日	美国田纳西州浓缩铀外泄，结果导致 1000 人受伤
1986 年 1 月 6 日	美国俄克拉何马州一座核电站因误加热发生爆炸，结果造成一名工人死亡，100 人住院
1986 年 4 月 26 日	美国俄克拉何马州一座核电站发生大爆炸，直接造成约 8000 人死于辐射导致的各种疾病，其放射性云团直抵西欧
1999 年 9 月 30 日	日本发生了有史以来最严重的一次核泄漏事故。在事故发生后的 25min 里，在事故现场 80m 的范围内，核辐射的强度为日本年度辐射限度的 75 倍，至少有 69 人受到了核辐射。事故起因于日本东京东北部 120km 茨城县东海村一家核燃料制造厂发生的核泄漏

（5）其他辐射污染来源

其他辐射污染来源可归纳为两类：一是工业、医疗、军队、核潜艇或研究用的放射源，因运输事故、偷窃、误用、遗失，以及废物处理等失去控制而对居民造成大剂量照射或污染环境；二是一般居民消费用品，包括含有天然或人工放射性核素的产品，如放射性发光表盘、夜光表以及彩色电视机产生的照射，虽对环境造成的污染很低，但也有研究的必要。

由于辐射在医学上的广泛应用，医用射线源已成为主要的人工辐射污染源。

辐射在医学上主要用于对癌症的诊断和治疗方面。在诊断检查过程中，各个患者所受的局部剂量差别较大，大约比通过天然源所受的年平均剂量高 50 倍；而在辐射治疗中，个人所受剂量又比诊断时高出数千倍，并且通常是在几周内集中施加在人体的某一部分。

诊断与治疗所用的辐射绝大多数为外照射，而服用带有放射性的药物则造成了内照射。近几十年来，由于人们逐渐认识到医疗照射的潜在危险，已把更多的注意力放在既能满足诊断放射学的要求，又使患者所受的实际量最小，甚至免受辐射的方法上，并取得了一定的研究进展。

5.2　放射性的度量

（1）放射性活度 A

一定量的某种放射性核素的放射性活度 A 的定义为在时间间隔 dt 内这些数量的核素中发生自发核转变的期望数 dN，即

$$A = \frac{dN}{dt} \tag{5-1}$$

放射性活度简称为活度，其 SI 单位为 s^{-1}，专名为贝可（Bq）。

单位体积的气态或液态物质中所含某种放射性核素的活度称为放射性（活度）浓度 C_A（Bq/m^3 或 Bq/L）；单位质量的生物物质或固体物质中所含某种核素的活度称为放射性比活度 $Á$（Bq/g）。

（2）吸收剂量 D

吸收剂量 D 的定义是电离辐射授予质量为 dm 的某一体积元中物质的平均能量 $d\bar{\varepsilon}$，即

$$D = \frac{d\bar{\varepsilon}}{dm} \tag{5-2}$$

吸收剂量的 SI 单位为 J/kg，专名为戈瑞（Gy）。

吸收剂量 D 对时间的导数为吸收剂量率：

$$\bar{D} = \frac{dD}{dt} \tag{5-3}$$

式中　dD——dt 时间间隔内吸收剂量的增量；

　　　$\bar{D}$——吸收剂量率，Gy/s。

（3）器官剂量 D_T

一个器官或组织的平均吸收剂量 D_T 的定义为电离辐射授予一个质量为 m_T 的器官或组织 T 的总能量 ε_T，即

$$D_T = \frac{\varepsilon_T}{m_T} \tag{5-4}$$

显然，器官剂量 D_T 的 SI 单位及专用名与吸收剂量 D 相同，同样，单位时间内 D_T 的增量为器官剂量率 $\bar{D}_T$（Gy/s）。

（4）非限定传能线密度 L_a

由于辐射诱发器官或组织随机性效应的概率与辐射的品质有关，通常需引入一个权重因数对器官剂量进行修正。不同类型或不同能量的辐射与物质相互作用的性质可用非限定传能线密度 L_a 加以描述：

$$L_a = \frac{dE}{dl} \tag{5-5}$$

式中　dE——带电粒子在物质中穿过 dl 距离所损失的能量。

为此，可按某种形式的 Q-l 关系式，引入适当的品质因数 Q 对吸收剂量进行修正，以反映高 LET 成分的辐射引起危害概率较高这一事实。但这种方法存在着许多不确定因

素，因此，国际放射防护委员会（ICRP）第 60 号报告推荐以辐射权重因数 W_R（表 5-4）取代品质因数 Q。

（5）平均当量剂量 H_T

当量剂量是某个器官或组织 T 中的吸收剂量乘以相关的辐射权重因数。当辐射场由几种不同类型或不同能量的辐射构成时，器官或组织 T 的平均当量剂量 H_T 为

$$H_T = \sum_R W_R D_{T,R} \tag{5-6}$$

式中　H_T——器官或组织 T 的平均当量剂量，Sv；

　　　$D_{T,R}$——辐射 R 在器官 T 中产生的平均吸收剂量，Gy；

　　　W_R——辐射权重因数。

当量剂量的 SI 单位是 J/kg，专名为希沃特（Sv），当量剂量对时间的导数为当量剂量率 $\dot{H}_T$（Sv/s）。

（6）组织权重因子 W_T 和全身有效剂量 E

辐射诱发随机性效应的概率与当量剂量之间的关系还因受照器官或组织不同而异，因此，有必要再引入一个组织权重因数 W_T 对器官或组织 T 受到的当量剂量 H_T 加以修正，以表示几种不同器官受到不同当量剂量不均匀照射时某种意义上的综合。加权后的当量剂量与这些器官发生随机性效应的总概率可能相关得更好。各器官 W_T 值的选取应使全身受到某一均匀当量剂量照射时得到的有效剂量在数值上等于不均匀照射时各器官加权后的当量剂量之和，因此，所有组织权重因数 W_T 的总和应为 1（表 5-5）。

表 5-4　辐射权重因数 W_R[①]

辐射种类及能量范围	W_R	辐射种类及能量范围	W_R
光子,所有能量	1	2～20MeV	10
电子及介子,所有能量[②]	1	>20MeV	5
中子,<10keV	5	质子,不是反冲质子,>2MeV	5
10～100keV	10	α粒子,裂变碎片,重核	20
0.1～2MeV	20		

① 适用于外照射和内照射；
② 不包括由结合在 DNA 内的核发射的俄歇电子。

表 5-5　组织权重因数 W_T[①]

器官或组织	W_T	器官或组织	W_T
性腺	0.20	肝	0.05
红骨髓	0.12	食道	0.05
结肠	0.12	甲状腺	0.05
肺	0.12	皮肤	0.01
胃	0.12	骨表面	0.01
膀胱	0.05	其余组织或器官	0.05[②③]
乳腺	0.05		

① 按男女人数相等年龄范围极宽的参考人群导出，适用于工作人员、全人口和男女两性；
② 其余器官或组织包括肾上腺、脑、上段大肠、小肠、肾、肌肉、胰、脾、胸腺及子宫；
③ 当其余器官或组织中有一个器官或组织受到的当量剂量超过表列 12 个器官时，该器官或组织取 $W_T = 0.025$，剩下的上列其余器官或组织的平均剂量亦取 $W_T = 0.025$。

有效剂量是人体所有器官或组织加权后的当量剂量之和：

$$E = \sum_T H_T W_T \tag{5-7}$$

显然，$E = \sum_R W_R \sum_T W_T D_{T,R} = \sum_T W_T \sum_R W_R D_{T,R}$，其中，$D_{T,R}$ 为辐射 R 在器官或组织 T 中产生的平均吸收剂量。

有效剂量的 SI 单位及专名与当量剂量相同，有效剂量对时间的导数为有效剂量率 E（Sv/s）。

（7）待积当量剂量 $H_T(\tau)$ 和待积有效剂量 $E(\tau)$

外部贯穿辐射产生的全部能量沉积是在组织暴露于该辐射场的同时给出的，然而，进入体内的放射性核素对组织的照射在时间上是分散的，能量沉积随核素的衰变而逐渐给出，其具体的时间分布函数因核素的理化性质及进入人体后的生物动力学行为而异。鉴于此，将个人单次（或 1a 内）摄入放射性物质后，某一特定器官或组织中的当量剂量率（或当量剂量）在其后 τ 期间的积分值定义为该器官在 τ 期间内的待积当量剂量：

$$H_T(\tau) = \int_{t_0}^{t_0+\tau} H_T(t)\,\mathrm{d}t \tag{5-8}$$

式中　$H_T(\tau)$——个人单次（或 1a 内）摄入后，器官 T 在其后 τ 期间内的待积当量剂量，Sv；

　　　t_0——单次摄入或开始连续摄入的时刻；

　　　$H_T(t)$——单次摄入或开始连续摄入后 t 时刻器官 T 的当量剂量率，Sv/a；

　　　τ——积分期限，a。

未给出积分期限 τ 值时，对成人隐含 50a 的期限，对幼儿隐含 70a 的期限。

器官或组织的待积当量剂量乘以相应的组织权重因子后求和，即为相应于全身的待积有效剂量：

$$E(\tau) = \sum_T W_T H_T(\tau) \tag{5-9}$$

显然，待积当量剂量及待积有效剂量属个人相关剂量。

（8）剂量负担 $H_{C,T}$ 和 E_C

由某一事件，诸如单位事件（如 1a 内的事件）对全人口或某一人群造成的人均剂量率在无限长时间内的积分称为剂量负担：

$$H_{C,T} = \int_0^\infty H_T(t)\,\mathrm{d}t \ \text{或} \ E_C = \int_0^\infty E(t)\,\mathrm{d}t \tag{5-10}$$

显然，剂量负担属源相关剂量。

（9）外照射监测中采用的当量剂量

外照射情况下，为将个人监测和环境监测的结果与人体的有效剂量和皮肤的当量剂量联系起来，需采用以下几个特定的当量剂量。

在环境监测中，强贯穿性辐射的齐向扩展场在 ICRU 球体内与齐向场方向相对的半径上深度 d 处产生的当量剂量称为周围当量剂量 $H^*(d)$，弱贯穿性辐射的非齐向扩展场在 ICRU 球体内某一方向的半径上深度 d 处产生的当量剂量称为定向当量剂量 $H'(d)$。环境监测中，对周围当量剂量取深度 $d = 10\text{mm}$，对定向当量剂量取 $d = 0.07\text{mm}$，因此这两个当量剂量可分别记作 $H^*(10)$ 及 $H'(0.07)$。

在个人监测中，与强贯穿性辐射齐向场相对方向上深度 d（10mm）处软组织的当量剂量称为深部个人当量剂量 $H_p(d)$ 或 $H_p(10)$；体表指定点下深度 d（0.07mm）处软组织（皮肤基底层）的当量剂量称为浅表个人当量剂量 $H_s(d)$ 或 $H_s(0.07)$。

（10）集体当量剂量 S_T 和集体有效剂量 S_E

一人群体内某指定器官或组织 T 所受的总当量剂量为该人群器官或组织 T 的集体当量剂量：

$$S_T = \int_0^\infty H_T \frac{dN}{dH_T} dH_T$$

或

$$S_T = \sum_i \overline{H}_{T,i} \times N_i \tag{5-11}$$

式中 S_T——人群中器官或组织的集体当量剂量，Sv；

$\dfrac{dN}{dH_T}dH_T$——人群中器官接收当量剂量在 H_T 及 $H_T + dH_T$ 范围内的人数，人；

$\overline{H}_{T,i}$——人群中第 i 亚组的器官平均当量剂量，Sv；

N_i——第 i 亚组的人数，人。

一人群所受的总有效剂量为该人群的集体有效剂量 S_E

$$S_E = \int_0^\infty E \frac{dN}{dE} dE$$

或

$$S_E = \sum_i \overline{E}_i \times N_i \tag{5-12}$$

辐射环境影响评价中，常用 1a 事件所致人群的集体剂量作为评价依据，这时，集体当量剂量及集体有效剂量即以人·Sv/a 为单位。

5.3 辐射的生物效应及对人体的危害

核能的利用给人们带来了巨大的利益，同时也带来了一定的危害。随着反应堆、加速器的发展，人们接触放射性核素的机会及种类逐渐增加，研究辐射对人体的危害也逐步深入。国际劳工组织等机构对三十多个国家和地区在 1965～1974 年的这 10 年间，对不同工业的年平均事故死亡率做了调查，采矿业为 0.11%、机械制造业为 0.019%、建筑业为 0.067%、铁路运输为 0.045%，而核能工业在 (0.08×10^{-3})%～(0.68×10^{-3})% 之间。职业病的调查以意大利为例，在建筑、机械制造、采矿、电力、水和天然气等方面的职业病年平均死亡率为 0.011%，核工业的职业病年平均死亡率为 0.002%～0.016%。可以看出核工业的年平均死亡率和职业病年平均死亡率远小于一般工业。但值得注意的是核工业及核技术的应用存在潜在性危害。根据国内外的资料，大多数的重大事故的发生都是由于忽视了安全防护或管理不善，个人的超剂量事故，主要是由粗心大意或不遵守操作规程所致。因此我们对辐射危害应采取科学的态度，只要防护得当，辐射的危害是可以减小或避免的。

下面我们就辐射与人体的关系问题予以介绍。

5.3.1 辐射损伤

（1）细胞和组织

人体的构造极为复杂，因而往往需要从人体内的某种结构水平来说明辐射效应。人体有许多器官，每一器官由两种或两种以上的组织构成。每种组织在人体内都具有特有的功能。而一种组织又由类似的细胞构成，通常细胞是由一个核（不是原子核）和围绕的细胞质构成，两者都有膜覆盖。虽然细胞的结构十分复杂，但在核和细胞质中均含有70%左右的水。就其化学元素而言，细胞中主要的成分是氢、氧、碳和氮。

自然环境中有很多因素可以对细胞造成损害，不管是哪种因素，其效应基本上是相同的。电离辐射对细胞也会产生损害，这种损害通常是非特异性的，就是其他物理的或化学的因素也能引起与电离辐射相同的效应。其之所以这样，是因为不管损害是何种原因引起的，人体对一定的细胞损害有相同的反应。射线通过活细胞时，使细胞结构内的原子和分子电离或激发。假如分子被离解，有的部分就带上电荷，有的成为自由基，这些自由基或离子是不稳定的。因为细胞中含有70%左右的水，所以自由基主要是水分子产生的，当这些自由基和离子同其他细胞物质相互作用时，会产生进一步的效应。因此射线对细胞的损害方式有直接的也有间接的。各种方式在对细胞的总损害中所起的作用，至今还没有圆满的解释。细胞所受到的损害中，最重要的效应是发生在细胞核，但对细胞质的损害也会产生严重的效应。最严重的结果是细胞的死亡。细胞的某些损害是可以修复的，或借助于细胞本身的机能，或通过健康细胞的有丝分裂去替换受到严重损伤的细胞。

（2）辐射的敏感性

在受射线照射条件严格一致的情况下，任何有生命的物质的不同器官、组织及整体出现某一些效应的时间有的快、有的慢，严重程度也不一样，也就是说对辐射损伤作用的相对敏感程度是不同的。而人体各类细胞的辐射敏感性也不相同，像自身繁殖最活跃的细胞、代谢率高的细胞，以及那些比别的细胞要求更多营养的细胞，对辐射更为敏感。处在某种分裂期的细胞要比处在其他期的细胞对辐射有更大的敏感性。不完全成熟的细胞比完全成熟的细胞更易受到损伤。根据实验观察的结果，人体各种组织对辐射的敏感性，如果以形态学损伤为衡量标准来进行比较，那么顺序大体如下：

① 高度敏感的组织　包括淋巴组织，胸腺细胞，骨髓，胃肠上皮，性腺（睾丸和卵巢的生殖细胞），胚胎组织；

② 中度敏感组织　感觉器官（角膜、晶状体、结膜），内皮组织（血管、血窦和淋巴管内皮细胞），皮肤上皮，唾液腺，肾、肝、肺组织的上皮组织；

③ 轻度敏感组织　中枢神经系统，内分泌腺，心脏；

④ 不敏感组织　包括肌肉组织，软骨及骨组织，结缔组织。

人体细胞受到辐射损伤的关键是DNA分子受到损伤，因为细胞进行正常功能所需的各种生物高分子，像蛋白质、酶这类物质，它们的数量大，其中的少数分子受到损伤可不致引起严重的效应，而核酸分子比起蛋白质和酶的分子来说就少了，并且DNA分子及其碱基顺序具有独立特性，如DNA分子的损伤被认为是细胞致死的主要原因。

（3）辐射损伤

射线对人体的体细胞损伤只限于个体本身，但是对生殖细胞的损伤会影响到后代。故可以将辐射对人身的生物效应大致地分为两类，即躯体效应和遗传效应。躯体效应包括影响人体本身的一切类型的损伤；而遗传效应是能够传递给后代的效应。

5.3.2　躯体效应和遗传效应

（1）躯体效应

根据这种效应发生的早晚，又分为急性效应和晚期效应。受照者在一次或短时间内接受大剂量照射时所发生的效应，称为辐射的急性效应。在核工业的正常运行中，或工作人员遵守操作规程的日常工作中，一般是不会产生这种照射的。只有在发生超临界事故，或违反操作规程而受到辐射源的大剂量照射；或者是核爆时距爆心较近而无防护的情况下才有可能发生。发生这种情况时，在受照射后几周内出现的早期效应，主要损伤人体的各组织、器官和系统，可出现恶心、呕吐、腹痛、腹泻、头昏、全身无力、嗜睡等初期症状，受照剂量不同，症状出现的轻重也不一样。剂量特别大的，其后还会出现皮肤、内脏出血，骨髓空虚等，个别的病人衰竭、死亡等。有的病人有可能逐步恢复健康。辐射的晚期效应是指受照射后数年内的效应，当受急性照射恢复后或长期接受超容许水平的低剂量照射时，可能产生晚期效应。这主要指辐射诱发的癌症、白血病和寿命缩短等。

（2）遗传效应

人体中能够决定遗传因子的是基因，它是具有一定遗传功能的一段 DNA 核苷酸序列。基因通常是稳定的，但是只要它发生任何变化或突变就可以改变遗传特性，遗传特征的变化可以是各种射线的照射所致，也可以是其他因素所引起，这种改变不是辐射特有的，辐射只是增加这种改变的可能性，即使在受到大剂量的照射下，遗传特征改变的概率也是不大的，这样就给研究辐射的遗传效应带来了很多困难，需要大量的研究对象，并且要观察许多代才能得到一定的规律。对人来说这种研究困难更大，因为有些遗传效应在第一代后裔表现出来，有些遗传效应在以后若干代才有所表现，加之照射人群的数量有限，所以现有许多结论都来自动物实验。动物受照后的效应可能与人的效应相似，但是根据实验动物的资料，用于人也可能会引起误差。遗传物质的突变，可为染色体突变，也可为基因突变。基因的突变是由于细胞内 DNA 分子间上某一小段，由于辐射而引起的分子结构的变化，这些突变可使后代发生畸形、遗传性疾病，或不适于生存而死亡。但对人类的调查材料看，即使在日本的长崎、广岛，辐射的危害（指遗传效应）也不是很严重。

5.3.3　小剂量外照射对人体的影响

随着核工业的发展和放射性核素在各个部门的广泛应用，接触射线的人员越来越多，即使在核爆时也可能有较多的人受到小剂量的外照射。小剂量外照射一般指剂量限值以下的职业性照射，医疗诊断的射线照射，放射性物质污染环境对广大居民的照射以及高本底地区居民受到的照射。这些小剂量慢性照射的生物效应主要是远期效应，它是非特异性的，多数有一个很长的潜伏期，发生率很低。因而要评估小剂量辐射对人体可能产生的影响，常用统计学的方法，对人数众多的群体进行调查，另外，还可以用动物实验进行研究，以评估对人体的影响。慢性小剂量照射引起的生物效应，如机体的损伤与修复，细胞、组织或机体适应与否，敏感与抵抗等之间的关系都比较复杂，在某些条件下，受辐射损伤较轻的机体，并不表现出损伤的症状，已受损伤的部分可以依靠自身的修复而恢复正常，如果较重时将表现出辐射损伤的症状，随着剂量的加大，损伤的范围可以从细胞水平到分子水平。关于人的小剂量辐射效应的直接数据很少，要定量地了解小剂量照射对人体的影响，还必须进行大量的科学实验、调查研究和长期的观察，积累资料并进行科学的分析。

为了了解小剂量辐射对人体的效应，科学工作者对世界上一些高本底地区，如印度的喀拉拉邦、巴西大西洋沿岸独居石砂地区、法国太平洋上的纽埃岛以及我国的广东等地进行了流行病学的调查。有的地区本底较高，如巴西沿海一个村庄里的居民，每年受的剂量可达 1.2rad（1rad＝10mGy），印度喀拉拉邦地区的部分居民的年剂量也在 1rad 的水平，高出一般地区 10 多倍。以印度喀拉拉邦为例，调查的项目包括每对夫妇怀孕指数、子女的性别比例、婴儿死亡率、多胎妊娠和人体畸形等，结果表明与对照地区无明显差别。其他高本底地区的调查也相类似。

5.3.4 放射性核素内照射对人体的影响

放射性核素可能通过各种途径进入人体的内部，造成对人体内部器官和组织的损伤。核素进入人体的主要途径是食用污染的食物或水，经胃和肠而进入体内。一般来说，碱金属元素的放射性核素以及卤素的放射性核素易由胃肠吸收，有时可达 100%。碱土金属元素也易被吸收，但比碱金属要差一些，而部分稀土元素（La、Ce、Pm）及 Pu 和 Th 等不易被胃肠吸收。有些放射性元素以气态、气溶胶或粉尘状态存在，如 ^{222}Rn、^{3}H、^{133}Xe 等，则易经呼吸道黏膜或透过肺泡而吸入血液。以粉尘或气溶胶状态存在的放射性核素的吸收，一般说来颗粒越大，附着在上呼吸道黏膜表面的数量越多，进入肺泡内的越少，吸收就少。如果是难溶性氧化物，则在肺内溶解度低，不易转移，积蓄在肺内。以可溶性化合物形式存在的放射性核素，易通过肺泡壁吸收而进入血液中。还有些放射性核素可透过未受损伤的皮肤被吸收而进入血液中，不过吸收率很低，但是放射性核素经伤口而进入血液的吸收率是很高的，所以在有伤口的情况下严禁从事开放性的放射性操作。

放射性核素由于进入人体的途径不一样，人体各器官的生理机能不一样，各种元素的化学性质不一样，因此不同的放射性核素，在体内的分布特点是不同的，见表5-6。有些放射性核素如 ^{131}I 和 ^{90}Sr，它们大部分分别蓄积于甲状腺和骨骼中，而另外一些难溶的放射性核素，在肺内易形成氢氧化物胶体，像钍、钚、铀、氡等吸入人体后大部分滞留于肺和淋巴结内，这些分布称为选择性分布。另外一些放射性核素进入人体后，比较均匀地分布于全身各组织、器官中，这是均匀分布，如 ^{14}C、^{24}N、^{42}K、^{3}H 等。放射性核素在体内的分布量，由于可通过各种途径（肺、肾、肠道、汗腺……）排出体外，因此是一个变化的动态过程，不是固定不变的。

表 5-6 某些放射性核素选择性蓄积的器官和组织

器官和组织	蓄积的放射性核素
肺	^{222}Rn、^{210}Po、^{238}U、^{239}Pu
肾	^{51}Cr、^{56}Mn、^{71}Ge、^{198}Au、^{238}U
肝	^{56}Mn、^{60}Co、^{64}Cu、^{105}Ag、^{109}Ca、^{109}Ag、^{110}Ag
骨及骨髓组织	^{7}Be、^{14}C、^{58}Fe、^{32}P、^{45}Ca、^{65}Zn、^{72}Ga、^{89}Sr、^{90}Sr、^{90}Y、^{91}Y、$^{140}La\sim^{140}Ba$、^{203}Pb、^{226}Ra、^{233}U、^{234}Th、^{239}Pu

放射性核素在人体内的照射损伤与外照射大体上相同，但也有其本身的特点及其特有的规律性。首先，在体内长期停留的放射性核素，在停留期内，按衰变规律不断地放射出带电的或不带电的粒子，而对人体进行持续的照射，只有当它全部排出体外或全部衰变成稳定性核素时才停止照射，由于持续作用，新的损伤和旧的损伤并存，形成了错综复杂的过程。随着内照射时间的增长，远期损伤比外照射明显。其次，放射性核素进入和排出途径的局部损伤明显，特别是选择性蓄积的器官损伤更为严重。例如，亲骨型分布的核素（^{90}Sr、^{226}Ra、^{239}Pu 等），对骨髓的造血功能和骨骼的损伤严重，常引起持续性中性粒细胞减少、骨坏死和严重贫血，晚期可诱发骨肿瘤。亲网状内皮系统的核素（^{144}Ce、^{210}Po、^{234}Th），对肝、脾、淋巴结损伤严重，引起急性弥漫性中毒性肝炎及肝硬化，晚期可引起肝癌。亲肾型分布的核素（^{238}U、^{106}Ru 等）可引起肾脏损伤，如肾功能不全，尿中出现蛋白、血细胞等。

在这里应特别强调放射性锶的问题，^{89}Sr 和 ^{90}Sr 是核裂产物的重要成分，而且裂变产额较高，在核爆炸和核事故后引起人们极大的关注。从对环境的影响来看，^{90}Sr 比 ^{89}Sr 更重要，因为 ^{90}Sr 半衰期长得多，而且半排出期（即排出体外一半所需时间）为 1.8×10^4 d，故它长期照射骨髓，引起造血系统的损伤并形成骨肉瘤。经口食入的放射性锶主要由小肠吸收，尤其是回肠，骨吸收较少。摄入后 5~10min 便能进入血液，约 4h 血液中浓度达到高峰。人体胃肠道对锶的吸收率为 30%，这虽然比钙的吸收低得多，但比稀土族及某些金属吸收高几倍到数十倍。可溶性锶在肺内吸收率约 40%~50%，且吸收速度很快，其中一半在最初 2min 内便吸收，1h 后仅余 5%。而难溶性锶盐在肺里沉积，只有少量被吸收。皮肤被可溶性锶盐污染后，约有 2% 在 24h 内被吸收，若有伤口，其吸收率可增至 30%。进入血液中的 ^{90}Sr 不与血浆蛋白牢固结合，也不易形成氢氧化物胶体，主要以粒子和与有机酸形成络合物的形式循环于血流中。离开血液的锶，部分经胃肠道排出，少部分滞留于软组织，而大部分蓄积于骨内。血液、肌肉、肾脏、肝脏中的锶含量随时间延长而减少，而骨骼中的含量则呈现递增—高峰—缓慢降低的规律。长期、小剂量摄入 ^{90}Sr 可引起慢性放射病，它的远期效应是致癌、白血病、寿命缩短、生殖能力降低等。一旦 ^{90}Sr 进入人体，应立即采取催吐、洗胃、口服沉淀剂（如硫酸镁、硫酸钠、硫酸钙等），适当应用导泻剂，冲洗皮肤或伤口，除去呼吸道污染等措施。同时还应大量服用钙盐，应用激素、维生素、氯化铵、络合剂等，以促使虽被血液吸收但尚未牢固沉积于骨骼的锶迅速排出体外。

还要强调指出，就目前所知，长期从事放射性工作的人员，体内往往为某些微量放射性核素所污染，但只有积累到一定剂量时才显出损伤效应。例如我国对从事铀作业的职工的健康状况做了多年的大量调查，发现肝炎发生率和白细胞数及分类的异常与铀作业工龄长短、空气铀尘浓度的高低之间无明显差异，对某单位的铀作业职工的白细胞值统计了 8 年，没有发现有逐渐升高或下降的趋势。所以一般环境中存在的极微量的放射性核素进入人体不会因照射而引起机体的损伤，只有因事故进入人体的放射性核素才可能对机体造成危害。

5.4　辐射防护与放射性废物处理

5.4.1　辐射防护的基本原则

辐射防护的基本原则有四点：第一，任何具有电离辐射照射的实践对人群和环境可能产生的危害，与从中获取的利益相比，应当是很小的，而是值得进行的，若所进行的实践不能带来超过代价的利益，则是不可取的；第二，辐射防护的最优化，应当避免一切不必要的照射，任何必要的照射应保持在可能达到的最低水平，应当谋求辐射防护的最优化，而不是盲目追求无限制的降低剂量，否则所增加的防护费用将是得不偿失；第三，个人剂量限制，在实施第一和第二两项时，要同时保证个人受到的剂量当量不应超过规定的相应限值；第四，为将来的发展留有余地。

实践的正当化和防护的最优化是与辐射源有关的防护，在涉及时首先对该项实践给人类可能带来的总危害和总利益进行论证、权衡，同时谋求防护的最优化，把所有照射降低到可以合理达到的最低水平，提高防护的经济效益。个人剂量限制是对任何个人接受所有辐射源照射的总剂量（天然本底照射和医疗照射除外）加以限制。经过实践的正当化和防护的最优化，所有具有最优防护辐射源的剂量值相加也不会超过剂量限值，保证放射工作人员不致接受过高的危险度。防护基本原则是四位一体，不能分割的。在防护工作中遵守新剂量限制体系，才有可能使放射工作的危险度低到与其他安全行业相似，从而使放射工作属于安全行业。

5.4.2　辐射防护的一般知识

辐射安全的基本出发点在于减少射线对人体的照射，无论是外照射还是内照射都是使照射量减少到最小。由于决定个人受到的照射量有：照射时间、辐射源的距离和屏蔽3个因素，因而防护工作亦应从这3个方面考虑。

受照射的时间越长，累计的剂量就越多，因此，在某些情况下可通过控制受照时间来限制个人接受的剂量。所有接触放射性的操作都应该熟练、迅速和准确，尽可能缩短操作时间。

受照剂量率随人与辐射源距离的增加而减小，因而增加这个距离可以减少受照剂量。如果是点源，则剂量率与离源的距离的平方成反比，距离增加2倍，剂量率减少到原来的1/9。所以在实验室进行放射性操作时，常用长柄钳、机械手或者远距离的自动控制。

然而人们面临的是一个空间的问题，或者操作人员必须近距离工作，或者因辐射源较强，单靠缩短操作时间和增大距离都不能达到安全的要求，因此我们可在辐射源与人之间放置一种合适的减弱材料（又称屏蔽材料）或复合减弱材料，根据射线通过物质时被减弱的原理，把外照射剂量减少到允许水平以下。屏蔽材料的选择和厚度要由射线的类型和能量来决定。此外还要考虑材料的原子序数。材料是否经济，质量不能太重，体积不能太大，要有一定的结构强度，材料受到辐照后不会产生毒性及污染等。

与其他工业一样，在生产和使用放射性同位素过程中，也不可避免地会产生"三废"，即放射性的废气、废液和固体废物。1970年国际原子能机构提出了一个放射性废物分类的新建议，按比放射性的强弱把放射性废水分为五类；把主要由 β、γ 放射体组成的固体废物，按其废物固体表面剂量率的大小分为三类；而把主要由 α 放射体组成的固体废物列为一类；对于放射性废气按其比放射性的大小分为三类，具体分类法见表5-7。

根据《电离辐射防护与辐射源安全基本标准》（GB 18871—2002），把放射性核素含量超过国家规定限位的固体、液体和气体废弃物，统称为放射性废物。从处理和处置的角度，按比活度和半衰期将放射性废物分为高放长寿命、中放长寿命、低放长寿命、中放短寿命和低放短寿命五类。寿命长短的区分按半衰期 30 年为限。我国的分类系统与它们要求的屏蔽措施及处置方法以及这些废物的来源列于表 5-8。

表 5-7 国际原子能机构建议的放射性废物分类法

废物	分类	比放射性 $A/(\mathrm{Ci/m^3})$ 或表面剂量当量率	说　明	
液体	1	$A \leqslant 10^{-6}$	在正常情况下,可直接排放入环境	
	2	$10^{-6} < A \leqslant 10^{-3}$	处理设备不需屏蔽	用通常的蒸发,离子交换或化学方法处理
	3	$10^{-3} < A \leqslant 10^{-1}$	部分设备需要屏蔽	
	4	$10^{-1} < A \leqslant 10^{4}$	处理设备必须屏蔽	
	5	$10^{4} \leqslant A$	必须在冷却下储存	
固体	1	$H \leqslant 0.2$	在运输中不需要特殊的防护	主要为 β 及 γ 放射体,所含 α 放射体可忽略不计
	2	$0.2 < H \leqslant 2$	运输中需加薄层水泥或铅屏蔽	
	3	$2 < H$	运输中要求特殊防护	
	4	α 放射体	主要为 α 放射体,要求不存在临界问题	
气体	1	$A \leqslant 10^{-10}$	通常不加处理	
	2	$10^{-4} < A \leqslant 10^{-6}$	通常用过滤方法处理	
	3	$10^{-6} < A$	一般用其他方法处理	

表 5-8 我国推荐的分类标准

按物理状态分类	分级 类别		特　征
废气	高放	工艺废气	需要分离、衰变储存、过滤等方法综合处理
	低放	放射性或放化实验室排风	需要过滤和(或)稀释处理
废液	高放		需要厚屏蔽、冷却、特殊处理
	中放		需要适当屏蔽和处理
	低放		不需要屏蔽或只要简单屏蔽,处理较简单
	一般超铀废液		不需要屏蔽或只要简单屏蔽,要特殊处理
固体废物	高放长寿命	显著高毒性、高发热量	深地层处置 例如高放固化体、乏燃料元件、超铀废物等
	中放长寿命	显著中等毒性、低发热量	深地层处置(也可能矿坑岩穴处置) 例如包壳废物、超铀废物等
	低放长寿命	显著低/中毒性、微发热量	深地层处置(也可能采用矿坑、岩穴处置) 例如超铀废物等
	中放短寿命	微量中等毒性、低发热量	浅地层埋藏、矿坑、岩穴处置 例如核电站废物等
	低放短寿命	微量低毒性、微发热量	浅地层埋藏、矿坑岩穴处置,海洋投弃 例如城市放射性废物等

　注：1. 超铀废物的定义同美国 1982 年新规定，即原子序数＞92，半衰期＞20 年，比活度＞3700Bq/g 的废物。
　2. 固体废物长寿命、短寿命的限值为 30 年。

5.4.3　放射性废物处理

　　目前主要依据废物的形态，即废水、废气、固体废物，分别进行放射性污染的治理。放射性废物处理系统全流程包括废物的收集、废液废气的净化浓集和固体废物的减容、储存、固化、包装及运输处置等。放射性废物处理流程示意见图 5-2。放射性废物的处置是废物处理的最后工序；所有的处理过程均应为废物的处置创造条件。

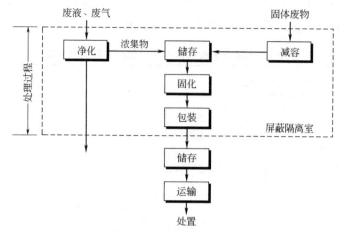

图 5-2　放射性废物处理流程示意

5.4.3.1　放射性废液的处理

放射性废液的处理非常重要。现在已经发展起来很多有效的废液处理技术，如化学处理、离子交换、吸附法、膜分离法、生物处理、蒸发浓缩等。根据放射性比活度的高低、废水量的大小及水质和不同的处置方式，可选择上述一种方法或几种方法联合使用，达到理想的处理效果。

放射性废液处理应遵循以下原则：处理目标技术可行、经济合理和法规许可，废液应在产生场地就地分类收集，处理方法应与处理方案相适应，尽可能实现闭路循环，尽量减少向环境排放放射性物质，在处理运行和设备维修期间应使工作人员受到的照射降低到"可合理达到的最低水平"。

（1）放射性废液的收集

放射性废液在处理或排放前，必须具备废液收集系统。废液的收集要根据废液的来源、数量、特征及类属设计废液收集系统。对强放射废液（比活度$>3.7 \times 10^9$Bq/L），收集废液的管道和容器需要专门的设计和建造。中放废液（放射性活度在$3.7 \times 10^5 \sim 3.7 \times 10^9$Bq/L）采用具有屏蔽的管道输入专门的收集容器等待处理。对低放废液（比活度$<3.7 \times 10^5$Bq/L）的收集系统防护考虑比较简单。值得注意的是对超铀放射性废液因其寿命长、毒性大需慎重考虑。

（2）高放废液的处理

目前对高放废液处理的技术方案有 4 种。

① 把现存的和将来产生的高放废液全都利用玻璃、水泥、陶瓷或沥青固化起来，进行最终处置而不考虑综合利用。

② 从高放废液中分离出在国民经济中很有用的锕系元素，然后将高放废液固化起来进行处置。提取的锕系元素有^{241}Am、^{287}Np、^{238}Pu 等。

③ 从高放废液中提取有用的核素，如^{90}Sr、^{137}Cs、^{155}Eu、^{147}Pm，其他废液做固化处理。

④ 把所有的放射性核素全部提取出来。对高放废液的处理目前各国都处在研究试验阶段。

（3）中放和低放废液的处理

对中低放射性水平的废液处理首先应该考虑采取以下 3 种措施：a.尽可能多地截留水

中的放射性物质，使大体积水得到净化；b. 把放射性废液浓缩，尽量减少需要储存的体积及控制放射性废液的体积；c. 把放射性废液转变成不会弥散的状态或固化块。

目前应用于实践的中低放射性废液处理方法很多，常用化学沉淀、离子交换、吸附、蒸发的方法进行处理。

① 化学沉淀法　化学沉淀法是向废水中投放一定量的化学凝聚剂，如硫酸锰、硫酸钾铝、硫酸钠、硫酸铁、氯化铁、碳酸钠等。助凝剂有活性二氧化硅、黏土、方解石和聚合电解质等，使废水中胶体物质失去稳定而凝聚成细小的可沉淀的颗粒，并能与水中原有的悬浮物结合为疏松绒粒。该绒粒对水中放射性核素具有很强的吸附能力，从而净化了水中的放射性物质。

化学沉淀法的特点是：方法简便，对设备要求不高，在去除放射性物质的同时，还可去除悬浮物、胶体、常量盐、有机物和微生物等。一般与其他方法联用时作为预处理方法。它去除放射性的效率为 $50\%\sim70\%$。

② 离子交换法　离子交换树脂有阳离子、阴离子和两性交换树脂。离子交换法处理放射性废液的原理是，当废液通过离子交换树脂时，放射性粒子交换到树脂上，使废液得到净化。

离子交换法已广泛地应用在核工业生产工艺及废水处理工艺。一些放射性试验室的废水处理也采用了这种方法，使废水得到了净化，值得注意的是待处理废液中的放射性核素必须呈离子状态，而且是可以交换的。呈胶体状态是不能交换的。

③ 吸附法　吸附法是用多孔性的固体吸附剂处理放射性废液，使其中所含的一种或数种核素吸附在它的表面上。从而达到去除有害元素的目的。

吸附剂有三大类：天然无机材料，如蒙脱石和天然沸石等；人工无机材料，如金属的水合氢氧化物和氧化物、多价金属难溶盐基吸附剂、杂多酸盐基吸附剂、硅酸、合成沸石和一些金属粉末；天然有机吸附剂，如磺化煤及活性炭等。

吸附剂不但可以吸附分子，还可以吸附离子。吸附作用主要是基于固体表面的吸附能力，被吸附的物质以不同的方式固着在固体表面。例如，活性炭就是较好的吸附剂。吸附剂应具备很大的内表面，其次是对不同的核素有不同的选择性。

适用于中、低放射性废水处理的技术还有膜分离技术、蒸发浓缩技术等方法，根据具体情况要求选择使用。

5.4.3.2　放射性废气的处理

放射性污染物在废气中存在的形态包括放射性气体、放射性气溶胶和放射性粉尘，对挥发性放射性气体可以用吸附或者稀释的方法进行治理。对于放射性气溶胶，可用除尘技术进行净化。通常，放射性污染物用高效过滤器过滤、吸附等方法处理后使空气净化后经高烟囱排放，如果放射性活度在允许限值范围，可直接由烟囱排放。

① 放射性粉尘的处理　对于产生放射性粉尘工作场所排出的气体，可用干式或湿式除尘器捕集粉尘。常用的干式除尘器有旋风分离器、泡沫除尘器和喷射式洗涤器等。例如生产浓缩铀的气体扩散工厂产生的放射性气体在经过高烟囱排入大气前，先使废气经过旋风分离器、玻璃丝过滤器除掉含铀粉尘，然后排入高烟囱。

② 放射性气溶胶的处理　放射性气溶胶的处理是采用各种高效过滤器捕集气溶胶粒

子。为了提高捕集效率，过滤器的填充材料多采用各种高效滤材，如玻璃纤维、石棉、聚氯乙烯纤维、陶瓷纤维和高效滤布等。

③ 放射性气体的处理　由于放射性气体的来源和性质不同，处理方法也不相同。常用的方法是吸附，即选用对某种放射性气体有吸附能力的材料做成吸附塔。经过吸附处理的气体再排入烟囱。吸附材料吸附饱和后需再生后才可继续用于放射性气体的处理。

④ 高烟囱排放　高烟囱排放是借助大气稀释作用处理放射性气体常用的方法，用于处理放射性气体浓度低的场合，烟囱的高度对废气的扩散有很大的影响，必须根据实际情况（排放方式、排放量、地形及气象条件）来设计，并选择有利的气象条件排放。

5.4.3.3　放射性固体废物的处理和处置

① 核工业废渣　核工业废渣一般指采矿过程的废石碴及铀前处理工艺中的废渣。这种废渣的放射性活度很低而体积庞大，处理的方法是筑坝堆放，用土壤或岩石掩埋，种上植被加以覆盖，或者将它们回填到废弃矿坑。

② 放射性沾染的固体废物　这类固体废物系指被放射性沾污而不能再使用的物品，例如工作服、手套、废纸、塑料和报废的设备、仪表、管道、过滤器等。对此应根据放射性活度，将高、中、低及非放射性固体废物分类存放，然后分别处理。对可燃性固体废物采用专用的焚烧炉焚烧减容，其灰烬残渣密封于专用容器，贴上放射性标准符号标签，并写上放射性含量、状态等。对不可燃的固体废物，经压缩减容后置于专用容器中。

经过处理的固体放射性废物，应采用区域性的浅地层废物埋藏场进行处置。埋藏地点应选择在距水源和居民点较远的地方，且必须经过水文地质、地震因素等考察，按照规定建造。

③ 中低放射性废液固化块处置　对中低放射性废液处理后的浓集废液及残渣，可以用水泥、沥青、玻璃、陶瓷及塑料固化方法使其变成固化块。将这些固化块以浅地层埋藏为主，作为半永久性或永久性的储存。

④ 高放废物的核工业废渣最终处置　高放固体废物主要指的是核电站的乏燃料、后处理厂的高放废液固化块等。这些固体废物的最终处置是将其完全与生物圈隔绝，避免其对人类和自然环境造成危害。然而，它的最终处置是至今尚未解决的重大问题。世界各学术团体和不少学者经过多年研究提出过不少方案，例如深地层埋葬，投放到深海或在深海钻井的处置方案，投放到南极或格陵兰岛冰层以下，用火箭运送到宇宙空间等。

最近美国一所大学的科学家实施了一项生物基因工程，将异常球菌培养成"超级细菌"，由于超强的抗辐射能力而被微生物专家誉为"世界上最坚韧的生物体"，它们可以吞噬和消化核原料留下的有毒物质。基因学家把其他种类细菌的基因注入异常球菌，将使其成为一种"超级细菌"。这种"超级细菌"具备消化和分解核武器中常见的汞化合物的能力，并能将有毒的汞化合物转化为危害性较小的其他形式的化合物。

5.4.3.4　放射性表面污染的去除

表面污染与气溶胶浓度之间的关系可用再悬浮系数 R_0 表示：

$$R_0 = 空气中气溶胶的活性浓度(Bq/m^3)/污染面气溶胶活性密度(Bq/m^2)$$

放射性表面污染是造成内照射危害的途径之一。空气中放射性气溶胶沉降于物体表面造成表面污染。由于通风和人员走动，可能使这些污染物重新悬浮于空气中，被吸入人体后形成内照射。所以，必须对地面、墙壁、设备及服装表面的放射性污染加以控制。

表面污染的去除一般采用酸碱溶解、络合、离子交换、氧化及吸收等方法。不同污染表面所用的去污剂及其使用方法不同。

 **阅读材料**

1. 切尔诺贝利核泄漏事件

（1）案例背景

1986年发生的切尔诺贝利核电站泄漏事故震惊了全世界，事件的后果对整个国际能源界产生了巨大的影响。1986年，在位于苏联以北130km白俄罗斯—乌克兰东部地带的切尔诺贝利核电站四号机组发生了泄漏事故，反应堆发生爆炸并燃起了大火，大火烧毁了反应堆的机芯，大量厂房在事故中倒塌。事后苏联政府宣布，事件造成31人死亡，203人受伤，13.5万人被迫疏散，有近8t强辐射物质泄漏，事故造成的直接经济损失高达数十亿卢布。

（2）事件成因

事故的主要成因包括两点：①工作大纲设计质量过低，仅以公式化的方式草拟了有关安全措施的部分（该安全部分仅标明：进行实验时所有的开关打开需要有值班班长的允许，紧急事件发生时，工作人员按电站规程行动）。除此之外，大纲上没有对其他安全措施进行规定。②操作人员专业知识与安全意识淡薄。在实验过程中操作人员为尽快完成实验，未按照实验大纲的要求进行操作，不顾可能发生的危险切断了各种保护系统，违反了安全管理中最重要的操作规程的规定。对于有可能发生的事故未做好充分的准备，轻率地操作反应机组。事后调查发现当时的工作人员并未完全掌握操作过程的专业知识，未能正确认识错误操作所带来的安全隐患，最终酿成惨剧。

（3）事件危害

切尔诺贝利核泄漏不只污染了周边的城镇，辐射物质在气流的作用下，没有规律地向外边扩散开来。1986年4月27日，苏联及西方科学家的报告指出：由于爆炸产生的辐射尘飘过了俄罗斯与乌克兰及欧洲的大部分地区，其中散播至白俄罗斯地区的辐射尘占全部的60%，核污染扩散严重。距切尔诺贝利核电站1100km的瑞典Forsmark核电厂工作人员发现衣服上有异常的辐射粒子，检测后衣服上的辐射粒子并非来自本厂，进而怀疑苏联的核电站发生了安全事故。

核辐射进入人体后会对人的健康造成严重危害。放射性物质可通过呼吸吸入、皮肤伤口及消化道吸收进入体内，引起内辐射；通过外照射等途径穿透一定距离被机体吸收，使人员受到外照射伤害，即外辐射。内外辐射形成放射病的症状包括：疲劳、头昏、失眠、皮肤发红、溃疡、出血、脱发、白血病、呕吐、腹泻等。严重者还会引起癌症、畸变、不孕不育、遗传性病等病症，由于核辐射会损害人体的遗传物质，故其对人体的危害可能会影响几代人。一般来说，身体接受的辐射能量越多，其放射病症状越严重，致癌、致畸风险越大。

在切尔诺贝利事故的辐射范围里，很多儿童由于饮用了受到辐射污染的牛奶，遭受的辐射剂量超过 50 戈瑞（Gy）。后续研究发现，俄罗斯、乌克兰及白俄罗斯的儿童患甲状腺癌比例飞速升高。根据有关部门调查统计，由于事故泄漏的核辐射导致了切尔诺贝利地区畸形儿的出生率明显升高。

（4）处理措施

① 启动紧急应对措施；

② 自上而下组建应急处理机构；

③ 集中兵力解决主要矛盾；

④ 从外向内调入军队和清理事故人员；

⑤ 从内向外有序疏散灾民，分类救治伤员；

⑥ 逐步公开通报事故信息；

⑦ 继续完善清理放射性污染，消除隐患；

⑧ 建立灾民福利保障系统；

⑨ 重新组建核电制度和机构；

⑩ 寻求国际合作。

（5）经验教训

① 建立及时有效的监督机制　切尔诺贝利事故中，监督机构未能进行及时、有效的检查和督促。对于切尔诺贝利核电站事故发生前违反核电站安全准则的行为，本应由苏联国家原子能监督局的代表出来干预并制止，然而在事故发生当天没有一个该组织的工作成员出现在现场。事后该组织人员到达现场，却不了解 4 号机组正在执行的任务，监督员都按命令去到医务室，他们一直在参加医务会议，使得 4 号机组持续处于无人监督、保护状态下。所以，建立专门的监督机构对此进行监督十分必要，并应提高监督人员素质，监督人员应具备一定的反应堆物理知识和一定的电学知识，在监督过程中严格履行监督职责，在人员时间安排上应满足核电站安全运行的需要。对监督人员的工作职责、工作技能与工作时间均应制定合理的实施规范和细则。

② 建立技术指导小组，保证操作安全可靠性　切尔诺贝利核电站发生核事故以后，电站的人员没有能够准确地客观地估计所发生的事故，所有人都对严重的事故后果没有心理准备和紧急解决措施。核电站专门的咨询组是在核电站发生事故后几个小时才从莫斯科乘专机赶来，且在对切尔诺贝利核电站区域及其邻近地区辐射进行检测的过程中，仅采用最初辐射水平的计量仪表进行测量，由于检测仪器量程过小，没有能给出真实的辐射水平的数据。在发生核电站事故的情况下，除了普遍测量还应进行个别测量。个人剂量笔这种简单的直读式个人剂量仪应该对救援工作的每一个人进行分发与使用，但是在切尔诺贝利核电站事故中却未使用这些剂量仪。因此有必要在核电站建立本地的技术指导小组，进行有计划有目的的培训，能够使得技术小组成员对仪器仪表使用有充分的熟练程度以及对放射性物质的特性有充分了解，在专家咨询组成员没有到达现场时，能够对工作人员和救援人员的辐射防护工作提供出有效的技术指导。

③ 进行新闻媒体监督，提高自身的安全意识　切尔诺贝利核电站事故的经验教训告诫我们，必须成立专门的新闻机构和社会社团组织进行核事故信息的发布，既要保证核电站周围居民的知情权，又要考虑严重核事故条件下撤离人员的秩序问题，禁止任何非官方授权的组织和个人发表任何与核事故有关的言论，并且应该根据事故的情况进行连续追踪报道，使

居民对事故的发展及救援情况有所了解，避免不必要的心理恐慌和失实新闻的流传。

④ 建立专门的考核小组　切尔诺贝利事故的主要原因是人们对核电站整体知识的掌握不够深入以及管理混乱造成的。将核电站实验委托给没有受过充分训练的工作人员，且在一个对核电站反应堆缺乏了解的人员指导下进行实验，这一系列违反操作规程的行为也反映出核电站人员专业素质不高，这些正是造成事故的原因。在核电站管理方面应结合国际上惯用做法及本国国情，对核电站工作人员进行有效的考核与培训，为预防核事故打下良好基础。对核电站不同工种的人员进行定期的专业考试，使工作人员对自己的工作内容和可能存在的风险及安全措施有清楚的认知，在专业知识的指导下为建设服务，为核事故应急救援工作提供有力的技术支持。

2. 福岛核泄漏事件

（1）案例背景

2011 年 3 月 11 日，日本海域发生了里氏 9.0 级的大地震，由于地震的原因，本州岛附近形成了巨大海啸，外加地震导致的建筑物损坏，福岛核电站没能抵御海啸的冲击，其中两个机组在海啸与地震的多次冲击下发生了泄漏。日本政府紧急疏散了周围 20km 内的居民，事后经多方调查，日本福岛核电站泄漏事件的核放射量已经超过了苏联的切尔诺贝利核事故，福岛核泄漏事故已经成为人类历史上最严重的核泄漏事故。它所造成的污染，不仅对美国、韩国造成了严重的影响，最新的迹象表明，它对我国黄海海域和东海海域及沿岸也造成了污染。

（2）事件成因

9 级大地震引发了 10m 高的海啸，这属于难以预料的自然灾害，超出了福岛核电站的设计基准。地震导致了福岛核电站的外部电网受损，核电站无法正常工作。按原先的设计，核电站内的应急柴油机将启动，保证反应堆的正常冷却得到供应，但是地震引发的大海啸淹没了柴油机房，柴油机无法继续工作，最终全厂断电反应堆无法进行有效的循环冷却，反应堆芯持续发热，导致大量辐射继续向外扩散。

（3）事件危害及解决措施

核能外泄又称核熔毁，是核反应堆发生故障后留下的后遗症。核能外泄造成的核辐射虽然远低于核武器的杀伤力，但人类或是其他生物经照射后，同样会造成一定程度的伤亡。据当时报道，核电站大门附近的放射线量继续上升，2011 年 3 月 12 日上午 9 时 10 分已经达到正常水平的 70 倍以上。这是日本有关部门首次确认有核电站的放射性物质泄漏到外部。日本福岛县东京电力公司所属第一和第二核电站周边的双叶町、大熊町、富冈町的全部居民，12 日上午开始到划定的危险区域之外避难，总计约两万人。虽然救援人员最终修复了减压阀，仍无法让海水漫过燃料棒，最终导致 2 号反应堆内温度持续上升，最后发生爆炸。事后日本政府依然坚持表示，不会发生和切尔诺贝利核电站一样的大型事故。他们只能持续向四个反应堆内注水以达到降温的目的，但是同时会有放射性的蒸汽排出。日本政府只能寄希望于当地始终保持西风，如果刮东风或者是南风，东京和朝鲜半岛都将遭受严重污染。与此同时，需要等反应堆降温至安全状态，然后将这个核电站封存废弃。在日本核电站周围检测到了碘 131 和铯 137。碘（I）与铯（Cs）是剂量评价两种最重要的放射性核素，据日本政府估算，福岛核事故向大气中释放的 I 和 Cs 的总量分别为

160PBq 和 15PBq。日本地方政府对自来水中以上两种核素进行了检测，发现 I 是主要的污染物，Cs 的含量低于规定限值。福岛县对未加工的生牛奶中 I 含量进行了检测，发现其含量已超过规定限值。福岛县还检测了蔬菜中 I 和 Cs 的含量，发现菠菜、卷心菜、萝卜、竹笋、芹菜等蔬菜中的放射性核素含量已超过规定标准。同样，福岛县的香鱼山、山女鱼、小沙丁鱼等鱼类体内放射性核素 I 和 Cs 均超过规定限值。I 进入人体后，会损害人的甲状腺，大幅增加患甲状腺癌的风险。人体摄入 Cs 后会积聚在肌肉组织中，导致癌症率增加。I 的半衰期只有 8 天，但 Cs 的半衰期长达 30 年，它的辐射影响是长期的。

地震造成两个核电站共 5 个机组停止运转，日本政府宣布进入"核能紧急事态"，并在 12 日确认了核电站存在泄漏。经监测后发现福岛第一核电站的放射量严重超标，为防止事态进一步恶化，周边大批居民被迫疏散。日本政府为冷却反应堆，持续投入冷却剂（水），因此遗留了大量未妥善处理的核废水。从 2011 年日本福岛发生核泄漏事故到现在，关于核废水应该如何处理的问题，国际上一直争执不休。2021 年 4 月 13 日，日本政府决定将福岛核事故污染废水排入大海中。按照日方想法，将核废水排入大海是最好的办法。对于日本来说，此种处理办法既能省下大笔处理核废水的费用，又节省了土地和空间，但是这种做法无疑危害到了全人类的健康。早前，德国海洋科学研究机构对核废水的扩散情况进行了计算机模拟实验，发现核废水排入大海后，57 天太平洋的 1/2 会遭到核污染，半年后高剂量辐射会大面积扩散，三年后核辐射会污染美国与加拿大。根据这次模拟实验，可以清楚地知道，只要日本将核废水排入大海，世界上没有一个国家、没有一个人可以"独善其身""免遭祸害"。同时，国际绿色和平组织也对日本和全人类发出了警告：日本排放的核废水中含有放射物质，可能会损害人类的 DNA。根据绿色和平组织表示，日本福岛核电站储存的 123 万吨核废水中，含有水平达到危险级别的放射性同位素碳 14 以及其他危险放射性元素如"氚"，如果排放到海水中会给周边环境和人类带来极大的威胁。

思考题

1.环境中放射性的来源主要有哪些？

2.辐射对人体的作用和危害是什么？

3.放射性的度量都有哪些？

4.辐射防护的原则和基本方法有哪些？

5.放射性废物的处理流程是怎样的？

6.放射性废液应该如何处理？

7.放射性废气应该如何处理？

8.放射性固体废物应该如何处理和处置？

9.表面污染的去除方法有哪些？

第 6 章 环境热污染及其控制

本章重点和难点

- 城市热岛效应、温室效应的成因及危害。
- 水体热污染及其危害。
- 热污染防治措施。

本章知识点

- 热环境。
- 温室效应、温室气体、温室效应加剧原因、温室效应危害。
- 城市热岛效应、城市热岛效应的成因、城市热岛效应的主要影响。
- 水体热污染及其危害。
- 大气热环境评价及标准。
- 热污染防治措施。

6.1 热环境

人类的生存具有特定的温度区间，过热或过冷均会损害人类健康。人们主要依靠穿衣服和营造居室来获得生存所需要的热环境，否则人类的生命会受到威胁。所谓热环境就是指提供给人类生产、生活及生命活动的良好的生存空间的温度环境。太阳能量辐射创造了人类生存空间的大的温度环境，而各种能源提供的能量则对人类生存的小的热环境做进一步的调整，使之更适于人类的生存。同时人类的各种活动也在不断地改变着人类生存的热环境。热环境可以分为自然热环境和人工热环境（表 6-1）。

表 6-1 热环境的分类

名　称	热　源	特　征
自然热环境	太阳	热特性取决于环境接收太阳辐射的情况,并与环境中大气同地表间的热交换有关,也受气象条件的影响

名　称	热　源	特　征
人工热环境	房屋、火炉、机械、化学等设施	人类为了防御、缓和外界环境剧烈的热特性变化,创造的更适于生存的热环境。人类的各种生产、生活和生命活动都是在人工热环境中进行的

6.1.1　热环境的热量来源

人类生产、生活及生命活动的主要空间是地球,其热量来源主要有两大类。一类是天然热源,即太阳,它以电磁波的方式不断向地球辐射能量。环境的热特性不仅与太阳辐射能量的多少有关,同时还取决于环境中大气同地表之间的热交换的状况。另一类是人为热源,即人类在生产和生命过程中产生的热量。

（1）天然热量来源

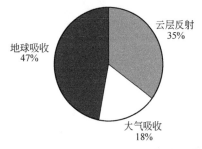

图 6-1　太阳辐射通量分配状况图

太阳表面的有效温度为 5497℃,其辐射通量（或称太阳常数）是指在地球大气圈外层空间,垂直于太阳光线束的单位面积上单位时间人接受的太阳辐射能量的大小,其值大约为 $1.95cal/(cm^2 \cdot min)$（$1cal=4.1840J$）。太阳辐射通量分配状况如图 6-1 所示。

影响地球接受太阳辐射的因素主要有两方面:一是地壳以外的大气层;二是地表形态。

从地球接受来自太阳辐射能量的途径可以看出地壳以外的大气层是影响地球接受能量的一个重要方面。这主要取决于大气的成分组成,即大气中臭氧、水蒸气和二氧化碳的含量的多少。距地表 20~50km 的高空中为臭氧层,它主要吸收太阳辐射中对地球生命系统构成极大危害的紫外线波段的辐射能量,从这个意义上来说,臭氧层就是地球的护身符。太阳辐射中到达地表的主要是短波辐射,其中量较少的长波辐射被大气下层中的水蒸气和二氧化碳吸收。而大气中的其他气体分子、尘埃和云,对大气辐射起反射和散射作用。其中大的微粒主要起反射作用,而小的微粒对短波辐射作用较强。大气中主要物质吸收辐射能量的波长范围如表 6-2 所列。

表 6-2　大气中主要物质吸收辐射能量的波长范围

物质种类	吸收能量的波长范围/μm		
N_2, O_2, N, O	<0.1	短波	距地 100km,对紫外线完全吸收
O_2	<0.24	短波	距地 50~100km,对紫外线部分吸收
O_3	0.2~0.36	短波	在平流层中,吸收绝大部分的紫外线
	0.4~0.85	长波	
	8.3~10.6	长波	对来自地表的辐射少量吸收
H_2O	0.93~2.85	长波	6~25μm 附近,对来自地表的辐射吸收能力较强
	4.5~80	长波	
CO_2	4.3 附近	长波	
	12.9~17.1	长波	对来自地表的辐射完全吸收

地表的形态类型是影响地表接受太阳辐射能量的另一重要因素。地表在吸收部分太阳辐射的同时,又对太阳辐射起反射作用。而且吸热后温度升高的地表也同样以长波的形式

向外辐射能量。地表的形态类型决定了吸收和反射太阳辐射能量之间的比例关系，不同的地表类型差异较大。

地表和大气间以辐射方式进行的能量交换称为潜热交换，而以对流和传导方式进行的能量交换称为湿热交换。地表和大气间不停地进行着这两种能量交换，地表热环境的状况取决于这两者热交换的结果。可以假设一柱体空间，其上表面为太空，下表面无限延伸至竖向热流为零的表面。柱体空间区域与外界热交换的方程为

$$G=(Q+q)(1-\alpha)^2+I_{进}-I_{出}-H-L_E-F \tag{6-1}$$

式中　G——柱体空间区域总能量；

　　　Q——太阳直接辐射能量；

　　　q——大气微粒散射太阳辐射能量；

　　　α——地表短波反射率；

　　　$I_{进}$——到达地表的长波辐射能量；

　　　$I_{出}$——地表向外的长波辐射能量；

　　　H——地表与大气交换的显热量；

　　　L_E——地表与大气交换的潜热量；

　　　F——柱体空间区域与外界水平方向交换的热流能量。

该空间区域的净辐射能量为

$$R=(Q+q)(1-\alpha)+I_{进}-I_{出}=G+H+L_E+F \tag{6-2}$$

不同地区的热环境系数 R、H、L_E、F 是不同的，见表6-3。

表6-3　全球不同纬度区的热环境系数

纬度区	海洋				陆地				地球			
	R	H	L_E	F	R	H	L_E	F	R	H	L_E	F
90~80(N)									-9	-10	3	-2
70~80									1	-1	9	-7
60~70	23	16	33	-26	20	6	14		21	10	9	-7
50~60	29	16	39	-26	30	11	14		30	14	28	-12
40~50	51	14	53	-16	43	21	24		48	17	38	-17
30~40	83	13	86	-16	60	27	23		73	24	39	-10
20~30	113	9	105	-1	69	49	20		96	24	73	-1
10~20	119	6	99	14	71	42	29		106	16	81	9
0~10	115	4	80	31	71	24	48		105	11	72	22
0~90									72	16	55	1
0~10	115	4	84	27	72	22	50		105	10	76	19
10~20	113	5	104	4	73	32	41		104		90	3
20~30	101	7	100	-6	70	42	28		94		83	-5
30~40	82	8	80	-6	62	34	28		80		74	-5
40~50	57	9	35	-7	41	20	21		36		53	-7
50~60	28	10	31	-13	31	11	20		28		31	-14

纬度区	海　洋				陆　地				地　球			
	R	H	L_E	F	R	H	L_E	F	R	H	L_E	F
60～70									13		10	−8
70～80									−2		3	−1
80～90(S)									−11		0	−1
0～90									72		62	−1
0～90									72	16	55	1
全球	82	8	74	0	49	24	25		72		59	0

注：其中正值表示系统吸热，负值表示系统放热。

（2）人为热量来源

自然环境的温度变化较大，而满足人体舒适要求的温度范围又相对较窄，不适宜的热环境会影响人的工作效率、身体健康以致生命安全。舒适的热环境有利于人的身心健康，从而可以提高工作效率。为了维系人类生存较为适宜的温度范围，创造良好的热环境，除太阳辐射的能量外，人类还需要各种能源产生的能量。可以说人类各种生产、生活和生命活动都是在人类创造的热环境中进行的。热环境中的人为热量来源主要包括以下几种。

① 各种大功率的电器机械装置在运转过程中，以副作用的形式向环境中释放的热能，如电机、发电机和各种电器等；

② 放热的化学反应过程，如化工厂的化学反应炉和核反应堆中的化学反应，太阳辐射能量实际就是化学反应氢核聚变产生的；

③ 密集人群释放的辐射能量，一个成年人对外辐射的能量相当于一个 146W 的发热器所散发的能量，例如在密闭潜艇内，人体辐射和烹饪等所产生的能量积累可以使舱内温度达到 50℃。

6.1.2　人体与热环境

人生活在地球上，人体与其所处的环境之间不断地进行着热交换。人体内食物的分解代谢不断产生大量的能量，然而人的体温要保持在 37℃ 左右，因此人体内部产生的热量要及时向环境散发以保持人体内部的热量平衡。人体内热量平衡关系式为

$$S = M - (\pm W) \pm E \pm R \pm C \tag{6-3}$$

式中　S——体蓄热率；

M——食物代谢率；

W——外部机械功率；

E——总蒸发热损失率；

R——辐射热损失率；

C——对流热损失率。

人体与环境之间的热交换一般有 2 种方式：a. 对外做功（W），如人体运动过程及各种器官有机协调过程的能量消耗；b. 转化为体内热（H），并不断传递到体表，最终以热辐射或热传导的方式释放到环境中。如果体内热不能及时得到释放，人体就要依靠自身的热调节系统（如皮肤、汗腺分泌），加强与环境之间的热交换，从而建立与环境间新的热

平衡以保持体温稳定。

为了适应热环境的变化，人体在热环境中会对自身进行调节。人体所能适应的最适温度范围（25～29℃）称为中性区。在中性区人体的各种生理机能能够得到较好的发挥，从而可以达到较高的工作效率。中性区的中点称为人的中性点。

空气温度的下降会降低辐射，空气流速的增加会增大对流传热，这两者都会增加人体对外的散热量。当环境温度下降时，为了保持体温稳定，人体会发生自然的生理反应，通过血管收缩，减少流向皮肤的血液流量，从而减小皮层的传热系数，降低体内热的外辐射量。如果环境温度继续降低，人就要加快体内物质代谢速率以提供体内热，或依靠衣物以及外部的能量补给，以阻止体温的进一步降低。此时人体的生理反应为肌肉伸张，表现为打冷战，这一温度区间称为行为调节区。如果外界环境再度降温，即进入人体冷却区，人体的各种生理功能难以协调发挥作用，感觉是比较冷。有记载的人体存在的最低环境温度为-75℃，而通过穿着高效保温服能保证进行正常工作的低温限为-35℃。

环境温度高于中心点以上有一较窄的温度范围，被称为抗热血管温度调节区。在此温度范围内，人体会加大传至体表的血液流量（比在中性点时高出2～3倍的血流量），此时体表的温度仅比体内低1℃，从而加大体表外辐射量。环境温度继续升高时，人体将要借助体表分泌更多的汗液，以潜热的方式向环境释放体内热，此温度范围称为蒸发调节区。在此温度范围区内，环境的水蒸气分压和体表的空气流速是影响身体调节功能发挥效果的决定性因素。而后随着环境温度的进一步升高，人体将进入受热区，人体处于热量的耐受状态。

6.1.3 高温环境

温度超过人类生产、生活和生命活动所需要的适宜的环境温度中性点的环境都可以称为高温环境。但是只有环境温度超过29℃时，才会对人体的生理机能产生影响，降低人的工作效率。

（1）高温环境热量来源

① 各种燃料燃烧过程中产生的燃烧热，以热的三种传导方式与环境进行热交换，改变着热环境。如锅炉、冶金工厂、窑厂等的燃料燃烧。

② 各种大功率的电器械装置在运转过程中向环境中释放的热能。

③ 放热的化学反应过程。如化工厂的化学反应炉和核反应堆中的化学反应。太阳本身巨大的能量来源——氢核聚变就是一化学反应过程。

④ 夏季和热带、沙漠地区强烈的太阳辐射。

⑤ 各种军事活动中的爆炸物产生的巨大的能量。

⑥ 密集人群释放的辐射能量。

（2）高温环境对人体的危害

① 高温灼伤 当皮肤温度高达41～44℃时，人就会有灼痛感。如果温度继续升高，就会伤害皮肤基础组织。

② 高温反应 如果长时间在高温环境中停留，由于热传导的作用，体温会逐渐升高。当体温高达38℃以上时，人就会产生高温不适反应。人的深部体温是以肛温为代表的，人体可耐受的肛温为38.4～38.6℃，体力劳动时，此值为38.5～38.8℃。极端不适反应

的肛温临界值为 39.1～39.5℃。当高温环境温度超过这一限值时，汗液和皮肤表面的热蒸发都不能满足人体和周围环境之间热交换的需要，从而不能将体内热及时释放到环境中去，人体对高温的适应能力达到极限，将会产生高温生理反应现象。体内温度超过正常值（37℃）2℃时，人体的机能就开始丧失。体温升高到 43℃以上，只需要几分钟时间，就会导致人的死亡。高温生理反应的主要表现症状为头晕、胸闷、心悸、视觉障碍（眼花）、恶心、呕吐、癫痫抽搐等；体征表现为虚脱、肢体僵直、大小便失禁、昏厥、烧伤、昏迷，甚至死亡。

（3）高温环境的防护

为防止高温环境对人体的局部灼伤，一般采用由隔热耐火材料制成的防护手套、头盔和鞋袜等防护物。对于全身性高温环境，其防护措施为采用全身性降温的防护服。研究表明，头部和脊柱的高温冷却防护对于提高人体的高温耐力具有重要的价值和意义。全身冷水浴和大量饮水，也可对抗高温起到很好的作用。另外，有意识经常性地在高温环境中锻炼，人体就会产生"高温习服"现象，从而更加耐受高温环境。高温习服的上限温度为49℃。随着科技水平的不断发展，高温环境中的工作将会逐渐由机械完成（如机器人），在必须有人类参与的高温环境工作中，普遍采用环境调节装置调节环境温度，以更适于人类的生产、生活和生命活动。

6.2 热污染及其危害

人类在开发和利用能源的过程中，由于热传递效率不可能达到 100%，总有部分热量以人们不希望的方式散失和传递。另外，能源利用过程中还会产生 CO_2、水蒸气、热水等对人体虽无直接危害，但对环境可产生不良影响的物质，引起热污染。所谓热污染，是指那些由于人类某些活动，使局部环境或全球环境发生增温，并可能形成对人类和生态系统产生直接或间接、即时或潜在危害的现象。造成热污染的根本原因是能源未能被最有效、最合理的利用。燃料的大量消耗，干扰了地球环境的热平衡，使环境遭受热污染。燃料燃烧排放出大量的二氧化碳，对环境产生温室效应；城市人口密集，燃料消耗量大，使城市出现热岛效应等。这些都是热污染的表现。热污染对自然环境造成的破坏，将会给人类和生物带来长期的不利影响。

6.2.1 大气热污染

6.2.1.1 温室效应

大气下层的直接热源是水面、陆地、植被等下垫面和云层向外发出的长波辐射，而不是太阳的短波辐射。正是由于大气中的某些物质具有允许太阳短波辐射通向地表，而部分吸收地表长波辐射的特性，才使它具有与温室中玻璃相类似的"温室效应"。

大气中能吸收长波辐射的物质有水汽、CO_2、CH_4、N_2O、SO_2、O_3、CFCs、微尘等。通常把 CO_2、CH_4、N_2O、SO_2、O_3、CFCs 等称为温室气体。温室气体的源是指向大气排放各种温室气体、气溶胶或温室气体前体物的过程或活动，例如燃烧过程向大气排入 CO_2、SO_2，农业生产活动向大气排入 CH_4，则燃烧过程与农业生产活动就各自构成 CO_2、SO_2 以

166

及 CH_4 的源。而温室气体的汇则是指从大气中清除温室气体、气溶胶或温室气体前体物的各种过程、活动或机制，例如对大气中的 CO_2 通过光合作用被植物吸收，以及 N_2O 在大气中被化学转化为 NO_x 的过程来说，植物和 NO_x 就分别是 CO_2 和 N_2O 的汇。

（1）温室效应的原理

农业上用的温室通常是用玻璃盖成的，用来种植花草等植物。当太阳照射在温室的玻璃上时，由于玻璃可以透过太阳的短波辐射，同时室内地表吸热后又以长波的形式向外辐射能量，而玻璃具有较好的吸收长波辐射的能力，因而温室能够积聚能量，使得温室的温度不断升高。当然由于热传导和热辐射的作用，只能达到某一定的温度，而不可能持续升高。

地球大气层的热量辐射平衡状况见图 6-2，太阳总辐射能量（$240W/m^2$）和返回太空的点红外线的释放能量应该相等。其中约 1/3（$103W/m^2$）的太阳辐射会被反射而余下的会被地球表面所吸收。此外，大气层的温室气体和云团吸收及再次释放出红外线辐射，使得地面变暖。

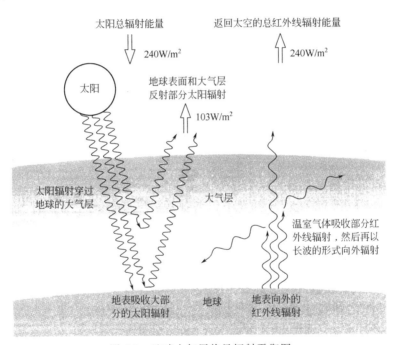

图 6-2　地球大气层热量辐射平衡图

其实温室效应是一种自然现象，自从地球产生以后，就一直存在于地球上。如果地球没有大气层的保护，在太阳辐射能量的平衡状态下，地球表面的平均温度约为 $-18℃$，比目前地表的全球平均气温 $15℃$ 低许多。

大气层中的许多气体几乎不吸收可见光，但对地球放射出去的长波辐射却具有极好的吸收作用。这些气体允许约 50% 的太阳辐射穿越大气被地表吸收，但却拦截几乎所有地表及大气辐射出的能量，减少了能量的损失，然后再将能量释放出来，使得地表及对流层温度升高，大气放射出的辐射不但使地表升温，而且在夜晚继续辐射，使地表不致因缺乏太阳辐射而变得太冷。而月球没有大气层，从而无法产生温室效应，导致月球上日夜温差达数十度。其实温室效应不只发生在地球，金星及火星大气的成分主要为二氧化碳，金星大气的温室效应高达 $523℃$，火星则因其大气太薄，其温室效应只有 $10℃$。

（2）温室效应的加剧

在自然条件下，温室气体在大气层中的含量不足 1%，但由于人类活动的影响，导致大气中温室气体的不断增加，使更多的长波辐射返回地表，加剧了温室效应，引起全球变暖。各种温室气体的主要特性见表 6-4，它们的全球变暖潜能见表 6-5。

表 6-4　几种主要温室气体的特性

温室气体	来　源	出　路	对气候的影响
CO_2	(1)燃料燃烧； (2)森林植被破坏	(1)海洋吸收； (2)植物光合作用	吸收红外线辐射，影响大气平流层中 O_3 的浓度
CH_4	(1)生物尸体燃烧； (2)肠道发酵作用； (3)水稻生长	(1)和羟基发生化学反应； (2)土壤内微生物吸收	吸收红外线辐射，影响大气对流层中 O_3 和羟基的浓度，影响平流层中 O_3 的浓度
N_2O	(1)生物体的燃烧； (2)燃料燃烧； (3)化肥施用	(1)土壤吸收； (2)在大气平流层中被光线分解，并和 O 原子发生化学反应	吸收红外线辐射，影响大气平流层中 O_3 的浓度
O_3	O_2 紫外线下的光化催化合成作用	与 NO_x、ClO_x 和 HO_x 等化合物发生催化反应	吸收紫外线和红外线辐射
CO	(1)植物呼吸作用； (2)燃料燃烧； (3)工业生产	(1)土壤吸收； (2)和羟基发生化学反应	影响平流层中 O_3 和羟基的循环，产生 CO_2
CFCs	工业生产	在平流层中被光线分解，并同 O 原子发生化学反应	吸收红外线辐射，影响大气平流层中 O_3 的浓度
SO_2	(1)火山爆发； (2)煤和生物体的燃烧	(1)自然沉降； (2)与羟基发生化学反应	形成悬浮粒子，散射太阳辐射

表 6-5　各种温室气体的全球变暖潜能

温室气体		留存期/年	全球变暖潜能[①]		
			20 年	100 年	500 年
二氧化碳(CO_2)		未能确定	1	1	1
甲烷(CH_4)		12	62	23	7
一氧化二氮(N_2O)		114	275	296	156
氯氟碳化合物(CFCs)		—	—	—	—
①	$CFCl_3$(CFC-11)	45	6300	4600	1600
②	CF_2Cl_2(CFC-12)	100	10200	10600	5200
③	$CClF_3$(CFC-13)	640	10000	14000	16300
④	$C_2F_3Cl_3$(CFC-113)	85	6100	6000	2700
⑤	$C_2F_4Cl_2$(CFC-114)	300	7500	9800	8700
⑥	C_2F_5Cl(CFC-115)	1700	4900	7200	9900

① 排放 1kg 该种温室气体相对于 $1kgCO_2$ 所产生的温室效应（数据来自政府间气候变化专门委员会第三份评估报告，2001）。

水蒸气在大气中的含量是相对稳定的，而随着城市化、工业化和交通现代化以及人口剧增，煤、石油、天然气等化石燃料的大量消耗，排入大气的 CO_2 的含量不断增加。全球由于此种原因每天产生的温室气体达到 6000 多万吨，这是"温室效应"加剧的主要原因。在欧洲工业革命之前的一千年，大气中 CO_2 浓度一直维持在约 $280mL/m^3$（即一百万单位体积的大气气体中含量有 280 单位体积的二氧化碳）。工业革命之后大气中 CO_2 含量迅速增加，1950 年之后，增加的速度更快，到 1995 年大气中 CO_2 含量增加了 30％，达到 150 年以来的最高峰，而且还以每年 0.5％ 的速度继续增加。世界各主要地区二氧化碳年人均排放量见表 6-6。随着大气中 CO_2 浓度的不断提高，更多的能量被保存到地球上，加剧了地球升温。

表 6-6　世界各主要地区二氧化碳年人均排放量　　　　　单位：t/a

年　份	北美	欧洲与中亚	西亚	拉丁美洲与加勒比海地区	亚洲与太平洋地区	非洲
1975 年	19.11	8.78	4.88	2.03	1.27	0.94
1995 年	19.93	7.93	7.35	2.55	2.23	1.24

近年来地球变暖的结果并不只是因为大气中 CO_2 浓度的提高，其他温室气体的作用也是一个重要因素。虽然其他温室气体在大气中的浓度比 CO_2 要低很多，但它们对红外线的吸收效果要远好于 CO_2，所以它们潜在的影响力也是不可低估的。

温室气体在大气中的停留时间（即生命期）都很长。CO_2 的生命期为 50～200 年（未能确定），CH_4 为 12～17 年，N_2O 为 114 年，CFCs（CFC-12）为 100 年。这些气体一旦进入大气，几乎无法进行回收，只有依靠自然分解过程让它们逐渐消失。因此温室效应气体的影响是长久的而且是全球性的。从地球任何一个角落排放至大气中的温室效应气体，在它的生命期中都有可能到达世界各地，从而对全球气候产生影响。因此，即使现在人类立即停止所有温室气体的产生、排放，但从工业革命以来，累积下来的温室气体仍将继续发挥它们的温室效应，影响全球气候达百年之久。

不同温室气体单位质量或浓度的增温贡献率不同，在大气中含量增加的速率也不同，因此在不同时期内对全球气温升高的贡献率也不同（图 6-3）。

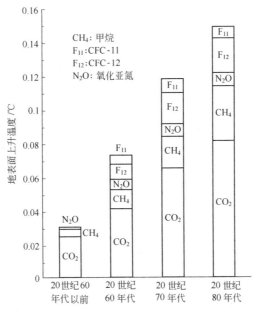

图 6-3　温室气体对气温上升的贡献变化

（3）全球变暖

由于大气层温室效应的加剧，导致了严重的全球变暖的发生，这已是一个不争的事实。全球变暖已成为目前全球环境研究的一个主要课题。已有的统计资料表明，全球温度在过去的 20 年间已经升高了 $0.3 \sim 0.6 \, ^\circ\text{C}$，据预测，到 2100 年地面气温将升高 $1.4 \sim 5.8 \, ^\circ\text{C}$，这将会对已探明的宇宙空间中唯一有生命存在的地球环境产生非常严重的后果。

① 气候变化　若以气温增高 $3.5 \, ^\circ\text{C}$ 计，北半球的气候带平均约要北移 5 个纬度，冬季变短、变潮湿；夏季变长、变干燥。亚热带可能会比现在更干，而热带可能变得更湿润。由此海洋产生更多的热量和水分，气流更强，热带风暴的能量比现在大 50%，台风和飓风将更加频繁。最近的厄尔尼诺现象的强度和频率有上升的趋势，很多气候模型预测表明，这将导致热带和亚热带地区严重的洪涝和干旱。

② 海平面升高　全球对变暖的直接后果便是高山冰雪融化、两极冰川消融，从而导致海平面升高，再加上近年来由于某些地区地下水的过量开采，造成海平面上升了 10cm 以上。据预测，依照现在的状况，到 21 世纪末，海平面将会比现在上升 50cm 甚至更多。

我国受海平面上升威胁最大的是经济发达、人口密集的三角洲、海岸带和低地地区的淹没损失。海平面若升高 1m，孟加拉国面积的 11.5% 将成一片泽国，其 GNP 则将减少 8%。许多小岛可能将从此在地图上消失。

③ 加剧荒漠化程度　全球变暖，会加快、加大海洋的蒸发速度，同时改变全球各地的雨量分配结果。研究表明，在全球变暖的大环境下，陆地蒸发量将会增大，这样世界缺水地区的降水和地表径流都会减少，会变得更加缺水，从而给那些地区人们的生产生活带来极大的困难，而雨量较大的热带地区，如东南亚一带降水量会更大，从而加剧洪涝灾害的发生，这些情况都将会直接影响到自然生态系统和农业生产活动。目前，世界土地沙化的速率是每年 6 万平方千米。

④ 危害地球生命系统　全球变暖将会使多种业已灭绝的病毒细菌死灰复燃，使已被控制的有害微生物和害虫得以大量繁殖，人类自身的免疫系统也将因此而降低，从而对地球生命系统构成极大的威胁。

6.2.1.2　城市热岛效应及影响

（1）城市热岛效应

在人口稠密、工业集中的城市地区，由人类活动排放的大量热量与其他自然条件共同作用致使城区气温普遍高于周围郊区，称为城市热岛效应。

据气象观测资料表明，城市气候与郊区气候相比有"热岛""混浊岛""干岛""湿岛""雨岛"五岛效应，其中最为显著的就是由于城市建设而形成的"热岛"效应。城市热岛效应早在 18 世纪初最先在英国伦敦发现。国内外许多学者的研究表明：城市热岛强度是夜间大于白天，日落以后城郊温差迅速增大，日出以后又明显减小。表 6-7 为世界主要城市与郊区的年平均温差。中国观测到的"热岛效应"最为严重的城市是上海和北京。

城市热岛效应导致城区温度高出郊区农村 $0.5 \sim 1.5 \, ^\circ\text{C}$（年平均值），夏季，城市局部地区的气温有时甚至比郊区高出 $6 \, ^\circ\text{C}$ 以上。如上海市，每年气温在 $35 \, ^\circ\text{C}$ 以上的高温天数都要比郊区多出 10d 以上。这当然与城区的地理位置、气象条件、人口稠密程度和工业发展与集中的程度等因素有关（见表 6-8）。日本环境省 2002 年夏季发表的调查报告表明，日本大城市的"热岛"效应在逐渐增强。

表 6-7　世界主要城市与郊区的年平均温差

城　市	温差/℃	城　市	温差/℃
纽约	1.1	巴黎	0.7
柏林	1.0	莫斯科	0.7

表 6-8　中国主要城市热岛强度与城市规模、人口密度关系[①]

城　市	气候区域	城市面积/km²	城市人口/万人	人口密度/(人/km²)	温差/℃
北京	中温带亚湿润气候区	87.8	239.4	27254.0	2.0
沈阳	中温带亚湿润气候区	164.0	240.8	14680.0	1.5
西安	中温带亚干旱气候区	81.0	130.0	16000.0	1.5
兰州	中温带亚干旱气候区	164.0	89.6	5463.0	1.0

① 资料来源：朱瑞兆，等.中国不同的域城市热岛研究.1993，184。

（2）城市热岛效应的成因

城市热岛效应是城市化气候效应的主要特征之一，是人类在城市化进程中无意识地对局部气候产生的影响，也是人类活动对城市区域气候影响最典型的代表，是在人口高度密集、工业集中的城市区域，由人类活动排放的大量热量与其他自然条件因素综合作用的结果。

图 6-4 是城市热岛效应形成模式图。白天，在太阳辐射下构筑物表面迅速升温，积蓄大量热能并传递给周围大气；夜晚又向空气中辐射热量，使近地继续保持相对较高的温度，形成城市热岛。另外，由于建筑物密集，"天穹可见度"低，地面长波辐射在建筑物表面多次反射，使得向宇宙空间散失的热量大大减少，日落后降温也很缓慢。

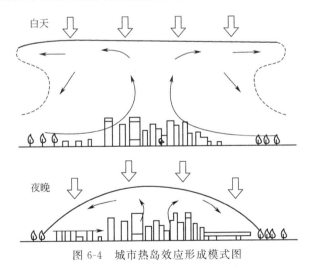

图 6-4　城市热岛效应形成模式图

城市热岛效应变得越来越明显，究其原因主要有以下几个方面。

① 城市下垫面（大气底部与地表的接触面）特性的影响　随着城市化进程的发展，原来的林地、草地、农田、牧场和水塘等自然生态环境逐渐被大量的人工构筑物如混凝土、柏油地面、各种建筑墙面等所替代，使城市的下垫面的热力学、动力学改变，这些人工构筑物吸热快、传热快，而热容量小，在相同的太阳辐射条件下，它们比自然下垫面（绿地、水面等）升温快，因而其表面的温度明显高于自然下垫面。表 6-9 为不同类型地表的显热系数。

白天，在太阳的辐射下，构筑物表面很快升温，受热构筑物面把高温迅速传给大气；日落后，受热的构筑物仍缓慢向市区空气中辐射热量，使得近地气温升高。例如夏天，草坪温度32℃、树冠温度30℃的时候，水泥地面的温度可以高达57℃，柏油马路的温度更是高达63℃。城市中植被面积减少，不透水面积增大，导致储水能力降低，蒸发（蒸腾）强度减小，从而蒸发消耗的潜热少，地表吸收的热量大都用于下垫面增温。同时由于城市构筑物增加，下垫面粗糙度增大，阻碍空气流通，风速减小，也不利于热量扩散。

表 6-9　不同类型地表的显热系数

地表类型	B[①]	C[②]	地表类型	B[①]	C[②]
沙漠	20.00	0.95	针叶林	0.50	0.33
城市	4.00	0.80	阔叶林	0.33	0.25
草原、农田（暖季）	0.67	0.40	雪地	0.10	0.29

① 鲍恩（Bowen）指数，$B=H/L_e$；式中，H 为日地热交换量；L_e 为地表热蒸发耗热量。
② 显热指数，$C=H/(H+L_e)$。

② 人工热源的影响　工业生产、居民生活制冷、采暖等固定热源，交通运输、人群等流动热源不断向外释放废热。城市能耗越大，热岛效应越强。日益加剧的城市大气污染的影响，城市中的机动车辆、工业生产以及大量的人群活动产生的大量的氮氧化物、二氧化碳、粉尘等物质改变了城市大气的组成，使其吸收太阳辐射和地球长波辐射的能力得到了增强，加剧了大气的温室效应，引起地表的进一步升温。

③ 高耸入云的建筑物造成近地表风速小且通风不良，使得城市的平均风速比郊区小25%，城郊之间热量交换弱，城市白天蓄热多，夜晚散热慢，也加剧了城市热岛效应。

（3）城市热岛效应带来的影响

① 城市热岛效应的存在，使得城区冬季缩短，霜雪减少，有时甚至出现城外降雪城内雨的现象（如上海 1996 年 1 月 17~18 日），从而可以降低城区冬季采暖能耗。另一方面，热岛效应导致夏季持续高温又会增加城市耗能。例如美国洛杉矶市城乡温差增加2.8℃后，全市因空调降温耗电 10 亿瓦，每小时合 15 万美元，据此推算全美国夏季因热岛效应每小时多耗降温费可达数百万美元。

② 夏季，城市规划热岛效应加剧城区高温天气，降低了工人的工作效率，且易造成中暑甚至死亡。医学研究表明，环境温度与人体的生理活动密切相关，环境温度高于28℃时，人就有不舒适感；温度再高就易导致烦躁、中暑、精神紊乱；如果气温高于34℃加之频繁的热浪冲击，还可引发一系列疾病，特别是使心脏、脑血管和呼吸系统疾病的发病率上升，死亡率明显增加。此外，高温还加快光化学反应速度，从而使大气中 O_3 浓度上升，加剧大气污染，进一步伤害人体健康。例如，1966 年 7 月 9 日至 14 日，美国圣路易斯市气温高达 38.1~41.4℃，比热浪前后高出 5.5~7.5℃，导致城区死亡人数由原来正常情况的 35 人/天陡增至 152 人/天。1980 年圣路易斯市和堪萨斯市，两市商业区死亡率分别升高 57% 和 64%，而附近郊区只增加了约 10%。

③ 城市热岛效应可能引起暴雨、飓风、云雾等异常的天气现象，即"雨岛效应""雾岛效应"和"城市风"。受热岛效应的影响，夏季经常发生市郊降雨而远离市区却干燥的现象。城市云雾则是由工业生产和生活排放的各种污染物形成的酸雾、油雾和光化学雾的集合体，热岛效应阻碍了这些物质向宇宙太空逸散，它们的增加不仅危害生物，还会妨碍

水陆交通和供电。例如，2002 年的冬天，整个太原城 100d 的冬季，其中 50d 是雾天。由于热岛效应，市区中心空气受热不断上升，周围郊区的冷空气向市区汇流补充，城乡间空气的这种对流运动，被称为"城市风"，在夜间尤为明显。而在城市热岛中心上升的空气又在一定高度向四周郊区冷却扩散下沉以补偿郊区低空的空缺，这样就形成了一种局部环流，称为城市热岛环流。这样就使扩散到郊区的废气、烟尘等污染物重聚集到市区的上空，难以向下风向扩散稀释，加剧城市大气污染（图 6-5）。

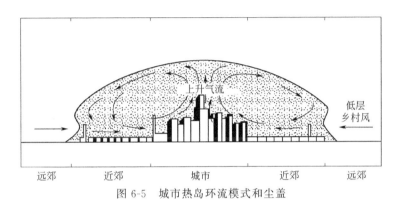

图 6-5　城市热岛环流模式和尘盖

④ 热岛效应会加剧城市能耗，增大其用水量，从而消耗更多的能源，造成更多的废热排放到环境中去，进一步加剧城市热岛效应，导致恶性循环。城市热岛反映的是一个温差的概念，原则上来讲，一年四季热岛效应都是存在的，但是，对于居民生活和消费构成影响的主要是夏季高温天气下的热岛效应。为了降低室温及提高空气流通速度，人们普遍使用空调、电扇等电器装置，从而加大了能耗量。例如，目前美国 1/6 的电力消费用于降温目的，为此每年需要付 400 亿美元。

6.2.2　水体热污染

向自然水体排放的温热水导致其升温，当温度升高到影响水生生物的生态结构时，就会发生水质恶化，影响人类生产、生活的使用，即为水体热污染。

（1）水体热污染的热量来源

工业冷却水是水体热污染的主要热源，其中以电力工业为主，其次在冶金、化工、石油、造纸和机械行业。在工业发达的美国，每年所排放的冷却用水达 5.5 亿立方米，接近全国用水量的 1/3；废热量约 1.0467×10^{13} kJ，足够 25 亿立方米的水温升高 10℃。例如在美国佛罗里达州的一座火力发电厂，其热水排放量超过 2000m³/min，导致附近海湾 $10 \sim 12 hm^2$ 的水域表层温度上升 $4 \sim 5$℃。各行业冷却水排放量对照见图 6-6。此外核电站也是水体热污染的主要热量来源之一，尤其是现在这样一个核利用逐渐增加的时代。一般轻水核堆电站的热能利用率为 $31\% \sim 33\%$，而剩余的约 2/3 的能量都以热（冷却水）的形式排放到环境中。

（2）水体热污染的危害

① 降低水体溶解氧且加重水体污染　温度是水的一个重要物理学参数，它将影响到水的其他物理性质指标。随着温度的升高，水的黏度降低，这将影响到水体中沉积物的沉降作用。水中溶解氧（DO）随温度的变化情况如表 6-10 所列。由表可知随着温度的升

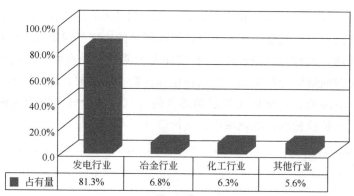

图 6-6　各行业冷却水排放量对照图

高，水中的 DO 值是逐渐降低的，而微生物分解有机物的能力是随着温度的升高而增强的，从而随着温升水体自净能力加强，提高了其生化需氧量，导致水体严重缺氧，加重了水体污染。

表 6-10　氧在水中的溶解度随温度的变化情况

水温 T/℃	DO 值/(mg/L)	水温 T/℃	DO 值/(mg/L)	水温 T/℃	DO 值/(mg/L)
0	14.62	11	11.08	22	8.83
1	14.23	12	10.83	23	8.63
2	13.84	13	10.60	24	8.53
3	13.48	14	10.37	25	8.38
4	13.13	15	10.15	26	8.22
5	12.80	16	9.95	27	8.07
6	12.48	17	9.74	28	7.92
7	12.17	18	9.54	29	7.77
8	11.87	19	9.35	30	7.63
9	11.59	20	9.1		
10	11.33	21	8.99		

注：1 个标准大气压下数据。

② 引起水体的富营养化　富营养化是以水体有机物和营养盐（氮和磷）含量的增加为标志，它引起水生生物大量繁殖，藻类和浮游生物爆发性生长。这不仅破坏了水域的景色，而且影响了水质，并对航运带来不利影响。如海洋中的赤潮使水中溶解氧急剧减少破坏水资源，使海水发臭，造成水质恶化，致使水体丧失饮用、养殖的价值。水温升高，生化作用加强，有机残体的分解速度加快，营养元素大量进入水体，更易形成富营养化。

不同温度下的优势藻类种群如表 6-11 所列。蓝藻的增殖速度很快，它不仅不是鱼类良好的饵食，而且其中有些还是有毒性的，它们的大量存在还会降低饮用水水源的水质，产生异味，阻塞水流和航道。

表 6-11　优势藻类种群随水温的变化情况表

温度 T/℃	优势藻类群落
20	硅藻
30	绿藻
35～40	蓝藻

③ 加快水生生物的生化反应速度 在 0～40℃ 的温度范围内，温度每升高 10℃，水生生物生化反应速率增加 1 倍，这样就会加剧水中化学污染物质（氰化物、重金属离子等）对水生生物的毒性效应。据资料报道，水温由 8℃ 增至 16℃ 时，KCN 对鱼类的毒性增加 1 倍；水温由 13.5℃ 增至 21.5℃ 时，Zn^{2+} 对虹鳟鱼的毒性增加 1 倍。

④ **破坏鱼类生存环境** 水体温度影响水生生物的种类和数量，从而改变鱼类的吃食习惯、新陈代谢和繁殖状况。不同的水生生物和鱼类都有自己适宜的生存温度范围，鱼类是冷血动物，其体温虽然在一定的温度范围内能够适应环境温度的波动，但是其调节能力远不如陆生生物那么强。有游动能力的水生生物有游入水温较适宜水域的习性，例如，在秋、冬、春三季有些鱼类常常被吸引到温暖的水域中，而在夏季，当水温超过了鱼类适应水温的 1～3℃ 时，鱼类都会回避水流，这就是鱼类调整自我适应环境的一种方式。从而可以看出热污染对附着型生物（鲍鱼、蝾螺、海胆等）的影响更大，其上限温度约为32℃。表 6-12 为不同鱼类及水生物最适生存温度范围。

表 6-12 不同鱼类及水生物最适生存温度范围

名 称	最适温度 $T/℃$	名 称	最适温度 $T/℃$	名 称	最适温度 $T/℃$
对虾	25～28	鲤鱼	25.5～28.5	沙丁鱼	11～16
海蟹	24～31	鳝鱼	20～28	墨鱼	11.5～16
牡蛎	15.5～25.5	比目鱼	3～4	金枪鱼	22～28

由表 6-12 可见，鱼类生存适宜的温度范围是很窄的，有时很小的温度波动都会对鱼类种群造成致命的伤害。

水温的上升可能导致水体中的鱼类种群的改变。例如，适宜于冷水生存的鲑鱼数量会逐渐减少，会被适宜于暖水生存的鲈鱼所取代。

温度是水生生物繁殖的基本因素，将会影响到如排卵的许多环节。例如，许多无脊椎动物有在冬季达到最低水温时排卵的生理特点，水温的上升将会阻止营养物质在其生殖腺内的积累，从而限制卵的成熟，降低其繁殖率。即使温升范围在产卵的温度范围内，也会导致产卵时间的改变，从而可能使得孵化的幼体因为找不到充足的食物来源，而导致自然死亡。同时，适宜的温升范围也有可能导致某些水生生物的爆发性生长。从而导致作为其食物来源生物群体的急剧减少，甚至种群的灭绝，反过来又会限制其自身种群的发展。鱼类的洄游规律是依据环境水温度的变化而进行的，水体的热污染必将破坏它们的洄游规律。

在热带和亚热带地区，夏季水温本来就高，废热水的稀释较为困难，且会导致水温的进一步升高；在温带地区，废水稀释升温幅度相对较小，而扩散的要快得多，从而热污染在热带和亚热带地区对水生生物的影响会更大些。

⑤ **危害人类健康** 温度的上升，全面降低人体机理的正常免疫功能，给致病微生物，如蚊子、苍蝇、蟑螂、跳蚤和其他传病昆虫以及病原体微生物提供了最佳的滋生繁衍条件和传播机制，导致其大量滋生、泛滥。目前以蚊子为媒介的传染病，已呈现急剧增长趋势。例如，2002 年 3 月初美国纽约发现一种由蚊子感染的"西尼罗河病毒"导致的怪病。

6.3　热污染评价与标准

6.3.1　大气热环境评价与标准

6.3.1.1　大气环境温度的测量方法

大气热环境在很大程度上受湿度和风速的影响，因其反映环境温度的性质不同，测量方法也不同。其测量方法主要有以下几种。

① 干球温度法　将水银温度计的水银球不加任何处理，直接放置到环境中进行测量，得到的温度为大气的温度，又称气温。

② 湿球温度法　将水银温度计的水银球用湿纱布包裹起来，然后放置到环境中进行测量，由此法测得的温度是湿度饱和情况下的大气温度。干球温度与湿球温度差值，反映了测量环境的湿度状况。

湿球温度与空气中水蒸气分压间存在着一定的关系式：

$$h_e(P_W - P_A) = h_c(T_a - T_w) \tag{6-4}$$

式中　h_e——热蒸发系数；

　　　P_W——湿球温度下的饱和水蒸气分压（湿球表面的水蒸气的压强），Pa；

　　　P_A——环境中的水蒸气分压，Pa；

　　　h_c——热对流系数；

　　　T_a——干球温度，℃；

　　　T_w——湿球温度，℃。

③ 黑球温度法　将温度计的水银球放入一直径15cm、外表面涂黑的空心铜球中进行测定，此法的测量结果可以反映出环境热辐射的状况，关系式为

$$T_g = \frac{(h_c T_a + h_\gamma T_\gamma)}{(h_c + h_\gamma)} \tag{6-5}$$

式中　T_g——黑球温度；

　　　T_γ——平均辐射温度；

　　　h_γ——热辐射系数。

6.3.1.2　生理热环境指标

环境温度对于人体产生的生理效应，除与环境温度的高低有关外，还与环境湿度、风速（空气流动速度）等因素有关。在环境生理学上常采用温度-湿度-风速的综合指标来表示环境温度，并称之为生理热环境指标。常用生理热环境指标主要有以下几种。

（1）有效温度（ET）

有效温度是将干球温度、湿度和空气流动速度对人体温暖感或冷感的影响综合成一个单一数值的任意指标，数值上等于产生相同感觉的静止饱和空气的温度。有效温度在低温时过分强调了湿度的影响，而在高温时对湿度的影响强调得不够。

（2）干-湿-黑球温度

此值是干球温度法、湿球温度法、黑球温度法测得的温度值按一定比例的加权平均

值，可以反映出环境温度对人体生理影响的程度。

① 湿球黑球温度指数（WBGT）

$$WBGT = 0.7T_{nw} + 0.2T_g + 0.1T_a \text{（室外有太阳辐射）} \tag{6-6}$$

或 $$WBGT = 0.7T_{nw} + 0.2T \text{（室内外无太阳辐射）} \tag{6-7}$$

式中 T_{nw}——自然湿球湿度，即把湿球温度计暴露于无人工通风的热辐射环境条件下测得的湿球温度值。

WBGT 指数是综合评价人体接触作业环境热负荷的一个基本参量，用以评价人体的平均热负荷。同样的 WBGT 指数，当人体代谢水平不同时给人的热负荷强度也不同，因此其评价标准与人的能量代谢有关，具体见表 6-13。

表 6-13 WBGT 指数评价标准

平均能量代谢率等级	WBGT 指数/℃			
	好	中	差	很 差
0	≤33	≤34	≤35	>35
1	≤30	≤31	≤32	>32
2	≤28	≤29	≤30	>30
3	≤26	≤27	≤28	>28
4	≤25	≤26	≤27	>27

人体的能量代谢率等级可通过测量来获得，没有能量代谢数据的情况下也可根据劳动强度将其划分为相应的 5 个等级，即休息、低代谢率、中代谢率、高代谢率和极高代谢率（表 6-14）。

表 6-14 能量代谢率分级

级 别	平均能量代谢率 M			示 例
	W/m²	kcal/(min·m²)	kJ/(min·m²)	
0 休息	≤65	≤0.930	≤3.892	休息
1 低代谢率	65～130	0.930～1.859	3.892～7.778	(1)坐姿：轻手工作业(书写、打字、绘画、缝纫、记账)，手和臂劳动(小修理工具、材料的检验、组装或分类)，臂和腿劳动(正常情况驾驶车辆脚踏开关或踏脚)。 (2)立姿：钻孔(小型)，碾磨机(小件)，绕线圈，小功率工具加工，闲步(速度<3.5km/h)
2 中代谢率	130～200	1.859～2.862	7.778～11.974	手和臂持续动作(敲钉子或填充)，臂和腿的工作(卡车、拖拉机或建筑设备等非运输操作)，臂和躯干工作(风动工具操作，拖拉机装配、粉刷、间断搬运中等重物、除草、锄田、摘水果和蔬菜)，推或拉轻型独轮或双轮小车(速度 3.5～5.5km/h)，锻造
3 高代谢率	200～260	2.862～3.721	11.974～15.565	臂和躯干负荷工作，搬重物、铲、锤煅、锯刨或凿硬木，割草、挖掘、以 5.5～7km/h 速度行走，推或拉重型独轮或双轮车，安装混凝土板块
4 极高代谢率	>260	>3.721	>15.565	快速到极限节律的极强活动，劈砍工作，大强度的挖掘，爬梯、小步急行、奔跑、行走速度超过 7km/h

② 温湿指数（THI）

$$THI=0.4(T_w+T_a)+15 \tag{6-8}$$

或 $$THI=T_a-0.55(1-f)(T_a-58) \tag{6-9}$$

式中　f——相对湿度，%。

根据 THI 进行的热环境评价见表 6-15。

表 6-15　温湿指数（THI）的评价标准

范围/℃	感觉程度	范围/℃	感觉程度
>28.0	炎热	17.0～24.9	舒适
27.0～28.0	热	15.0～16.9	凉
25.0～26.9	暖	<15.0	冷

（3）操作温度（OT）

操作温度是平均辐射温度和空气温度对于各自对应的换热系数的加权平均值。

$$OT=\frac{h_\gamma T_{wa}+h_c T_a}{h_\gamma+h_c} \tag{6-10}$$

式中　T_{wa}——平均辐射温度（舱室墙壁温度）；

h_γ——热辐射系数；

h_c——热对流系数。

（4）预测平均热反应指标（PMV）

PMV 由丹麦工业大学 P. O. Fanger 等（1972）在 ISO 7730 标准《室中热环境 PMV 与 PPD 指标的确定及热舒适条件的确定》中提出。

$$PMV=[0.303exp(-0.036M)+0.0275]S \tag{6-11}$$

式中　M——人体的总产热量；

S——人体产热量与人体保持舒适条件下的平均皮肤温度，和出汗造成的潜热散热时，向外界散出的热量之间的差值。

PMV 的值在 -3～$+3$ 之间，负值表示产生冷感觉，正值表示产生热感觉。PMV 指标代表了对同一环境绝大多数人的舒适感觉，根据其结果可对室内热环境做出评价（表 6-16）。

表 6-16　PMV 指标对热环境的判断

PMV	-3	-2	-1	0	1	2	3
判断	很冷	冷	凉	适中	温暖	热	很热

（5）热平衡数（HB）

由我国学者叶海等（2004）提出，表示显热散热占总产热量的比值，可以用于普通热环境的客观评价，也可以作为 PMV 的一种简易计算方法。

$$HB=\frac{33.5-[AT_a+(1-A)T_{wa}]}{M(I_{cl}=0.1)} \tag{6-12}$$

式中　I_{cl}——服装的基本热阻。

HB 包含了影响舒适的 5 个基本参数（空气温度、平均辐射温度、风速、活动量和服装热阻），可用于对热环境进行客观评价。其值在 0～1 之间，值越高表示环境给人的热感觉越凉（见表 6-17）。

表 6-17　HB 的热感觉等级

HB	热感觉	PMV	HB	热感觉	PMV
0.91	稍凉	−1	0.55	微暖	0.38
0.83	略凉	0.69	0.46	略暖	0.69
0.75	微凉	−0.83	0.38	稍暖	1
0.65	热中性	0			

6.3.2　水体热环境评价与标准

《地表水环境质量标准》（GB 3838—2002）中规定人为造成的环境水温变化应限制在：周平均最大温升≤1℃；周平均最大降温≤2℃。水温的测定方法详见《水质水温的测定　温度计或颠倒温度计测定法》（GB 13195—91）。

由冷却水排放造成的水体热污染的控制标准通常以鱼类生长的最高周平均温度（MWAT）来确定。该指标是根据最高起始致死温度（UILT）和最适温度制定的一项综合指标。计算式为

$$MWAT=最适温度+\frac{UILT-最适温度}{3} \qquad (6-13)$$

其中起始致死温度即 50％的驯化个体能够无限期存活下去的温度值，通常以 LT50 表示。随驯化温度升高，LT50 亦升高，但驯化温度升至一定程度时 LT50 将不再升高，而是固定在某一温度值上，即最高致死温度。

最适温度即最适宜鱼类生长的温度，各种鱼不同生活阶段最适温度也各不相同。由于最适温度的测定条件（光照、饲料量、溶解氧等）要求很苛刻，测试时间也很长，通常以与活动或代谢有关的某种特殊功能的最适温度来代替。

实际上最理想的高温限值应该是零净生长率温度（鱼的同化速率与异化速率相同时的温度）和最适温度的平均值，此值至少可以保证鱼的生长速率不低于最高值的 80％。但由于这一数值很难获得，而生长的最高周平均温度被认为很接近该平均值，因此国内外将最高周平均温度作为水体的评价标准。

6.4　热污染防治

（1）制定排放标准，加强管理

对温室气体及废热水的排放加以限制，是防治热污染的一项重要措施。减少温室气体的排放可降低城市热岛效应，降低夏季的酷热程度。主要措施是一方面控制城市人口，减少煤、油等矿物燃料的消耗量，提高利用效率和开发新能源，还可以在城市实行集中供热和连片供热。如在城市郊区建立大热电厂，代替千家万户的炉灶，减少众多小煤炉的废热排放。同时要采取措施提高锅炉的热效率。另一方面要加强管理，合理规划城市建筑物的高度和密度，扩大天空视度，增大地面长波辐射。

限制废热水的排放使水体增温幅度减小，使鱼类及其他生物不至于受热污染损害，减缓水体富营养化进程及泥沙淤积。排放标准的制定不仅要保护水域中鱼类不受热污染损

害，还要考虑到环境保护与工程费用的统一。如美国联邦政府提出的排入水温标准的主要内容是：a.河流，废热引起的温度升高时（对自然水温而言）不得超过 2.8℃；b.天然湖泊、水库，夏天上层水温升高不得超过 1.7℃；c.沿海水域，夏天升温不得超过 0.8℃，秋季和春季不得超过 2.2℃。

此外，由于气温过高，使空调的使用越来越广泛。所以，对空调吹热风产生的热污染要加强管理。同时环保法规也不能滞后，要依据实际情况的发展，将防治热污染纳入环保法规的范围之内，使治理有法可依。

（2）改善能量利用、提高发电效率，改善冷却方式、达到排放标准

我国目前发电站的能量利用率一般约 40%（核电站为 30%），其余均以热的形式消耗掉，排出的热量易造成热流体。因此要采取一些高效率的新技术，如燃气轮机增温发电、磁流体直接发电等来提高发电效率，改善能源的利用状况，提高能源的有效利用率，减少废热排放。这是一项根本性措施。

大多数发电厂都是以河流的表层取水作为冷凝器的冷却水，然后再以一次通过的方式将热废水排出，此种冷却方式已使河流的温升达到难以承受的水平。因此，为了保证冷却水与环境的充分协调，应改善冷却方式。改善冷却方式可采取深层取水、深层放流、往储水池中放流等有效方法，还可以采取其他辅助冷却工程措施。如冷却塔，它属于封闭循环冷却系统，在运行过程中只需补充蒸发散热损失的水量，不需要向自然水域排放废热。所以，这种冷却设备对自然水域而言，称为温排水的"零排放"，是防止水环境热污染的一种辅助措施。其他冷却设备还有漂浮喷射冷却装置、高效喷水池等。也可将冷却设备组合运行达到冷却降温的目的，使冷却水达到排放标准。这是防治热污染的最根本的方法。

（3）加强点源余热综合利用

温排水中携带着的巨大潜在热能若不加以利用，不仅是能源的浪费，同时还会对水域生态环境产生一些不良影响。因此，无论从提高能源利用效率，保护环境和水产资源，还是增加经济效益和社会效益的角度，对温排水体热进行综合利用都有着重要意义。余热利用的范围非常广泛，目前体现在水产养殖、农业、木业等领域的利用是最有成效的。

① 温水养殖　美国、日本以及德国等国家利用余热开展温水养殖（简称温水养）具有许多独特的优越性。首先，它可以减少养殖过程对自然环境，特别是自然气候条件的依赖，从而可使鱼类或其他养殖的鲤鱼，从鱼苗长到 1.5kg 以上的商品鱼约需 2.5 年时间。其次，温水养殖还可驯养那些在寒冷地区不能生存而品质优良的热带品种。如温水养殖中常见的罗非鱼，是我国北方水体自然水温条件下不能生存的一种热带鱼类，现在辽宁、吉林和黑龙江省一些地区驯养成功，并成为温水养殖的主要品种。另外，温水养殖多是高密度的工厂化精养，这不仅可减少对土地的占用，与其他方式相比，还具有投资少、收益多的优点。目前，高密度精养的单产一般可达到每年 $100kg/m^2$，若能实现产、供、销三个过程不脱节而减少不必要的中间环节，则经济效益和社会效益更加突出。但温水养殖要注意温度不宜过高，尽量将温度控制在适温范围内，避免冷热冲击给鱼类带来的不利影响。

② 空间加热　以生产电能和供热为双重目的的电厂，在美国、瑞典、德国都有较大发展，而将相当一部分热能用于空间加热，是这类电厂热效率高的主要原因。苏联在这方面一度处于领先地位，到 20 世纪 70 年代已有 1000 多座这样的电站，为 800 多个城市、工业区和人口集中区供热。据统计，到 70 年代初，苏联需求量的 50% 是由这类电厂供应

的，占其全部电力设备生产容量的 85%。瑞典在许多城市的市区也装备了利用电厂热能的供热体系，使电厂的热效率可达到 85%。

利用电厂温排水进行动物畜舍的加温，是空间加热的特例。在一些具有大陆性气候的地区，冬季家畜常因寒冷而使幼畜死亡。而美国田纳西州的橡树岭国家实验室的研究证明，利用温排水加热动物房舍是解决这个问题的可行方案。

③ 在农林业上应用余热　温排水作为一种低热水源，用于农林灌溉、温室种植，既能提高产量又能使这部分余热得到利用，达到经济效益、社会效益二者的统一。如美国的俄亥俄州，采用铺设地下管道的方法把温排水余热输送到田间土壤中，用加温土壤来促进作物的生长或延长生长时间。在法国，人们还将这种方法应用于果园和林业生产中，采用温喷灌法使花、芽免受春季的低温冻害，初期急速生长，增加产量。另外，温排水也可以作为温室种植蔬菜的热源，它能满足蔬菜生产的用水和温度要求，是个"一举两得"的好办法，既提高蔬菜产量，又减少煤等能源的损耗，避免了环境污染，使社会效益、环境效益、经济效益相统一。

（4）加强环境监测

对于工矿业排放的含热废水，要及时监测。这一方面可以通过地面检测，用红外测定仪、深水温度计及半导体点温度计，在地面进行测试，并及时进行化验，防患于未然。另一方面可用现代化手段"遥感"来完成，既迅速又准确。如美国纽约州的一座大型发电站对它周围全部需要考虑的面积进行监测，由于采用了"遥感"作业，只用20s就可测量完毕。同时红外遥感能获得瞬间信息，可以对较大的水域实施瞬时监测，并将大约3m的区域数据加以平均，这是地面监测所不及的。

此外，还可依据水体中优势品种来判定水体的增温情况。如硅藻占优势时可推断水体的温度为20～50℃，蓝藻占优势时为35℃。

（5）增加绿化面积，减少城市热岛效应

由于大气二氧化碳浓度迅速上升，全球平均气温已经上升0.3～0.8℃，加剧了城市热岛效应。

热岛效应虽然是城市普遍存在的，但各个城市的"热岛"强度却不尽相同。如有"花园城市"之称的新加坡、吉隆坡等城市热岛效应基本不存在。又如，我国的深圳和上海的浦东新区绿化布局合理，草地、花园、苗圃等星罗棋布，热岛效应也小于许多老城市。所以，提高绿地覆盖率可降低热岛效应。

植物是一个巨大的绿色工厂，它们利用光能将二氧化碳和水在叶绿体中制造成有机物，同时释放出氧气，保持着大气中氧和二氧化碳的平衡。试想，地球上如果没有植物，那么氧气将在几年内被耗尽，二氧化碳将充满整个大气，一切生命包括人类都将窒息而死，多么可怕。所以，降低城市热岛效应，植物起到了重要的作用。

为此，一方面要尽量增加城市的绿化面积，多栽花种树，多培植草坪。这样不仅可以美化市容、净化空气、减轻污染，还可以为居民提供休息娱乐的场所，有利于丰富居民的生活，提高居民健康水平。如草坪是二氧化碳的最好消耗者，有资料表明，生长良好的草坪每平方米1h可吸收二氧化碳1.5g，就可以把一个人呼出的二氧化碳全部吸收。可见草坪在降低温室效应、减轻城市热岛效应中起到何等重要作用。草坪还能起到调节温度的作用。在南京的夏天，有时没有长草的土壤表面温度为40℃，沥青路面的温度为55℃，而草坪地表温度仅为32℃。多铺设草坪可减少地表放热，降低城市气温。据测定，夏季的草坪能降低气温3～3.5℃，冬季的草坪却能增温6～6.5℃，极大地降低了城市的热岛强度。

另一方面，要做好城市的垂直绿化。建筑物的墙面、屋顶、围墙、回廊、阳台、晒台、栅栏等都是垂直绿化的好地方。如在屋顶上种植花草树木可以调节室内温度。屋顶上的绿色植物可以遮挡太阳的照射。在夏季起到隔热的作用，寒冬则保温，减少热量散出。同时，植物茂密的叶片形成松软而富有弹性的一层层屏障，阻挡、吸收了噪声，使居住在市内的人感到安静，不烦躁。另外，有数据表明，有"绿墙"的房屋的室内温度可比无"绿墙"的降低3～4℃。

 **阅读材料**

1. 温室效应

（1）案例背景

2021年2月中旬，加拿大、美国和墨西哥北部的大部分地区出现了长时间的雨雪冰冻天气，部分地区出现创纪录的极端低温，造成交通受阻、电力中断和数十人死亡。根据相关数据统计，墨西哥湾海岸的温度比常年平均温度低14～28℃，休斯敦同样出现了严寒、暴风天气，造成大量冰雪堆积。此外据美国国家海洋和大气管理局（NOAA）的统计数据表明，2021年7月是有气象记录以来最热的7月，从数字上看比2016年创造的7月平均温度记录仅高0.01℃，但和1900～1999年的平均温度高0.93℃。8月9日，政府间气候变化专业委员会（IPCC）发布《气候变化2021：自然科学基础》的最科学评估报告，报告认为从19世纪工业化以来，温室气体排放导致全球温度相比工业化之前高出1.1℃，预计20年后气温会继续上升1.5℃。若想将温度上升幅度控制在1.5～2℃以内，立即、迅速、大规模减少温室气体排放是最重要的途径。

（2）温室效应成因

大气中的一些温室气体能够吸收地表以长波形式向外散发的能量，吸收的能量使地表与低层大气温度升高。目前认为二氧化碳是最主要的温室效应气体之一，其可以防止地表热量辐射到太空中，具有调节地球气温的功能。如果没有二氧化碳，地球的年平均气温会比目前降低20℃。但是过高含量的二氧化碳则会导致温度逐渐升高，形成"温室效应"。温室气体中二氧化碳约占75%，其他气体例如氯氟代烷、甲烷、一氧化氮等共计约占25%。

二氧化碳在空气中的占比约为0.03%，在过去很长一段时期中二氧化碳含量始终处于"边增长、边消耗"的动态平衡状态，含量基本保持恒定。大气中的二氧化碳有80%来自人和动植物的呼吸，20%来自燃料的燃烧。散布在大气中的二氧化碳有75%被海洋、湖泊、河流等地面的水及空中降水吸收溶解于水中，还有5%的二氧化碳通过植物光合作用，转化为有机物质储藏起来。

但是近几十年来，由于人口急剧增加，工业迅猛发展及煤炭、石油、天然气的大量使用而产生的二氧化碳远超过去；由于对森林乱砍滥伐以及城市化进程破坏了大量植被，减少了将二氧化碳转化为有机物的途径；地表水域逐渐缩小、降水量减少，降低了水体吸收溶解二氧化碳的能力。以上种种情况破坏了二氧化碳生成与转化的动态平衡，使得大气中的二氧化碳含量逐年增加，从而导致地球气温逐渐升高。

（3）温室效应危害

① 海平面上升　由于气温过高会造成海冰、冰山以及极地冰盖的消融，使海洋里的水量增多，造成了海平面升高，目前世界上有很多城市都面临着海平面上升带来的威胁。科学家发现格陵兰岛冰盖融化使得科罗拉多河的流量增加了 6 倍，并预测如果格陵兰岛和南极的冰架继续融化，到 2100 年时海平面将比现在高出 6m，这将淹没许多印度尼西亚的热带岛屿和低洼地区及迈阿密、纽约曼哈顿和孟加拉国。

② 病毒滋生　温室效应可致使病毒威胁人类，它会造成严重流行性感冒。由于小儿麻痹症和天花等疫症病毒可能藏在冰层深处，目前人类对这些原始病毒的抵抗力较弱，若全球气温上升令冰层融化时，这些埋藏在冰层中的病毒则会被释放出来，有可能造成严重的流行病。

③ 影响农业生产　随着二氧化碳浓度的增加，植物只需维持较小的气孔（气体和水蒸气通过的细孔）开度即可收入同样数量的二氧化碳，极大程度地减少了植物蒸发损失的水分，使得植物更快成熟。但由于农作物生长变快，使得土壤肥力迅速下降，农民被迫施用更多的化肥，进而导致土壤养分比例失衡，粮食的质量下降。此外，温室效应可以引发一系列环境和气候问题，如害虫繁殖、干旱加剧等，这些问题从根本上破坏农作物的生长环境，构成严重的危害，对农业生产造成不利影响。

④ 引起恶劣天气　由于温室气体增强大气逆辐射，全球气温普遍上升，使得低纬度热带地区不利于人类生存；飓风、龙卷风、冰雹、雷雨大风等强对流天气频繁；南北极的融化影响洋流，使得海水温度发生改变，从而让大陆气候变得异常。总的来说，温室效应可能导致气候方面的异常包括旱灾、水灾、雷电、飓风、风暴潮、沙尘暴、霜冻、暴风雪等一系列灾害性天气，进而导致泥石流、地面沉降等地质灾害。

（4）防治措施

Ⅰ．碳减排

① 全面禁用氟氯碳化物　全球正在朝此方向推动努力，倘若此案能够实现，对于 2050 年为止的地球温暖化，根据估计可以发挥 3% 左右的抑制效果。

② 保护森林　目前全球的森林及热带雨林，正在遭到人为持续不断的破坏。植物具有吸收二氧化碳的功能，停止对于森林毫无节制的破坏对于控制温室气体含量（特别是二氧化碳）十分必要。另一方面应实施大规模的造林工作，努力促进森林再生。目前因森林破坏而被释放到大气中的二氧化碳，每年约在 1～2Gt 碳量左右。倘若认真实施节制砍伐与森林再生计划，到了 2050 年，会使整个生物圈每年吸收相当于 0.7Gt 碳量的二氧化碳。据推算结果得以降低 7% 左右的温室效应。

③ 改善能源使用状况　如今人类生活中到处都在大量使用能源，但在提升能源使用效率方面，仍然具有大幅改善余地。具体可以建议企业工厂减少化石燃料的使用比例，鼓励发展新能源，并利用政策引导对过度使用传统化石燃料的企业额外征税。如此一来，可以促使生产厂商及消费者在使用能源时有所警惕，避免无谓的浪费。譬如推动所谓"阳光计划"之类的新能源，利用可再生的太阳能减少化石燃料的使用量，对缓解温室效应有直

接作用。利用生物能源（biomass energy）作为新兴的清洁能源，即利用植物经由光合作用制造出的有机物充当燃料，借以取代石油等化石燃料能源。结合我国目前能源的使用状况，新能源汽车无疑将成为未来的发展方向。电动汽车越来越多地开始被国人所接受，并且电动汽车本身已经克服续航里程的问题，伴随着成本的逐年下降，电动汽车的市场正在逐步向传统燃油汽车靠拢。

④ 汽机车的排气限制　由于汽机车的排气中含有大量的氮氧化物与一氧化碳，因此对于大排量汽车的限制和税收尤为必要。这种做法虽然无法达到直接削减二氧化碳的目的，但却能够产生抑制臭氧和甲烷等其他温室效应气体的效果。

Ⅱ.碳中和

碳中和是指企业、团体或个人测算在一定时间内直接或间接产生的温室气体排放总量，通过植树造林、节能减排等形式，以抵消自身产生的二氧化碳排放量，实现二氧化碳"零排放"。

目前实现碳中和的主要方法在于个人和企业感受到气候变化，或因环保意识，或出于道德考量，为了树立公众形象而采取的碳补偿和碳抵消行动，计算直接或间接造成的碳排放量以及抵消所需的经济成本，出资植树造林或通过碳交易购买一定的碳信用等方式来抵消生产和消费过程中产生的碳排放。在宏观层面，碳中和强调经济结构与能源结构转型，加快低碳与零碳技术创新应用，注重节能与提高能效，加快可再生能源应用，扩大森林与碳汇建设，推动实现地球温室气体排放量与吸收量的平衡。

2. 化工企业水体热污染案例

（1）案例背景

重庆某化工企业，主要是进行供电和发热项目，该厂存在着严重的热污染。该厂长时间向周边河流中排放大量含有热量的废水，入春之后，周边群众在河边散步发现河水出现异味，之后河面上开始出现浮游植物和鱼类的尸体，而且长时间堆积后产生了恶臭。居民向有关部门反应，经调查发现，是该厂长期向河水中排放热污水造成了热污染，导致河水中大量动植物死亡。

（2）水体热污染成因

工业生产（如电力、冶金、石油、化工、造纸、机械等部门）过程中的动力、化学反应、高温熔化等，以及居民生活（如汽车、空调、电视、电风扇、微波炉、照明、液化气、蜂窝煤等）向环境排放了大量的废热水、废热气和废热渣以及散失了大量热量，这些热量使得水体温度升高，水溶氧量降低，水体缺氧加重，厌氧菌大量繁殖，有机物腐败严重，导致水体变质。

（3）水体热污染危害

水体温度升高会导致水的黏度与密度降低，从而使水中沉积物的空间位置发生变化，数量也会发生变化，最终使得污泥沉积量增多。水温升高也会使得水中溶解氧减少。溶解氧的减少，会使水生生物出现亏氧情况。鱼类会因缺氧而死亡。温度升高还会影响水生生物的适应能力，导致生物多样性指数受到影响。水温升高，为水中的病毒营造出一个舒适的环境，容易造成病毒流行。水中含有的污染物，如毒性比较大的汞、铬、砷、酚和氰化物等，其化学活性和毒性都因水温的升高而加剧。

（4）防治措施

① 应在公园、居民区及人行道等适宜地区采用多孔渗透铺装、透水沥青路面、嵌草砖等透水路面，减少场地径流外排量的同时降低城市下垫面平均温度。

② 当受纳水体为温度敏感水域时，尽量选择具有较强渗透功能的措施，如生物滞留、卵石湿地、植物过滤沟等，以利用其较大的地下结构对高温径流进行冷却。

③ 对于湿塘、雨水湿地及多功能调蓄水体等具有水面宽阔特点的雨水管理措施，可通过合理设计系统深度和有效面积，优化植物种植和出水口构造，出口采用地下管道及底部铺设卵石等改进设计，以抵消其因阳光照射而造成出水升温的现象，从而达到缓解雨水径流热污染的效应。

思考题

1. 简述热环境的概念及其热量来源。

2. 简述热污染的概念和类型。

3. 分析热污染的主要成因。

4. 热污染的主要危害有哪些？

5. 水体热污染有什么危害？应该如何防治水体热污染？

6. 什么是城市热岛效应？它是如何形成的？

7. 热岛强度的变化与哪些因素有关？

8. 什么是温室效应？主要的温室气体有哪些？

9. 温室效应的主要危害有哪些？

10. 大气热环境的评价标准有哪些？

11. 针对热污染问题应该采取怎样的防治措施？

第 7 章 环境光污染及其控制

本章重点和难点

- 光污染的危害与防治措施。
- 眩光污染的分类及防治措施。

本章知识点

- 光污染定义。
- 光污染类型：白亮污染；人工白昼；彩光污染。
- 光度量：光通量；照度；发光强度；光亮度。
- 光的测量仪器：照度计；亮度计。
- 眩光定义和分类。
- 光污染危害：生活环境、人体健康、生态。
- 光污染防治措施。

在我们生活的世界里光源分为天然光源（太阳光和建筑物的反射光）和人工光源（电光源——白炽灯和气体放电灯）。由可见光所构成的物理场，称为光环境。通常的光，除了可见光外，还包括紫外线和红外线，即波长小于毫米量级的非电离辐射场，都属于光环境。人的视觉感知环境，称为视觉环境，是可见光环境作用于人的视觉而产生的物理、生理、心理作用的结果。研究人为的光环境，包括视觉环境，是环境光学的主要研究内容。

环境光学的研究内容包括：天然光环境和人工光环境；光环境对人的心理和生理的影响；光污染的危害及防治等。它是在物理学、光度学、色度学、生理光学、心理光学、心理物理学、建筑光学等学科基础上发展起来的。其定量分析以光度学、色度学为基础。在研究光与视觉的关系时，主要借助生理光学及心理物理学的实验和评价方法。

现代的光源与照明给人类带来光文化，但是光源使用不当或者灯具的配光欠佳都会对环境造成污染，对人类的生活和生产环境产生不良的影响。人类 2/3 以上的外界信息靠视觉获得。人类的视觉器官是眼睛，虽然眼睛对光的适应能力较强，瞳孔可随环境的明暗进行调节，如日光和月光的强度相差 10000 倍，人眼都能适应。但是人长期地处于强光和弱光的条件下，视力就会受到损伤。

7.1 光污染的基本概念

光污染问题最早于 20 世纪 30 年代提出，首先提出光污染的是国际天文界，他们认为光污染是城市室外照明使天空发亮造成对天文观测的负面影响，后来英美等国称之为"干扰光"，在日本则称为"光害"。一般认为，光污染是指现代城市建筑和夜间照明产生的逸散光、反射光和眩光等对人、动物、植物造成干扰或负面影响的现象。国际上将光污染分成三类，即白亮污染、人工白昼和彩光污染。现代意义上的光污染有狭义和广义之分。狭义的光污染指干扰光的有害影响，其定义是："已存在的良好的照明环境，由于逸散光而产生被损害的状况，又由于这种损害的状况而产生的有害影响。"逸散光指从照明器具发出的，使本不应是照射目的的物体被照射到的光。干扰光是指在逸散光中，由于光量和光方向，使人的活动及生物等受到有害影响，即产生有害影响的逸散光。广义光污染指由人工光源导致的违背人的生理与心理需求或有损于生理与心理健康的现象，包括眩光污染、射线污染、光泛滥、视单调、视屏蔽、频闪等。广义光污染包括了狭义光污染的内容。

广义光污染与狭义光污染的主要区别在于狭义光污染的定义仅从视觉的生理反应来考虑照明的负面效应，而广义光污染则向更高和更低两个层次做了拓展。在高层次方面，包括了美学评价内容，反映了人的心理需求；在低层次方面，包括了不可见光部分（红外线、紫外线、射线等），反映了除人眼视觉之外，还有环境对照明的物理反应。

7.1.1 光源及其特性

7.1.1.1 天然光源

在大自然中，太阳光由两部分组成，其中一部分是一束平行光，光的方向随着季节及时间作规律的变化，称为直射阳光。其比例随太阳高度与天气而变化，天气越晴，太阳的高度角越高，直射阳光所占的比例越高。另一部分是整个天空的扩散光。

（1）直射阳光

直射阳光由于强度高，变化快，容易引起眩光或室内过热，因此在一些车间、计算机房、体育比赛馆及一些特别室中往往都需掩蔽阳光，在采光计算中一般也不考虑直射阳光的贡献。但是直射阳光能杀菌，促进人们新陈代谢，而且能带来生气，给人增添情趣，使人有接触大自然的感受。因此在医院、住宅、幼儿园等建筑中对直射光都有一定要求，有些建筑的中庭或大厅用巨大的玻璃顶棚覆盖起来，下面模拟四季如春的大自然，使人在阳光照耀下感受到大自然的生机。将日光收集起来并引入地下或建筑物深处，或者利用折射及反射的原理将直射阳光引入室内，能消除不稳定的光斑，室内光照加大而且更趋于稳定和均匀。另外，多变的直射光又是表现建筑艺术造型、材料质感，渲染室内气氛的重要手段。

（2）天空光

天空的扩散光比较稳定、柔和，常常作为建筑采光的主要光源，天空的平均亮度随天气情况不同而不同，当非常晴朗时约为 $8000cd/m^2$，浓雾或点层云时约为 $6100cd/m^2$，浓

云天约为 $800cd/m^2$。

天空亮度分布也随天气而异，晴天天空亮度分布是随大气透明度及太阳的位置而变化的。最亮处在太阳附近，离太阳越远，亮度越低，在与太阳位置成90°角外达到最低。在阴天（全阴天）时，天空全部为云所掩盖，看不见太阳，此刻天顶处亮度最大，近地平面亮度逐渐降低，其量化规律可近似表示如下：

$$L_\theta = \frac{1+2\sin\theta}{3} \times L_z \qquad (7-1)$$

式中　L_θ——离地面角处的天空亮度；

　　　L_z——天顶亮度；

　　　θ——计算天空亮度处与地平面的夹角。

天顶亮度的绝对值常用实际观测获得的经验公式，美国国家标准局1983年推荐的公式如下。

全阴天空：

$$L_z = 0.123 + 10.6\sin h_s \quad (kcd/m^2) \qquad (7-2)$$

晴朗天空：

$$L_z = 0.1539 + 0.0011\sin h_s^2 \quad (kcd/m^2) \qquad (7-3)$$

式中　L_z——天顶亮度，kcd/m^2；

　　　h_s——太阳高度，kcd/m^2。

由于影响室外地面照度的因素包括太阳高度、云状、云量、日照率、地面反射状况等，因此各地区室外光照情况也不相同。我国全年平均总照度最低值在四川盆地。这是因为这地区全年日照率低，云量多，且多属于云所致。年平均总照度最高的地区是在西藏高原，最高处达到30cd，而最低处才20cd，两者相差很大，因此室内要达到同样光照结果时，采光口的大小应有所差别，即照度较低的地区采光口面积要适当加大一些，而照度较高的地区，采光口面积可以适当减小。

7.1.1.2　人工光源

虽然天然光是人们在长期生活中习惯的光源，而且充分利用天然光还可以节约常规的能源，但是目前人们对天然光的利用还受到时间及空间的限制，例如天黑以后，以及距采光口较远、天然光很难到达的地方，都需要人工光源来补充。

自1879年爱迪生发明电灯后人类步入了以电光源作为人工照明的新时代。一个多世纪以来照明技术的发展和成就，对人类社会的物质生产、生活方式和精神文明的进步都产生了深远的影响。

（1）电光源的种类

现代照明用的电光源分为白炽灯与气体放电灯两大类。白炽灯发出的光是电流通过灯丝，将灯丝加热到高温而产生的，因此白炽灯也叫热辐射光源。气体放电灯是利用某些元素的原子被电子激发产生光辐射的光源，称为冷光源。气体放电灯又可按照它所含的气体压力分为低压气体放电灯和高压气体放电灯，多年来欧美国家习惯用灯的发光管壁负荷对气体放电灯进行分类：管壁负荷大于 $3W/cm^2$ 的称为高强度气体灯，简称HID灯，包括高压汞灯、金属卤化物灯、高压钠灯等。

目前建筑照明通用的各灯种名称、代号（我国标准）及所属类别归纳如图 7-1 所示。电光源的选用主要根据其各种性能指标及使用场合的特点和要求确定。

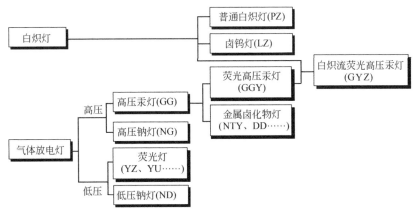

图 7-1　电光源的类别

（2）电光源的主要性能指标

① 光源量　表征灯的发光能力，以流明（lm）值表征，能否达到额定光能量是考核灯质量的首要评价标准。

② 发光效率　灯发出的光通量与它消耗的电功率之比，单位为流明/瓦（lm/W）。光源的发光效率与光源发出的光通量有关，一般光源的光效都随着所发出光通量的增加而增长，如高压钠灯 70W 时光效为 70lm/W，400W 时提高到 105lm/W。

③ 寿命　光源的寿命是以小时计，通常有两种指标。

有效寿命：这种指标多用于白炽灯及荧光灯，这是指灯在使用过程中光通量衰减到某一额定数值（通常是额定光通量的 70%～80%）时所经过的点燃时数。

平均寿命：这种指标多用于高强放电灯，这是指一组试验灯从点燃到有 50% 的灯失效（50% 保持完好）所经历的时间，称为这批灯的平均寿命。

④ 平均亮度　灯的发光体的平均亮度以 cd/m^2 表示。普通白炽灯的发光体为灯丝，乳白灯泡的发光体为玻壳，荧光灯的发光体为管壁。

⑤ 灯的色表　指灯光颜色给人的直观感受，有冷暖与中间色之分，以色温或相关色温为指标。色温低为暖，色温高为冷，CIE 将室内照明常用的灯按它们的相关色温分成三类，见表 7-1。

表 7-1　灯的色表类别

色表类别	色　　表	相关色温/K
1	暖	＜3300
2	中间	3300～5300
3	冷	＞5300

其中第 1 类适用于住宅、特殊作业或寒冷地区；第 2 类在工作房间应用最广；第 3 类只应用于高照度水平，特殊工作或热带气候地区。

⑥ 显色指数　光源显色性能的指标。

⑦ 灯的启动及再启动时间　有的光源在合上开关以后要过一会儿才能逐渐亮起来。

这类灯启动时间较长；另外有些光源熄灭后不能马上启动，要等光源冷却后才能再启动，如一些金属卤化物灯，这些灯对于光源需经常启动的场合不宜采用。

⑧ 受环境的影响　如受电压波动的影响，受温度的影响以及耐需性等。

7.1.2　人与光环境

人类生活中 2/3 以上的信息来自视觉，而光是正常人产生视觉刺激所不可缺少的外界条件，也就是在一定的光环境（包括天然光和人工光）条件下通过视觉器官看到周围环境而获取信息。光环境包括照度水平、亮度分布、采光及照明方式，光源颜色及显色性、空间状态及表面色彩等因素。

许多人都有这样的体会，在晴朗的日子走入昏暗的电影院内很难立刻找到自己的位置，而且几乎看不见所有的一切，经过一段时间以后才能看得相对清楚些。这是因为分布在人眼视网膜上的锥状感光细胞与杆状感光细胞所起的不同作用，即在暗环境和亮环境里的适应速度是由这两种感光细胞的化学组成中出现的变化率的作用所致。锥状感光细胞只能在黑暗环境中起作用，而要达到其最大的适应程度约需 30min。此外，亮环境下锥状感光细胞能分辨出物体的细节和颜色并能对光环境里的明暗变化做出迅速的反应；杆状感光细胞能在黑暗环境中看到物体，但它不能分辨物体的细部和颜色，且对光环境的明暗变化反应较慢，由于感光细胞在视网膜上的分布特点，以及眼眉对眼睛的影响，人眼的视看范围（即视场）受到一定的限制。人的双眼不动的视野范围为水平面 180°，垂直面 130°，其中向上为 60°，向下为 70°。从中心视场向外的 30°范围内是视觉清楚区域（又称近背景视场），这是观看物体总体时的最有利位置。此外，人眼对光环境的刺激总是被吸引到视场中最亮的、色彩最丰富的或对比最强的部分，这是视觉的向光性。

人们从事各种活动的效率取决于行之有效的视觉刺激。根据对识别速度和准确性均有要求的作业的研究结果表明，在视看对象有很高对比度的情况下，当作业面照度自 $5lm/m^2$ 增至 $500lm/m^2$ 作业的差错率明显减少，如果照度继续增加到 $1600lm/m^2$ 对作业差错率的减少仅略有增加。作业（活动）所要求的照度，受到四个相互独立的因素的影响，即物体尺寸、物体与其最靠近的环境之间的对比、最靠近的环境的反射特征和观察时间。除了物体的尺寸外，设计人员可以在不同程度上控制其余三个因素，在所有这些因素确定之前不可能确定所需要的采光（或照明）数量，采光或照明标准推荐的照度一般根据视觉功能需要，也结合考虑经济条件。

7.1.3　光环境与效率

人的视觉活动和所有的知觉一样，不仅需要某种外在条件对神经的刺激，而且需要大脑对由此产生的神经脉冲信号进行解释与判断。因此，视觉不是简单的"看"，它包含着"看"与"理解"。所以光环境与人们工作效率的关系不仅与人们的视觉生理有关而且还与视觉心理有很大关系。

（1）光环境与视觉生理

视觉形成的过程可分解为 4 个阶段：

① 光源（太阳或灯）发出光辐射；

② 外界景物在光照射下产生颜色、明暗和形体的差异，形成二次光源；

③ 二次光源发出相同强度、颜色的光信号进入人眼瞳孔，借助眼球调视，在视网膜上成像；

④ 视网膜上接受的光刺激（即物像）变为脉冲信号，经神经传给大脑，通过大脑的解释、分析、判断而产生视觉。

眼睛是光的接收器，它像一个照相机，当受到足够的光线刺激时，人们便看到了外界事物，瞳孔相当于镜头，视网膜相当于感受光的胶卷。

光线通过瞳孔进入眼睛后达到视网膜，视网膜上的锥状细胞对于光不甚敏感，在亮度高于 $3cd/m^2$ 左右的水平时才充分发挥作用，在照明技术中把它称为明视觉器官。

杆状细胞对于光非常敏感，能够感受光的亮度阈限为 $10^{-6} \sim 0.03cd/m^2$ 的亮度水平。当亮度处在 $0.03 \sim 3cd/m^2$ 时眼睛处于明视觉和暗视觉的中间状态，称为中间视觉。视觉可以忍受的亮度阈限约 $10^6 cd/m^2$，超过这个数值，视网膜就会因辐射过强而受到损伤。

从视觉生理上来看，视力随着亮度而显著变化，在一般亮度情况下随亮度的增加而提高。直至约 $3000cd/m^2$ 视力都在上升，超过此亮度后视力不再上升，再增加亮度就会使人感到刺眼而降低视力。因此在进行光环境设计时应该使目标物有足够的亮度，但不能一味追求高亮度。

眼睛对物体的识别主要是取决于识别对象的亮度与背景亮度之差（ΔB）与背景亮度（B）之比，一般称之为对比（C）。

$$C = \Delta B / B \tag{7-4}$$

对比大，眼睛容易识别，我们在白纸上能看清黑字就因为在同样照度下白的反射率高，其亮度高，黑的反射率低，其亮度低，这就形成了亮度差，这种对比除了可以利用色彩的差异形成以外，也可以利用光影造成，例如小的精密零件可以用定向的光斜射在上面，让它的阴影形成对比。

在不同亮度下人眼所能识别的最小亮度差 ΔB 与 B 之比（$\Delta B/B$）为亮度识别阈值，不同亮度下亮度识别也不相同，当亮度识别阈值越低时，表示在该亮度下物体越容易识别。

（2）光环境与视觉心理

从视觉心理上讲，要提高工作效率就要使人们在工作时能将注意力集中在工作目标上，而不同的光环境对人注意力的集中是有一定影响的，当我们进入一个五光十色的空间，那里有绚丽夺目的装饰，周围有些图形或物体，它们对比强烈或亮度突出，这些都能使人不自觉地将注意力投向这些地方，假如我们在这样的环境中看书或工作，注意力就不容易集中，效率也不会高，这种影响我们注意力的视觉信息称为视觉"噪声"。因此图书馆阅览室的周围环境不能设计得豪华，应该朴素恬静。又如乒乓球室，也是将光主要投射在桌面及周围能落球的区域内，这除了考虑节能外，让球员集中精力打球也是这种光线处理的一个原因。

然而在处理光环境时，同样也不能将周围处理得一片漆黑什么也看不见。因为人类的知觉有一个主动探索信息的过程，例如一个人到一个地方后，一般要环顾下周围看看这是什么地方，特别是到一个不太熟悉的地方，假使所获取的信息不明确就会感受到不安宁和不舒适，因此为了让人能集中注意力工作，一方面压低周围环境的亮度，但又不能太黑，应该使人看得见空间的边界，能看得见来人，当然对于一间小居室来说台灯罩上透出来的光及桌面反射出来的光已足够，但对于一间大房间或墙面色彩极深的情况就不行了。

7.2　光度量与光的测量

7.2.1　光度量

光环境的设计、应用和评价离不开定量的分析，这就需要借助一系列光度量来描述光源和光环境的特征。常用的光度量有光通量、照度、发光强度和光亮度。

（1）光通量

光通量是按照国际约定的人眼视觉特性评价的辐射能通量（辐射功率），常用表示符号为 ϕ。光通量的单位为流明（lm）。在国际单位制和我国计量单位中，它是一个导出单位。1lm 是发光强度为 1cd 的均匀点光源在一球面度立体角内发出的光通量。

在照明工程中，光通量是说明光源发光的基本量。例如，一只 40W 的白炽灯发射的光通量为 350lm，一只 40W 的荧光灯发射的光通量为 2100lm，比白炽灯多 5 倍多。

（2）照度

照度也称为光照度，是受照面上接受的光通量的面密度，常用表示符号为 E。照度的单位为勒克斯（符号为 lx）。1lx 等于 1lm 的光通量均匀分布在 $1m^2$ 的表面上所产生的照度，即 $1lx = 1lm/m^2$。勒克斯是一个较小的单位，例如，夏季中午的日光下，地平面的照度可达 10^5lx；在装有 40W 白炽灯的书写台灯下看书，桌面照度平均为 $200\sim300$lx，月光下的照度只有几个勒［克斯］，照度可以直接相加，例如房间有 4 盏灯，它们对桌面上某点的照度分别为 E_1、E_2、E_3、E_4，则该点总照度为 4 个照度值之和，即

$$E_总 = E_1 + E_2 + E_3 + E_4 \quad (lx) \tag{7-5}$$

（3）发光强度

点光源在确定方向的发光强度，是光源在这一方向上立体角元内发射的光通量与该立体角元之比，常用表示符号为 I。

$$I = \frac{d\phi}{d\Omega} \tag{7-6}$$

式中　Ω——立体角。

如果在有限立体角 Ω 内传播的光通量 ϕ 是均匀分布的，式(7-6) 可写成

$$I = \frac{\phi}{\Omega} \tag{7-7}$$

发光强度的单位是坎德拉（符号为 cd），其数量上 1cd 等于 1lm 每球面度。坎德拉是我国法定单位制与国际单位制的基本单位之一，其他光度量单位都是由坎德拉导出的。

发光强度常用于说明光源和照明灯具发出的光通量在空间各方向或在选定方向上的分布密度。例如一只 40W 白炽灯泡发出 350lm，它的平均光强为 28cd。在裸灯泡上面装一盏白色搪瓷平盘罩，则灯下发光强度可以高达数百坎德拉。在上述两种情况中，灯泡发出的光通量并没有变化，只是光通量更为集中了。

（4）光亮度

光源或受照物体反射的光线进入眼睛，在视网膜上成像，使我们能够识别它的形状和明暗。视觉上的明暗知觉取决于进入眼睛的光通量在视网膜物像上的密度——物像的照度。确定物体明暗要考虑两个因素：一是物体（光源或受照物）在指定方向上的发光照度，这决定了物像的大小；二是物体在该方向上的投影面积，这决定了物像的光通量密度。

根据上述的介绍，我们可以引入一个新的光度量，即光亮度。光亮度是一单元表面在某一方向上的光密强度，它等于该方向上的发光强度与此面元在这个方向上的投影面积之比，常用表示符号为 L。

需要说明的是，光亮度常常是各方向不同的，所以在谈到光亮度时必须指明方向。光亮度有时也称为亮度，它的单位是 cd/m^2。

太阳的亮度为 $2 \times 10^9 \, cd/m^2$，白炽灯的亮度约为 $(3 \sim 5) \times 10^6 \, cd/m^2$，而普通荧光灯亮度只有 $(6 \sim 8) \times 10^3 \, cd/m^2$。

7.2.2　光的测量仪器

（1）照度计

光环境测量用的物理测光仪器是光电照度计。最简单的照度计由硒光电池和汞电流计组成，见图 7-2。硒光电池是把光能直接转换成电能的光电元件。当光线照射到光电池表面时，入射光透过金属薄膜到达硒半导体层和金属薄膜的分界面上，在界面上产生光电效应。光生电位差的大小与光电池受光表面上照度有一定的比例关系。这时如果接上外电路，就会有电流通过，从微安表上指示出来。光电流的大小取决于入射光的强弱和回路中的电阻。

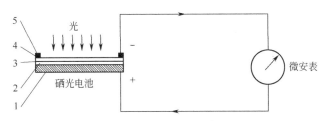

图 7-2　硒光电池照度计原理

1—金属底板；2—硒层；3—分界面；4—金属薄膜；5—集电环

（2）亮度计

测量光环境亮度或光源亮度用的光电亮度计有两类。其中一类是遮光筒式亮度计，适于测量面积较大、亮度较高的目标，其构造原理如图 7-3 所示。

筒的内壁是无光泽的黑色饰面，筒内还设有若干光阑掩盖杂散反射光。在筒的一端有一圆形窗口，面积为 A；另一端设光电池 C。通过窗口的光强为 LA，它在光电池上产生的照度则为

$$E = \frac{LA}{l^2} \quad (lx) \qquad (7-8)$$

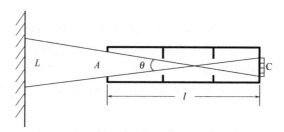

图 7-3 遮光筒式亮度计构造原理

因而

$$L = \frac{El^2}{A} \quad （cd/m^2）$$

(7-9)

如果窗口和光源的距离不大，窗口亮度就等于光源被测部分（θ 角所含面积）的亮度。

当被测目标较小或距离较远时，需要采用另一类透镜式亮度计来测量其亮度。这类亮度计通常设有目视系统，用于测量人员瞄准被测目标（图 7-4）。光辐射由物镜接收并成像于带孔反射板，光辐射在带孔反射板上分成两路：一路经反射镜反射进入目视系统；另一路通过小孔、积分镜进入光探测器。仪器的视角一般在 0.1°～0.2°之间，由光阑调节控制。

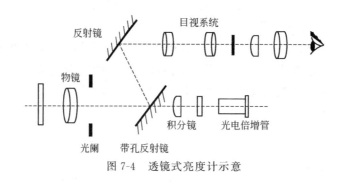

图 7-4 透镜式亮度计示意

7.3 光环境中的眩光

7.3.1 眩光的定义

眩光本身是与物理、心理都有关系的研究对象。国际照明委员会（CIE）对于眩光作了以下的定义：眩光是一种视觉条件。这种条件的形成是由于亮度分布不适当，或亮度变化的幅度太大，或空间、时间上存在着极端的对比以致引起不适或降低观察重要物体的能力，或同时产生上述两种现象。

从眩光的定义中可以明确以下几点。

① 眩光是对视觉有影响的主观感受的现象。

② 眩光的产生主要是属于光度学中的亮度范畴的问题。由于亮度分布、亮度范围或亮度的极端对比，可导致眩光。

③ 眩光的程度受到空间、时间的影响。

④ 眩光引起生理上、心理上的失常现象。

7.3.2　眩光的分类

在光环境中会遇到各种眩光。以下说明眩光的分类。

（1）按眩光产生的来源和过程分类

① 直接眩光　当观看物体的方向或接近这一方向存在着发光体时，由这发光体引起的眩光，称为直接眩光。例如，在视野中存在着高亮度光源时，它过高的亮度直接引起的眩光，就是直接眩光。

在建筑环境中常遇到大玻璃窗、发光顶棚等大面积光源，或小窗、小型灯具等小面积光源，当这些光源过亮时就会成为直接眩光的光源。一般将产生眩光的光源称为眩光光源。

在建筑环境中生活或工作时，直接眩光严重地妨碍视觉功效，因此在进行光环境设计时要尽量设法限制或防止直接眩光。

② 间接眩光　当不在观看物体的方向存在着发光体时，由这发光体引起的眩光，称为间接眩光。例如，在视野中存在着高亮度的光源，却不在观察物体的方向，这时它引起的眩光就是间接眩光。

由于间接眩光不在观察物体的方向出现，它对视觉的影响不像直接眩光那样严重。

③ 反射眩光　在观看物体的方向或接近这一方向出现了发光体的镜面反射，由此引起的眩光称为反射眩光。例如，在视野中高亮度光源照射在有一定特性的表面上，由表面上出现的光源像是否鲜明（明显或显示不出来），取决于表面的特性。

这里所述的镜面反射就是入射角在有光泽特性的表面上进行定向反射时，光的反射角等于入射角，表面呈现出像镜子一样的作用。这样，在表面上反射出来的光的亮度就和光源的亮度几乎一样。当视野内若干表面上都出现反射眩光时就构成了眩光区。

在某些光照情况下欲观看的图书上呈现了一层光幕使我们看不清要看的字，这种现象也是属于一次反射眩光。平常我们看书写字时，视线与桌面法线所成的角一般≤40°，假使光源在前方其光线到桌面的入射角≤40°，则在我们读书写字时强烈的反射光映入眼帘就产生了光幕反射的眩光，假如我们的光是从侧面照射过来的那就不会有这种现象了。图 7-5 显示了看书、写字的眩光区。

在进行光环境设计时必须注意所用材料的表面特性与其产生的反射眩光的关系，并在

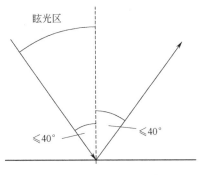

图 7-5　看书、写字的眩光区

这基础上慎重选择材料的种类，通过精心设计，防止在室内的各个表面上出现反射眩光。

④ 光幕眩光　光幕反射也称光幕眩光。这种光幕眩光是在光环境中由于减少了亮度对比，以致使本来呈现扩散反射的表面上又附加了定向反射，于是遮蔽了要观看的物体的一部分或整个部分。

当人们在室内工作时，若在视觉对象上出现了光幕眩光，则眼睛会失去对比或降低可见度。例如，当照射在桌上打字文件的大部分的光反射到观看者的视线时，文件上的文字亮度若有增加，大大超过有光泽的白纸背景的亮度，就会减小深色文字和白纸之间的对比，而出现光幕眩光。此外，用铅笔写的文字和白纸的情况也是这样。

（2）按眩光对视觉影响的分类

① 失能眩光　视野内的眩光，若使人们的视觉功效有所降低，则称它为失能眩光。在国外，也有人建议称它为减能眩光。在我国习惯上称它为失能眩光。

在出现失能眩光时，光分散在眼睛的视网膜内，致使眼睛的视觉受到妨碍。

在建筑环境中常会遇到失能眩光。例如视野中有过亮的窗灯光或其他光源时，眼睛若不经过一番努力，几乎看不清楚物体。这时就可以说失能眩光正在起着作用。

上述的直接眩光和反射眩光从影响视觉的角度来看，都可能成为失能眩光。

② 失明眩光　眼睛遇到一种非常强烈的眩光以后，在一定的时间内完全看不到物体，这时就可以说失明眩光或盲目眩光。

这种失明眩光实际上是视觉功效降低达到极严重程度的眩光，可以说这是失能眩光达到极端的情况。

上述的失能眩光或失明眩光严重地影响了视觉，是对生理方面起作用的眩光，因此国外还将它们称为生理眩光，但在国内并没有普遍采用。

③ 不舒适眩光　视野内的眩光，若使人们的眼睛感觉不舒适，则称它为不舒适眩光。实际上，若视野内光源很大，背景又较暗，而且光源的位置在视线之内，则眼睛会感到不舒适。这时虽然它不一定妨碍视觉，可是在心理上却造成不舒适的效果，因此国外还将这种眩光称为心理眩光。

这种眩光使眼睛受到过亮的光刺激，在视网膜上呈现出一种感电状态，因而引起不舒适的感觉。

在建筑环境中存在着反射眩光，就容易形成不舒适眩光。当然，直接眩光也会形成不舒适眩光。

在进行光环境设计时，不舒适眩光比失能眩光更是有待解决的实际问题。它出现的概率要比失能眩光多。例如外墙窗或灯具过亮；室内装修或家具的材料本身是光泽的表面，以致形成镜面反射；或者灯具设计不良，没有设置遮光角；还有过亮的大面积光源等。这些情况都可能产生不舒适眩光。由于这样的例子太多，所以，在光环境设计时应该随时注意采取限制或防止不舒适眩光的措施。

对眩光的感觉，国际上有很多评价指标，总的说来对眩光的感觉和光源的面积、亮度、光线与视线的夹角（仰角）距离及周围背景的亮度存在以下的关系。

$$对眩光的感觉 \propto \frac{面积 \times 亮度^2}{仰角^2 \times 距离^2 \times 周围环境亮度^{0.6}}$$

眩光的出现严重影响视觉，轻则降低工作效率，重则完全丧失视力，使我们无法工作或引起工伤事故。

7.4　光污染的危害与防治措施

人们关注水污染、大气污染、噪声污染等，并采取措施大力整治，但对光污染却重视不够。到目前为止，我国尚无正式光污染治理条例出台，其主要原因之一就是对光污染的危害程度认识不够，以致一些明显的光污染仍可堂而皇之地"招摇过市"。以各地大兴玻璃幕墙为例，这种凭借现代科技手段，片面追求建筑物外观漂亮而忽视其带来的光污染等生态负效应的做法令人忧心。综合来说，光污染的危害大致体现在对生活环境、人体健康及生态问题的影响。

7.4.1　光污染的危害

（1）对生活环境的影响

人类活动造成了越来越严重的光污染，降低了夜空的能见度，城市居民想看到美丽的星空越来越难，许多国家的夜空能见度已受到严重影响。一项调查发现，仅 25% 的人可以享受到满月时光亮的天空。天文观测依赖于夜间天空的亮度和被观测星体的亮度，夜空的亮度越低越有利于天文观测的进行。各种照明设备发出的光线（特别是上射光线）由于空气中悬浮尘埃的散射使夜空亮度增加，从而对天文观测产生影响。

各种交通线路上的照明设备或附近的体育场商业照明设备发出的光线都会对车辆的驾驶者产生影响，降低交通的安全性。而城市里建筑物的玻璃幕墙、釉面砖墙、磨光大理石和花岗岩、各种涂料的反射光以及耀眼的灯光所形成的人工白昼使人难以入睡。由于玻璃幕墙的反射光也使得室内温度增高，居民不得不更多地使用空调，既造成能源的浪费，也增加了居民的生活费用。

（2）对人体健康的影响

人体受光污染危害的首先是眼睛。瞬间的强光照射会使人们出现短暂的失明。普通光污染可对人眼的角膜和虹膜造成伤害，抑制视网膜感光细胞功能的发挥，引起视疲劳和视力下降。人头昏心烦，甚至发生失眠、食欲下降、情绪低落、身体乏力等类似神经衰弱的症状。长期受到强光和反强光刺激，还可引起偏头痛，造成晶状体、角膜、结膜、虹膜细胞死亡或发生变异，诱发心动过速、心脑血管疾病等。

彩光污染源的黑光灯所产生的紫外线强度远高于太阳光中的紫外线，且对人体有害影响持续时间长。人如果长期受到这种照射，可诱发流鼻血、脱牙、白内障，甚至导致白血病和其他癌变。彩色光源让人眼花缭乱，不仅对眼睛不利，而且干扰大脑中枢神经，使人感受到头晕目眩，出现恶心呕吐、失眠等症状。

光污染不仅对人的生理有影响，对人心理也有影响。在缤纷多彩的环境里待的时间长一点，就会或多或少感觉到心理和情绪上的影响。如果所居住的环境夜晚过亮（如人工白昼），人们难以入睡，扰乱了人体正常的生物钟，会使人头晕心烦、食欲下降、心情烦躁、情绪低落、身体乏力等，精神呈现抑郁，导致白天工作效率低下，造成心理压力。

（3）生态问题

光污染影响了动物的自然生活规律，受影响的动物昼夜不分，使得其活动能力出现问题。此外，其辨位能力、竞争能力、交流能力及心理皆会受到影响，更甚的是猎食者与猎物的位置互调。

有研究指出光污染使得湖里的浮游物的生存受到威胁，如水蚤，因为光污染会帮助藻类繁殖，制造红潮，结果杀死了湖里的浮游物及污染水质（Moore et al.，2000）。光污染亦可在其他方面影响生态平衡。举例来说，鳞翅类学者及昆虫学者指出夜里的强光影响了夜行昆虫的辨别方向的能力（Frank，1988）。这使得那些依靠夜行昆虫来传播花粉的花因为得不到协助而难以繁衍，结果可能导致某些种类的植物在地球上消失，长远来说破坏了整个生态环境。

候鸟亦会因为光污染影响而迷失方向。据美国鱼类及野生动物部门推测，每年受到光污染影响而死亡的鸟类达至 400 万～500 万只，甚至更多（Malakoff，2001）。因此，志愿人士成立了关注致命光线计划，并与加拿大多伦多及其他城市合作在候鸟迁移期间尽量关掉不必要的光源以减少其死亡率。

此外，刚卵化的海龟亦会因为光污染的影响而死亡。这是因为它们在由巢穴向海滩迁移时受到光污染的影响而迷失方向，结果因不能到达合适的生存环境而死亡（Salmon，2003）。年轻的海鸟亦会受到光污染影响，因为它们是夜行动物，它们会在没有光照时活动，然而光污染使它们的活动时间推迟，令其活动及交配的时间变短。

7.4.2 光污染的防治措施

（1）采用新型玻璃材料

如凝胶法镀膜玻璃等作为建筑玻璃幕墙。凝胶法镀膜玻璃是一种新型深加工产品。经凝胶镀膜处理后，改善了原来玻璃的光学性能，使产品具有良好的节能性、遮光性、耐腐蚀性和湿控效应，并有使反射光线变得柔和的效果且镀膜牢固。

为了避免日趋严重的城市光污染继续蔓延，我国建设部门针对城市玻璃幕墙的使用范围、设计和制作安装，起草法规以进行统一有效的管理。专家认为，目前消除光污染只能以预防为主，并应严限比例审批，尽量让这些玻璃幕墙建筑远离交通路口、繁华地段和住宅区。2006 年北京市否决的玻璃幕墙设计方案就接近 30 宗。上海市建委发出通知，在内环线以内的建设工程除建筑物的裙房外，禁止设计和使用幕墙玻璃，通知中说明了幕墙遭淘汰的主要原因是为了"防止和减少建设工程幕墙玻璃的光反射对居住环境和公共环境造成不良影响及损害，保障市民的人身安全和身心健康"。具体来说，就是出于对行人安全、光污染和热岛效应的考虑。

（2）交通工具的玻璃门窗贴用低辐射防晒膜

在汽车、火车、轮船等交通工具的玻璃门窗贴用低辐射防晒膜，低辐射防晒膜通常具有隔热、节能、防紫外线、防爆等功效。低辐射防晒膜具有阳光光谱选择性控制功能，将它贴在玻璃上，能阻隔紫外线的通过。红外线反射率可高达 95%，眩光阻隔率超过 78%，同时有选择地让可见光透过。

（3）戴强光防护镜

对于需在强光环境条件下工作的人员，可以戴强光防护镜，以减轻光污染的危害。目前有些强光防护镜是采用的集成电路系统，在遇到汽车夜间会车大灯产生的强烈眩光时，可驱动镜片在百分之一秒内变为浅蓝色墨镜，使司机不受汽车车灯强光、眩光的伤害，并能清晰地看清路面，会车完毕又可在百分之一秒内恢复亮态。该镜可广泛用于工业、旅游、国防、体育和科研等防强光领域。

（4）高速公路防眩板

高速公路夜间行车的眩光，是引发交通事故的隐患。防眩板能有效吸收紫外线光源，防眩板可以按照设定的角度安装在公路的隔离墩上，有效地防止对驶车辆灯光带来的光晕对驾驶的影响，从而提高行驶安全性，它可以取代隔离墩上的轮廓标的作用。

（5）采用绿色照明光源

绿色照明是 20 世纪 90 年代初国际上以照明节能，保护环境的照明系统的形象称呼。1992 年美国环境保护局（EPA）提出的"绿色照明工程"计划的具体内容是：采用高效少污染光源提高照明质量，提高劳动生产率和能源有效利用水平，达到节约能量、减少照明费用、减少火电工程建设、减少有害物质的排放，进而达到保护人类生存环境的目的。

优先选用高压钠灯和金属卤化物灯等。高强气体放电灯（HID）有高压钠灯、高压汞灯、金属卤化物灯等。高压钠灯光效率最高，寿命最长。该灯光色黄红，诱虫少，分辨率高，透雾性强，是光色和显色性要求不高的道路、矿山、港口码头等户外场所首选光源，也是最经济实惠的光源。金属卤化物灯是第 3 代光源中的佼佼者。不但光色好，而且光效和显色指数也较高，寿命较长，综合指标十分优越，是光色和显色指数要求较高的仪表装配车间、加工车间、印染车间等工业厂房和体育场馆的首选光源。

优先选用 36W 细管荧光灯。细管荧光灯是国际上公认的标准管型。生产 36W 细管荧光灯，一方面能节省玻璃、荧光粉等材料，降低灯管造价；另一方面效率还高于 40W 中管荧光灯。

用节能灯代替白炽灯。单端荧光灯又称紧凑型节能荧光灯，简称节能。节能灯的结构形式有 H、U、D 型和 2H、2U、2D 型等。

逐步淘汰热辐射光源。白炽灯是热辐射光源，其只有不到 5% 的电能用来发光，95% 的电能都转化为热能浪费掉，因而光效很低（10～20lm/W），寿命很短（1000h）。除特殊场所（防止电磁干扰，信号指示，蓄电池供电的事故照明，频繁开关等）使用外，一般应限制使用或禁止使用。据有关统计，将全国 1/5 的白炽灯换成高效节能灯，其节电量相当于葛洲坝水电厂一年的发电量。卤钨灯和碘钨灯也是热辐射光源，光效低、寿命短，也应列入淘汰之列。

1. 白昼光污染案例

（1）案例背景

光污染多发生在城市闹市区，往往不易引人注意，但其危害是不容忽视。特别是在夏天，大量经过玻璃幕墙强烈反射的太阳光进入居民家中，造成过多的热量在室内聚集从而使室内的温度飙升。过高的温度使居民内心烦闷，干扰正常的居民生活。同时持续的高温会增加空调的制冷负担，而且会加速电器和家具的老化。近几十年，在全世界大量交通事故的元凶就是光污染。城市中高层建筑的反光构件，例如反光最明显的玻璃幕墙就像一个庞大的反光镜，将刺眼的太阳光反射到公路上高速行驶的汽车内，会使驾驶员视力瞬间下降甚至致盲，致盲时间会持续 2s 左右，就是这短短 2s 可能会导致交通事故的发生。城市中不乏有很多凹形的玻璃幕墙，当太阳光照射过来时幕墙便形成巨大的聚光墙，如果光线聚焦的位置在住宅内，则将会由于热量剧增而引发火灾。

（2）光污染成因及源头

目前的光污染可以分为 5 种。

① 光侵犯　光侵犯就是指不必要的光线进入了别人的私有领域，例如晚上自己阳台灯过亮影响到了楼上楼下的邻居，使他们感到不适。

② 杂乱光　杂乱光就是指过多的光线混在一起造成光线过度混乱的现象。当光线混合在一起时，人很难集中注意力，有时会无法发现障碍物，过马路时会无法及时发现行驶过来的车辆，进而形成危险。杂乱光主要体现在路边的路灯设计上，经常出现的情况就是光线太强或者光线太弱，有时灯光颜色还不一致，这些都会导致行人或是司机注意力降低或削弱他们视野的情况。

③ 过度使用灯光　有的国家因为一天的灯光浪费就会损失掉相当于两百万桶原油的能量，有很多不必要的照明遍布各地，尤其是商业区，经常是彻夜的照明。

④ 眩光　眩光是指直接观看照明系统核心或灯丝时所产生的短暂目眩现象。街灯的光线直接射入行人及驾驶人的眼睛里，会造成长达 1h 影响夜间视觉的目眩现象，极可能酿成意外。此外，眩光会使人们分辨光度强弱的能力降低，而且在短时间内难以恢复。

⑤ 天空辉光　天空辉光是指人口稠密区所能看到的天区辉光效应。这是由各大楼间相互反射大楼的光线，再由附近的大气反射至天空所造成的效应。此反射与光线的波长具有密切的关系。这些相互反射的光线使人们在夜里也可看到天空呈现深蓝色。

（3）污染危害

对于人类来说，光和空气、水、食物一样，是不可缺少的。眼睛是人体最重要的感觉器官，人眼对光的适应能力较强，瞳孔可随环境的明暗进行调节。但如果长期在弱光下看东西，视力就会受到损伤。相反，强光可使人眼瞬时失明，重则造成永久伤害。人们必须在适宜的光环境下工作、学习和生活。人类活动也可能对周围的光环境造成破坏，使原来适宜的光环境变得不适宜，这就是光污染。光污染是一类特殊形式的污染，它包括可见光、激光、红外线和紫外线等造成的污染。

可见光污染比较多见的是眩光。例如每当夜晚在马路边散步时，迎面而来的机动车前照明灯把行人晃得无法睁眼，这就是一种光污染，叫作眩光。这种耀目光源不但在马路上常见，在一些工矿企业也常常会看到。如在烧熔、冶炼以及焊接过程中，极强的光线也是有害的光污染。可见光污染危险性较大的是核武器爆炸时的强光。它可使相当范围内的人们的眼睛受到伤害。如果没有适当的防护措施，长期从事电焊、冶炼和熔化玻璃等工作的人，眼睛都会受到伤害，眼睛里出现盲斑，到年老时易患白内障，这是强光伤害眼睛晶状体的结果。

光污染会诱发癌症：多项研究发现，光污染越严重的地方，妇女患乳腺癌的概率大大增加。原因可能是非自然光抑制了人体的免疫系统，影响激素的产生，内分泌平衡遭破坏而导致癌变。同时产生不利情绪：光污染可能会导致疲劳、乏力、精神恍惚、压力增大和焦躁。研究已证明，当光线无法避开时人会产生负面情绪尤其是焦虑。

（4）光污染防治措施

为了避免城市中的光污染继续蔓延，我国建设部门针对城市当中玻璃幕墙设计和制作安装起草法规，同时对玻璃幕墙的使用范围进行管理约束。专家认为，想要去除光污染只能靠预防，并应严限比例审批，尽量让玻璃幕墙远离商业地段、交通路口和居住区。也可以改进玻璃幕墙，弱化其反射太阳光的能力。例如，以凝胶法镀膜玻璃等作为建筑玻璃幕墙。凝胶法镀膜玻璃是一种新型深加工产品。经凝胶镀膜处理后，改善了原来玻璃的光学性能，使产品具有良好的节能性、遮光性、耐腐蚀性和温控效应，并有使反射光线变得柔和的效果且镀膜牢固。

2. 夜间光污染案例

（1）案例背景

随着人类社会城市化进程，使得城市夜间照明需求大幅增多，大规模的街灯、霓虹灯、广告灯牌将夜晚的城市照亮得如白昼一般，即人工白昼现象。人类在明亮的夜晚难以入睡，人体正常生物钟被扰乱，导致白天精神状态不佳影响工作和生活，严重者更是会对人体健康造成危害。此外，夜间光污染同样对动植物生理活动有较大影响。

现有数据表明，全球70%的人口生活在光污染中，20%的世界人口在夜间已无法用肉眼看到银河美景。在没有光污染的晴朗夜晚，肉眼可看到的星星达7000多颗，但在城市辉光的影响下，通常只能看到不足30颗，我国武汉中心城区可用肉眼观测的星星已不足10颗。人工白昼问题已经对天文观测工作造成严重影响。

有统计发现，武汉城区公园内夜间昆虫死亡情况与园内照明强度有直接关系，平均1个灯箱1个夜晚可使43只具有趋光性的昆虫死亡。同样因光污染问题，以往武汉市的夏天夜晚常见的萤火虫现在已很难见到。此外强光污染还可能破坏某些动物在夜间的正常繁殖过程，如习惯在夜间交配的蟾蜍，数量已急剧下降。

（2）夜间光污染成因

夜晚商业区域人工光源，包括道路照明、路过的车辆照明、广告牌、高层建筑外表面建筑装饰灯、建筑内部灯光溢出、行道树彩灯亮化以及景观照明等容易引起夜间光污染。这些灯光汇集到一起使得城市如白天一样明亮，形成了人工白昼。调查显示：从2012年至2016年，全球范围内的光污染以每年约2%的速度加剧。由于LED灯比白炽灯和节能灯更加节能，因而可以长时间地发亮，向四面八方投射着廉价的光。缺少黑暗的环境会影响所有依昼夜节律生活的动物，也包括人类。

（3）夜间光污染危害

夜间灯光过亮与黑夜造成反差，人的眼睛会变得难以适应，长时间照射后，会出现视力衰退的情况。长时间暴露在光亮下，人很容易变得焦躁，难以控制情绪。长时间的照射甚至会导致失眠，影响身体健康。

对于上述这些光污染源，国内外科学家研究认为，都市的光污染能严重地干扰人们的神经系统，使人的正常视觉活动受到影响。在日照光线强烈的季节里，建筑物的镜面玻璃、釉面瓷砖、不锈钢、铝合金板、磨光花岗岩、大理石及高级涂料等装饰，经太阳照射后反射出的光芒刺目逼人。

据科学测定，上述这些装饰材料的光反射系数都超过69%，甚至可达90%，比绿地、森林、深色或毛面砖石的外装饰建筑物的反射系数大 10 倍左右，完全超过了人体所能承受的极限。而导致头昏、头痛、精神紧张、注意力涣散、烦躁心悸、失眠多梦、食欲不振、倦怠乏力等不适感，还会诱发光敏皮炎，伤害人的眼角膜和虹膜，引起视力下降。

人工白昼对人身心健康的影响也不容忽视，强光反射进居室，破坏人们昼夜交替的生物节律，使人难以入睡，甚至导致失眠和神经衰弱，造成上班时精神困乏，易出安全方面的事故等。荧光灯的频繁闪烁会迫使瞳孔频繁缩放，造成眼部疲劳。如果长时间受强光刺激，会导致视网膜水肿、模糊，严重的会破坏视网膜上的感光细胞，甚至使视力受到影响。光照越强，时间越长，对眼睛的刺激就越大。

（4）防治措施

加强夜景照明生态设计。夜景照明也需要考虑生态环境，要确保夜景照明不影响交通通行，不影响居民的生活，在此前提下对旧的夜景照明进行优化。注意能源的节约，做到充分照明的同时不浪费能源。注意区分居住区和商业区，按时间段适当关闭夜间的照明，避免过度照明，以达到降低光污染和能量损失的目的。加强室内照明的监控。尽量选择寿命长，光效强的照明工具，杜绝浪费。同时尽量采用"生态颜色"。多采用一些浅色，例如淡蓝色、米黄色，人在这些颜色面前，情绪更容易稳定。

加强城市规划管理，合理布置光源，加强对广告灯和霓虹灯的管理，禁止使用大功率强光源，控制使用大功率民用激光装置，限制使用反射系数较大的材料等措施势在必行。作为普通民众，切勿在光污染地带长时间滞留，若光线太强，房间可安装百叶窗或双层窗帘，根据光线强弱做相应调节；此外还应全民动手，在建筑群周围栽树种花，广植草皮，以改善和调节采光环境等。

思考题

1. 什么是光环境？其影响因素有哪些？
2. 什么是光污染？光污染的主要类型有哪些？
3. 光污染的形成原因和危害有哪些？
4. 什么是光通量、发光强度、照度、光亮度？
5. 什么是眩光污染？试述其产生原因、危害及防治措施。
6. 消除眩光有哪些具体措施？

第 8 章　污染物的物理性传播

本章重点和难点

- 大气环境污染与污染物的迁移。
- 水体中污染物的传播理论。
- 土壤中的污染物迁移。

本章知识点

- 大气污染物：含硫化合物、含氮化合物、含碳化合物、卤代化合物、放射性物质和有毒物质。
- 大气中污染物迁移过程：逆温、扩散、干沉降、湿沉降。
- 大气中污染物扩散模式。
- 水体污染物质来源和主要污染物。
- 河流中污染物扩散：推流迁移、分散作用、污染物衰减转化、沉淀与挥发。
- 水质模型。
- 土壤污染源和污染物质。
- 土壤净化。
- 污染物在土壤中迁移规律。

污染物的迁移变化是环境具有自净能力的一种表现，由污染源排放到环境中的污染物在迁移过程中受到各种因素的影响。本章着重对大气、水体、土壤中污染物的物理性传播进行讨论。

8.1　大气环境污染与污染物的迁移

8.1.1　大气污染源与污染物

通常所说的大气污染，是指大气中有害物质的数量、浓度和存留时间超过了大气环境所允许的范围。即超过了空气的稀释、扩散的能力，使大气质量恶化，给人类和生态带来直接或间接的不良影响。

（1）大气污染源

① 定义与分类　造成大气污染的空气污染物的发生源称为大气污染源。可分为自然源与人为源两大类。自然源包括风吹扬尘、火山爆发产生的气体与尘粒，闪电产生的气体，如臭氧和氮氧化物，植物与动物腐烂产生的臭气，自然放射性源和其他产生有害物质并向大气排放的源。由这些自然界产生的污染物构成了大气环境背景污染物以及一定的污染物浓度水平。在维持正常的生态平衡条件下，它们一般并不恶化空气质量，人们也无法有效地控制它们。

人为源是形成大气污染问题，尤其是局地空气污染的主要原因。它们是由人类生产和生活过程产生的。对它们的分类方法很多。按源的运动形成分，有固定源和移动源；按人们活动功能分，有工业源、生活源和交通运输污染源；按污染影响范围分，有局地源和区域性大气污染源。在环境科学研究和大气污染预测与控制的工作中，最常用的是按污染源形式分成点源、面源、线源和体源，其中最常见又处理最多的是点源，它以点状向环境排放，又有瞬时排放点源和连续排放点源之分，前者常以烟团形式散布，后者则以最常见的烟流形式散布。

② 污染物排放量与源强　污染源排放的污染物的数量的概念以源强或排放速率表示，点源是以单位时间排放的物质量（如 t/a，kg/h，g/s 等），或者以单位时间排放的污染物体积（如 m^3/s）表示；线源源强是以单位时间、单位长度排放的污染物的量表示的［如 g/（m·s）］；面源源强是以单位时间、单位面积上所排放的污染物的量表示的［如 g/（m^2·s）］。以上三种形式的源强都是针对连续排放而言的，对于瞬时源的源强则是以一次施放的总量表示的（如 kg，g 等）。

不同类型的污染物的污染源排放的空气污染物不同，排放的量亦不同，例如，定义单位质量的燃料，如煤、石油等燃烧所排放出的气体或烟尘污染物的量为该燃料的污染排放系数。

（2）大气污染物

研究表明，大气中有上百种物质可以认作为空气污染物。对空气污染物有多种分类方法，若根据它们的化学成分，则可分为如下几种。

① 含硫化合物　主要有二氧化硫、硫酸盐、二硫化碳、二甲基硫和硫化氢等。

② 含氮化合物　主要有一氧化氮、二氧化氮、氨和硝酸盐、铵盐等。

③ 含碳化合物　主要有一氧化碳、烃类，即烃类化合物，包括烷烃、炔烃、脂环烃和芳香烃等。

④ 卤代化合物　由氟、氯、碘和溴与烃类结合的化合物，亦称卤代烃，其中最引人注意的如氟氯烷（CFM），商品名称氟里昂，主要的如二氯氟甲烷（F-11）和二氟二氯甲烷（F-12）。

⑤ 放射性物质和有毒物质　如苯并芘、过氧酰基硝酸酯（PAN）等致癌物质。

按照污染物的相态，则可分为气体、固体和液体污染物。空气与悬浮物中的固体和液体微粒一起构成气溶胶，这些微粒成为气溶胶微粒，它们包含许多种化学成分，其中不少是有害物质。

根据空气污染物形成的方式，则可分为一次污染物和二次污染物，前者是从污染源直接生产并排放进入大气的，在大气中保持其原有的化学性质；后者则是在一次污染之间或大气中非污染物之间发生化学反应而形成的。主要的一次污染物有二氧化硫、氮氧化物和颗粒物等；二次污染物有光化学烟雾、酸性沉积物、臭氧等。

8.1.2　大气中污染物迁移的过程

由污染源排放到大气中的污染物迁移中会受到很多因素的影响，主要有空气的机械运动，如风力和气流，由于天气形势和地理地势造成的逆温现象以及污染物本身的特性等。迁移可发生在本圈层内，也可通过圈层间迁移转入地表。

（1）逆温现象

在对流层中，气温一般是随高度增加而降低的。但在一定条件下会出现反常现象，即气温随高度增加而增加。这种逆温现象常发生在较低气层中，这时气层稳定性强，对于大气中垂直运动的发展起着阻碍作用。根据逆温形成的过程，可分为近地面层的逆温和自由大气的逆温两种。近地面层的逆温有辐射逆温、平流逆温、海岸逆温和地形逆温等；自由大气的逆温有乱流逆温、下沉逆温和锋面逆温等。

近地面层的逆温多由于热力条件而形成，以辐射逆温为主。辐射逆温是地面因强烈辐射而冷却降温而形成。当白天地面受日照而升温时，近地面的空气温度随之升高。夜晚地面由于向外辐射而冷却，这便使近地面空气的温度自下而上逐渐冷却降温。由于上面的空气比下面的冷却慢，结果就形成了逆温现象，如图 8-1 所示。

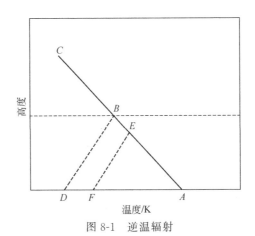

图 8-1　逆温辐射

图中白天大气温度在垂直方向上的分布曲线为 ABC，夜晚近地面空气冷却较快，温度分布曲线变为 FEC，其中 FE 段为逆温层。以后随着地面温度的降低，逆温层也越来越厚，到清晨达到最厚，如图中 DB 段。于是，这时温度分布曲线就变为 DBC。日出后地面温度上升，逆温层近地面处首先被破坏，自下而上逐渐变薄，最后完全消失。逆温层多发生在距地面 $100\sim150\mathrm{m}$ 高度内。最有利于辐射逆温形成的条件是平静而晴朗的夜晚，有云和风都能减弱逆温。如风速超过 $2\sim3\mathrm{m}$ 时，辐射逆温就不易形成了。

局部地区的扩散条件受天气的影响。不利的天气形势和地形特征混合在一起常常可使某一地区的污染程度大大加重。例如，当大气压分布不均，在高压区里存在着下沉气流时，该气流受压而变热，使气温高于下层的空气，而形成上热下冷的下沉逆温。其持续时间很长，范围分布很广，厚度也较厚。这样就会使从污染源排放出来的污染物长时间地积累在逆温层中而不能扩散。

不同的地形地面会引起热状况在水平上的分布不均匀。这种热力差异在弱的天气系统条件下就有可能产生局部地区的环流，诸如海陆风、城郊风、山谷风等，从而形成海岸逆温、地形逆温等。

海洋由于有大量水，其表面温度变化缓慢，而大陆表面温度变化剧烈。白天陆地上空气温度比海洋上空增加得快，陆地上暖而轻的空气上升，海洋的冷空气向陆地流动，形成海风，并使沿岸地面产生逆温。当海风移动到内地时，逆温层变薄，最后消失。

在城市中，工厂企业和居民要燃烧大量的燃料，燃烧过程中有大量的热能排放到大气中，于是便造成了市区的温度比郊区高，此现象称为城市热岛效应。城市热岛上暖而轻的空气上升，四周郊区的冷空气向城市流动，于是形成城郊环流。同时也发生逆温现象，使城市本身排放的烟尘污染物聚积在城市上空形成烟幕，导致市区大气污染加剧。

在山区，夜间山坡上的空气温度下降较谷底快，其密度也比谷底大。在重力的作用下，山坡上的冷空气沿坡下滑形成山风，并聚集在山谷中，同时发生逆温现象。这种状况有时可以保持一整天之久，不到阳光直射山谷或热风劲吹，是不会消失的。因此，山区全年逆温天气数多，逆温层较厚，逆温强度大，持续时间也较长。

建设在山谷中的工业城市，由于山地可以阻挡空气的水平流动，则逆温的存在又阻止了污染物的垂直稀释作用，所以，空气污染特别严重。著名的马斯河谷和多诺拉公害事件都因此而发生。

（2）扩散

污染物在大气中的扩散取决于风、湍流、浓度梯度等因素：风可使污染物向下风向扩散，湍流可使污染物向各方向扩散，浓度梯度可使污染物发生质量扩散，其中风和湍流起主导作用。气块做有规律的运动时，其速度在水平方向的分量称为风，铅直方向上的分量中具有小尺度规则运动中的铅直速度可达几米以上，就称为对流（也称气流）。污染物可做水平运动，自排放源向下风向迁移，从而得到稀释，也可随空气的铅直对流运动升到高空而扩散。

① 风力扩散　在各种气象因子影响下，进入大气的污染物具有自然的扩散稀释和浓度趋于均一的倾向。风力即是此类现象因子之一。风力是以下 4 种水平方向的合力：a. 水平气压梯度力，其方向由高气压到低气压；b. 摩擦力，包括运动空气层与地面之间的外摩擦力及运动空气层与流向或速度不同的临近空气层之间的内摩擦力；c. 由地球自转产生的偏向力；d. 空气的惯性离心力。这 4 种水平方向的力中，第 1 种力是引起风的原动力，其他 3 种是在空气始动之后才产生并发生作用的。由外摩擦力介入而产生的风因流经起伏不平（即粗糙度不等）的地形而具有湍流性质，使由风力载带的污染物在较小的范围内向各个方向扩散。

风力是既有大小又有方向的一个矢量。风力大小用风速来表示，是单位时间内空气团块所移动的水平距离，常用 m/s 作计算单位。风力越大，污染物沿下风向扩散稀释得越快。风向与污染物走向直接有关，习惯上将风的来向定位风向，用 16 个方向表示（如东风、东南风、南风等）。

② 气流扩散　与水平方向的风力相对应，垂直方向流动的空气称为气流。它关系到

污染物在上下方向间的扩散迁移。气流的发生和强弱与大气稳定度有关。稳定大气不产生气流，而大气稳定度越差，气流越强，则污染物在纵向的扩散稀释速率越快。

低层大气中污染物的分散在很大程度上取决于对流与湍流的混合程度。垂直运动程度越大，用于稀释污染物的大气容量越大。

对于一静态平衡大气的流体元，有

$$dp = -\rho g \, dz \tag{8-1}$$

式中 　p——大气压强；

　　　　ρ——大气密度；

　　　　g——重力加速度；

　　　　z——高度。

对于受热而获得浮力，正进行向上的加速度运动的气块，有

$$\frac{dv}{dt} = -g - \frac{1}{\rho'}\left(\frac{dp}{dz}\right) \tag{8-2}$$

式中 　dv/dt——气块加速度；

　　　　ρ'——受热气块密度。

由于该气块与周围空气的压力是相等的，将式(8-1)的 dp 带到式(8-2)中，则有

$$\frac{dv}{dt} = \frac{\rho - \rho'}{\rho'} g \tag{8-3}$$

分别写向上加速度运动的气块与周围空气的理想气体状态方程，并考虑到压力相等，于是有

$$p = \rho R T = \rho' R T' \tag{8-4}$$

用温度代替密度，便可得

$$\frac{dv}{dt} = \frac{T - T'}{T'} g \tag{8-5}$$

式(8-5)即为由于温差而造成气块获得浮力加速度的方程。由此可以看到，受热气块会不断上升，直到 T' 与 T 相等为止，这时气块与周围达到中性平衡，通常把这个高度称为对流混合层上限，或称最大混合层高度（MMD）。图 8-2 中 T_0 表示地面温度，温度曲线 $(dT/dz)_{env}$ 由实线表示。在图 8-2(a) 中气块受太阳辐射升温到 T'_0，它将会膨胀而上升，如图中虚线。这两线相交处就是最大混合层高度。图 8-2(b) 是逆温出现时的最大混合高度，此时，最大混合高度明显降低。

夜间最大混合高度较低，白天则升高。夜间逆温较重情况下，最大混合高度甚至可以达到零，而白天可能达到 2000～3000m。季节性的冬季平均最大混合层高度最小，夏初为最大。当最大混合高度小于 1500m 时，城市会普遍出现污染现象。

（3）干沉降

干沉降是指粒子在重力作用下或与地面及其他物体碰撞后，发生沉降而被去除。干沉降又称为干去除。干沉降速度以在某一特定高度内污染物的沉降速度表示，用"长度/时间"作为量纲。相对于该特定高度内污染物平均浓度与干沉积速度之乘积称为干沉积率，用"质量/（面积·时间）"作为量纲，沉积速率与颗粒的粒径、密度、空气运动黏滞系数有关。对具有较大颗粒的大气污染物颗粒，其干沉积速度可用斯托克斯定律表述［式(8-6)］；一般

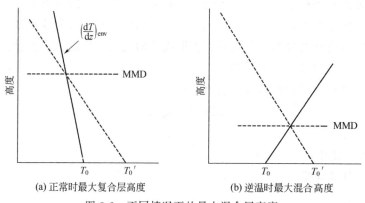

(a) 正常时最大复合层高度   (b) 逆温时最大混合高度

图 8-2 不同情况下的最大混合层高度

通过实测"灰尘自然沉降量"来求得主要是粒径大于 30mm 的颗粒物干沉积率，即"降尘量"参数，则有

$$v = \frac{gD_p^2(\rho_1 - \rho_2)}{18\eta} \tag{8-6}$$

式中 v——沉降速度，cm/s；

  g——重力加速度，cm/s^2；

  D_p——粒子直径，cm；

 ρ_1, ρ_2——粒子和空气的密度，g/cm^3；

  η——空气黏度，Pa·s。

  设某种粒径的粒子浓度最大的高度为 H，则其沉降时间（滞留时间）为

$$\tau = H/v \tag{8-7}$$

  例如，在 5000m 的高空，粒径为 1.0mm 的粒子沉降到地面，需要 3 年 11 个半月的时间。而对粒径 10mm 的粒子，则仅需 19d（不考虑风力等气象条件的影响）。由此可见，干沉降对于去除大颗粒悬浮物是一个有效的途径，此外，碰撞（例如与树叶碰撞）和作为云的凝结核也是很重要的，但对于小颗粒则不然。有人认为，从全球范围来计算，靠干沉降去除的悬浮颗粒物的量只占总悬浮颗粒物（TSP）量的 10%～20%（质量分数）。因此，干燥的大陆悬浮颗粒物可以传输到距离很远的地区。

  （4）湿沉降

  大气中所含污染气体或微粒物质通过雨除、冲刷作用随降水降落在地表的过程称湿沉降。湿沉降是污染气体在大气中被消除的重要过程。这一过程始发于气体在大气水物质中的溶解，关系到气体在水中的溶解度。

  ① 雨除 悬浮颗粒物中有相当一部分细粒子可以作为形成云的凝结核，特别是粒子直径小于 0.1nm 的粒子，这些凝结核成为云滴的中心，通过凝结过程和碰撞过程，云滴不断增长成雨滴。若整个大气层温度都低于 0℃时，云中的水、冰和水蒸气通过冰-水的转化过程还可生成雪晶。对于那些小于 0.05nm 的粒子，由于布朗运动或其他效应（扩散漂移或热漂移）可以使其黏附在云滴上或溶解于云滴中。一旦形成雨滴（或雪晶），在适当的条件下，凝结作用能使小粒子汇集成大粒子，即雨滴（或雪晶）会进一步长大而形成雨（或雪），降到地面上，则悬浮颗粒物也就随之从大气中去除，此过程称为雨除（或雪除）。

② 冲刷 在降雨或降雪的过程中，雨滴成雪晶、雪片不断地将大气中的微粒携带、溶解或冲刷下来，使大气悬浮颗粒及污染物含量减少。这种以直接兼并的方式"收集"悬浮颗粒物的效率是随着粒子直径的增大而增大的。通常，雨滴可兼并粒子直径大于 $2\mu m$ 的粒子。

图 8-3 简要地描述了悬浮颗粒物及大气的污染物迁移、消除过程。由图还可看出，中等程度大小颗粒的消除是较难发生的。

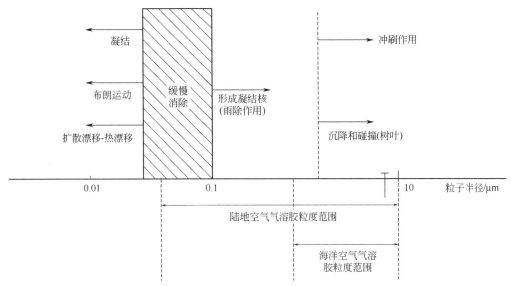

图 8-3 大气悬浮颗粒物的消除过程

8.1.3 大气中污染物扩散模式

8.1.3.1 有界条件下的大气扩散模式

实际的污染物排放源多位于地面或接近地面的大气边界层内，污染物在大气中的扩散必然会受到地面的影响，这种大气扩散称为有界地区扩散。在建立有界大气扩散模式时，必须考虑地面的影响。

（1）坐标系

高斯模式的坐标系如图 8-4 所示，其原点为排放点（无界点源或地面源）或高架源排放地点在地面的投影点，x 轴向为平均风向，y 轴为水平面上垂直于 x 轴，正向在 x 轴的左侧，z 轴垂直于水平面 xoy，即为右手坐标系。在这种坐标系中，烟流中心线或与 x 轴重合，或在 xoy 面的投影为 x 轴。

（2）高斯模式的四点假设

大量的实验和理论研究证明，特别是对于连续的平均烟流，其浓度分布是符合正态分布的，因此可以做如下假定：a. 污染物浓度在 y、z 轴上的平均分布符合高斯分布（正态分布）；b. 在全部的空间中飞速是均匀、稳定的；c. 源强是连续均匀的；d. 在扩散过程中污染物质量是守恒的。

（3）高架连续点源扩散的高斯模式

高架连续点源的扩散问题，必须考虑地面对扩散的影响。根据前述假设 d，可以认为

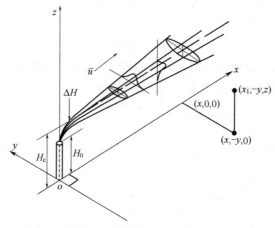

图 8-4　高斯模式的坐标系

地面像镜面一样，对污染物起全反射作用，如图 8-5 所示。可以把 P 点的污染浓度看成是两部分贡献之和：一部分是不存在地面时 P 点所具有的污染物浓度；另一部分是由于地面反射作用所增加的污染物浓度。这相当于不存在地面时由位置在（0，0，H）的实源和在（0，0，$-H$）的虚源在 P 点所造成的污染物浓度之和（H 为有效源高）。

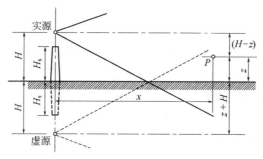

图 8-5　由地面产生的反射

实源的作用：P 点在实源为原点的坐标系中的垂直坐标（距烟流中心线的垂直距离）为（$z-H$）。当不考虑地面影响时，它在 P 点所造成的污染物浓度按下式计算，即为

$$c(x,y,z)=\frac{Q}{2\pi\overline{u}\,\sigma_z\sigma_y}\exp\left[-\left(\frac{y^2}{2\sigma_y^2}+\frac{z^2}{2\sigma_z^2}\right)\right] \tag{8-8}$$

$$c_{\text{实}}=\frac{Q}{2\pi\overline{u}\,\sigma_y\sigma_z}\exp\left\{-\left[\frac{y^2}{2\sigma_y^2}+\frac{(z-H)^2}{2\sigma_z^2}\right]\right\} \tag{8-9}$$

虚源的作用：P 点在以虚线为源点的坐标系中的垂直坐标（距虚源的烟流中心线的垂直距离）为（$z+H$）。它在 P 点产生的污染物浓度则为

$$c_{\text{虚}}=\frac{Q}{2\pi\overline{u}\,\sigma_y\sigma_z}\exp\left\{-\left[\frac{y^2}{2\sigma_y^2}+\frac{(z+H)^2}{2\sigma_z^2}\right]\right\} \tag{8-10}$$

P 点的实际污染源浓度应为实源和虚源作用之和，即

$$c=c_{\text{实}}+c_{\text{虚}} \tag{8-11}$$

$$c(x,y,z;H)=\frac{Q}{2\pi \bar{u}\,\sigma_z\sigma_y}\exp\left(-\frac{y^2}{2\sigma_y^2}\right)\left\{\exp\left[-\frac{(z-H)^2}{2\sigma_z^2}\right]+\exp\left[-\frac{(z+H)^2}{2\sigma_z^2}\right]\right\}$$

$$(8\text{-}12)$$

式中　$c(x,y,z;H)$——源强为 Q（mg/s），有效烟囱高度为 H（m）的排放源在下

风向空间点 (x,y,z) 处造成的浓度，mg/m^3；

$\bar{u}$——烟囱口高度上大气的平均风速，m/s；

σ_y，σ_z——横向和铅直向的扩散参数，m。

式(8-12)即为高架连续点源在正态分布假设下的扩散模式，由此模式可求出下风向任何一点的污染物浓度。

8.1.3.2　几种常用的大气扩散模式

（1）高架连续点源

① 地面上任何一点的浓度　当式(8-12) 中 $z=0$ 时，得

$$c(x,y,0;H)=\frac{Q}{\pi \bar{u}\sigma_y\sigma_z}\exp\left[-\left(\frac{y^2}{2\sigma_y^2}+\frac{H_e^2}{2\sigma_z^2}\right)\right]\qquad(8\text{-}13)$$

② 地面轴线浓度　当式(8-12) 中 $y=0$ 时，得

$$c(x,0,0;H)=\frac{Q}{\pi \bar{u}\,\sigma_y\sigma_z}\exp\left(-\frac{H_e^2}{2\sigma_z^2}\right)\qquad(8\text{-}14)$$

③ 地面轴线最大浓度　由于 σ_y 和 σ_x 都随 x 的增加而增加，因此在式(8-14) 中，$Q/\pi \bar{u}\sigma_y\sigma_z$ 项随 x 的增大而减小，$\exp(-H_e^2/2\sigma_z^2)$ 项随 x 的增大而增大，两项共同作用的结果，必然在某一距离上出现浓度 (c) 的最大值。

假定 σ_y 和 σ_z 随 x 增大而增大的倍数相同，即 σ_y/σ_z 为常数 K，代入式(8-14)，就得到一个关于 σ_z 的单值函数式。再将它对 σ_z 求偏导数，并令 $\partial c/\partial \sigma_z=0$，即可得到出现地面轴线最大浓度点的 σ_z 值：

$$\sigma_z\big|_x c_{\max}=\frac{H_e}{\sqrt{2}}\qquad(8\text{-}15)$$

将上式代入式(8-14)，即得地面轴线最大浓度模式：

$$c(x,0,0;H)_{\max}=\frac{2Q}{\pi e \bar{u}H^2}\times\frac{\sigma_z}{\sigma_y}=\frac{0.234Q}{\bar{u}H_e^2}\times\frac{\sigma_z}{\sigma_y}\qquad(8\text{-}16)$$

（2）地面连续点源

令式(8-13) 中 $H_e=0$，得地面连续点源在空间任一点 (x,y,z) 的浓度模式，即

$$c(x,y,z;0)=\frac{Q}{\pi \bar{u}\,\sigma_y\sigma_z}\exp\left(-\frac{y^2}{2\sigma_y^2}\right)\exp\left(-\frac{z^2}{2\sigma_z^2}\right)\qquad(8\text{-}17)$$

由式(8-17) 很容易得到地面源的浓度和地面轴线浓度模式，它们分别为

$$c(x,y,0;0)=\frac{Q}{\pi \bar{u}\,\sigma_y\sigma_z}\exp\left(-\frac{y^2}{2\sigma_y^2}\right)\qquad(8\text{-}18)$$

$$c(x,0,0;0)=\frac{Q}{\pi \bar{u}\,\sigma_y\sigma_z}\qquad(8\text{-}19)$$

地面源和高架源在下风向造成的地面浓度分布如图 8-6 所示。在下风向一定距离 (x)

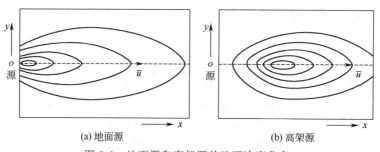

(a) 地面源　　　　　　　　　(b) 高架源

图 8-6　地面源和高架源的地面浓度分布

处中心的浓度高于边缘部分。两种源的地面轴线浓度分布如图 8-7 所示。图 8-7 中（a）示出由于地面源造成的轴线浓度随距离的增加而降低。图 8-7 中（b）示出，对于高架源，地面轴线浓度先随距离（x）增加而急剧增大，在距源 2～3km 的不太远处（通常为 1～3km）地面轴线浓度达到最大值，超过最大值后，随 x 继续增加地面轴线浓度逐渐减小。

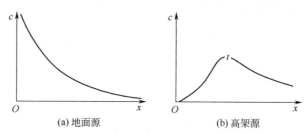

(a) 地面源　　　　　　　　　(b) 高架源

图 8-7　地面源和高架源的地面轴线浓度分布

8.2　水体中污染物的传播理论

8.2.1　水体污染和污染物

水体污染源指的是向水体提供污染物的场所、设备和装置等。通常也包括污染物进入水体的途径。水体污染最初主要是自然因素造成的，如地面水渗漏和地下水流动将地层中某些矿物质溶解，使水体中的盐分、微量元素或放射性物质浓度偏高而使水体恶化。在当前的条件下工业、农业和交通运输业高度发展，人口大量集中于城市，水体污染主要是由人类的生产和生活造成的。

8.2.1.1　水体污染物质的来源

人类的活动造成的水体污染的来源主要有三个方面：一是工业废水；二是生活污水；三是农业退水。

（1）工业废水

各种工业企业在生产过程中排出的废水，包括工艺过程用水、机械设备冷却水、烟气洗涤水、设备和场地清洗水及生产废液等。废水中所含的杂质包括生产废液、残渣及部分原料、半成品、副产品等，成分极其复杂，污染物含量变化也很大。

对工业废水的严格分类是很困难的，因为同一种工业类型可同时排出不同性质的污水，而一种污水又有不同的污染物质和不同的污染效应。因此，可将工业废水按成分分为两大类：a.含无机物的废水，包括冶金、建材、化工无机酸碱生产的废水等；b.含有机物的废水，包括食品工业、石油化工、炼油、焦化、煤气、农药、塑料、染料等工厂排水。

（2）生活污水

随着人口在城市和工业区的集中，城市生活污水的排放量剧增，已成为引起水体污染的另一项重要污染源。

生活污水是人们日常生活中产生的各种污水的混合液。其中包括厨房、洗涤室、浴室等排出的污水和厕所排出的含粪便污水等。其来源除家庭生活污水外，还有地面的降雨、融雪水，并夹杂各种垃圾、废物、污泥等，是一种成分极为复杂的混合废水。

生活污水中杂质很多，但其总量只占 0.1%～1%，其余都是水分。杂质的浓度与用水量多少有关。悬浮杂质有泥沙、矿物废料和各种有机物（包括人及牲畜的排泄物、食物和蔬菜残渣等），胶体和高分子物质（包括淀粉、糖类、纤维素、脂肪、蛋白质、油类、肥皂及洗涤剂等）；溶解物质则有各种含氮化合物、磷酸盐、硫酸盐、氯化物、尿素和其他有机物分解产物；产生臭味的有硫化物、硫化氢以及特殊的粪臭素。此外，还有大量的各种微生物，如细菌、病毒、原生生物及病原菌等。生活污水一般呈弱碱性，pH 值为7.2～7.8。由此构成的生活污水外观就是一种浑浊、黄绿色至黑色、带有腐臭气味的废水。这种水一般也不能直接用于农业灌溉，需经处理。

（3）农业退水

农业生产用水量很大，并且是非重复用水。农作物栽培、牲畜饲养、食品加工等过程中排出的污水和液态废物称为农业退水。在农业生产方面，喷洒农药及施用化肥，一般只有少量（10%～20%）附着或施用于农作物上，其余绝大部分（80%～90%）残留在土壤和飘浮在大气中，通过降雨、沉降和径流的冲刷而直接进入地表水或地下水，造成污染。

8.2.1.2　水体污染的主要污染物

影响水体的主要污染物按释放的污染种类可分为物理、化学、生物等几方面。

（1）物理方面

指的是颜色、浊度、温度、悬浮固体和放射性等。

① 颜色　纯净的水是无色透明的。天然水经常呈现一定的颜色，它主要来源于植物的叶、根、茎、腐殖质以及可溶性无机矿物质和泥沙。当各种工业废水如纺织、印染、染料、造纸等废水排入水体后，可使水色变得极为复杂。颜色可以说明所含污染物的含量。

② 浊度　主要由胶体或细小的悬浮物所引起，不仅沉积速度慢而且很难沉积。由生活污水中铁和锰的氧化物引起的浊度是十分有害的，必须用特殊的方法才能除去。

③ 温度　天然地表水的温度一年中随季节的变化在 0～35℃之间，地下水温度比较稳定。由于排放的工业废水引起天然水体温度上升，严重的可能形成热污染。

④ 悬浮固体　由于各种废水排入水体的胶体或细小的悬浮固体的存在。可影响水体的透明度，降低水中藻类的光合作用，限制水生生物的正常运动，减缓水体活性，导致水体底部缺氧，使水体同化能力降低。

⑤ 放射性　水中杂质所含有的放射性元素构成一种特殊的污染，它们总称为放射性污染。天然的地下水或地表水中可以含有某些放射性同位素，如 ^{238}U、^{226}Ra、^{232}Tb 等。

但一般的放射性都很微弱，只有 $10^{-7}\sim10^{-6}\mu Ci$（$1Ci=37GBq$），对生物没有危害。工业废水放射性污染主要来源于天然铀矿开采和选矿、精炼厂的废水。原子能工业和反应堆设施的废水、核武器制造和核试验的污染、放射性同位素的应用产生的废水等，各种放射性废物堆放泄漏均可进入水体造成污染。

（2）化学方面

排入水体的化学物质，大致可分为无机无毒物质、无机有毒物质、耗氧有机物质及有机有毒物质。

Ⅰ.无机无毒物质

指排入水体中的酸、碱及一般的无机盐类。

生活污水中和某些工业废水中，经常含有一定量的磷和氮等植物营养物质，施用磷肥、氮肥的农田水中，也含有无机磷和无机氮的盐类。

Ⅱ.无机有毒物质

① 重金属　重金属污染物排入水体环境中不易消失，通过食物链的富集进入人体，再经较长时间的积累可能促进癌症等多种疾病的恶发作。很多金属（Hg、Pb 等）与人体内某些酶的活性中心的巯基（—SH）有着特别强的亲和力，因为金属极易取代巯基上的氢离子而与硫相结合，其致毒作用就在于使各种酶失去活性。

② 氰化物　氰化物是指含有氰基（CN^-）的化合物，它是剧毒物质。水体中的氰化物主要来源于电镀废水、焦炉和高炉的煤气洗涤水、合成氨、有色金属矿、冶炼、化学纤维生产、制药等各种工业废水。

Ⅲ.耗氧有机物

天然水中的有机物一般指天然的腐殖物质及水生生物的生命活动产物。生活污水、食品加工和造纸等工业废水中，含有大量的有机物，如碳水化合物、蛋白质、油脂、木质素、纤维素等。有机物的共同特点是这些物质直接进入水体后，通过微生物的生物化学作用而分解为简单的无机物质二氧化碳和水，在分解过程中需要消耗水中的溶解氧，在缺氧的条件下，就发生腐败分解、恶化水质，故常称这些有机物为耗氧有机物。

Ⅳ.有机有毒物质

① 酚类化合物　酚类化合物广泛地存在于自然界中。各类工业废水包括煤气、焦化、石油化工、制药、涂料等行业大量排放的主要是苯酚等挥发酚。苯酚是产生臭味的物质，溶于水，毒性较大，能使细胞蛋白质发生变性和沉淀。

② 有机农药　有机农药及其降解产物对水环境污染十分严重。有机农药包含有机氯农药、有机磷农药、有机硫农药等类型，其中以有机氯和有机磷两种为主。

③ 多环芳烃（PAN）　多环芳烃是由石油、煤等燃料及木材，可燃气体在不完全燃烧或高温处理条件下产生的。排入大气中的悬浮粉尘经沉降和雨洗等途径达到地面，加之各类废水的排放引起地表水和地下水的污染。多环芳烃是环境中重要的致癌物之一。

④ 多氯联苯（PCB）　多氯联苯是联苯上的氢被氯置换后生成物的总称。一般以 4-氯化合物或 5-氯化合物为最多，若 10 个氢皆被氯置换可以形成 210 种化合物。多氯联苯广泛用于电器绝缘材料和塑料增强剂等，是一种稳定性极高的合成化学物质，在环境中不易降解，不溶于水而溶于油或有机溶剂中，其进入生物体内也相当稳定，故一旦侵入机体就不易排泄。

⑤ 生物污染物　城市生活污水、医院污水或污水处理厂排水排入地下、地表水后，

引起病原微生物污染。排放的污水中常包含细菌、病毒、寄生蠕虫等。

⑥ 放射性物质   放射性污染是指各种放射性核素，表现在这种污染物对环境的污染是其放射性。其可分为两大类：第一类是天然放射性物质，例如天然地下水或地表水中可以含有某些放射性同位素，如 ^{238}U、^{226}Ra、^{232}Tb 等；第二类是人工放射性物质，主要来源于天然铀矿开采、精炼厂的废水、核武器试验、核工业排放的各种放射性废物，以诊断、医疗为目的所使用的电离辐射源和放射性同位素，以及带有各式各样辐射源的各种装置设备，通过废水排放可进入天然水体。

8.2.2   污染物在水体中的扩散

8.2.2.1   污染物在水体中的运动特征

污染物进入水体之后，随着水的迁移运动、污染物的分散运动以及污染物质的衰减转化运动，使污染在水体中得到稀释和扩散，从而降低了污染物在水体中的浓度，它起着一种重要的"自净作用"。根据自然界水体运动的不同特点，可形成不同形式的扩散类型，如河流、河口、湖泊以及海湾中的污染物扩散类型。这里重点介绍河流中的污染物扩散。

（1）推流迁移

推流迁移是指污染物在水流的作用下产生迁移的作用。推流作用只改变水流中污染物的位置，并不能降低污染物的浓度。

在推流的作用下污染物的迁移通量可按下式计算：

$$f_x = u_x c, \quad f_y = u_y c, \quad f_z = u_z c \tag{8-20}$$

式中 f_x、f_y、f_z——x、y、z 方向上的污染物推流迁移通量；

u_x、u_y、u_z——在 x、y、z 方向上的水流速度分量；

c——污染物在河流水体中的浓度。

（2）分散作用

污染物在河流水体中的分散作用包含三个方面：分子扩散、湍流扩散和弥散。

在确定污染物的分散作用时，假定污染物点的动力学特性与水质点一致。这一假设对于多数溶解污染物或呈胶体状态污染物是可以满足的。

分子扩散是由分子的随机运动引起的质点分散现象。分子扩散过程遵从费克（Fick）第一定律，即分子扩散的质量通量与扩散物质浓度梯度成正比，即

$$I_x^1 = -E_M \frac{\partial c}{\partial x}, \quad I_y^1 = -E_M \frac{\partial c}{\partial y}, \quad I_z^1 = -E_M \frac{\partial c}{\partial z} \tag{8-21}$$

式中 I_x^1、I_y^1、I_z^1——x、y、z 方向的分子扩散的污染物质量通量；

E_M——分子扩散系数；

c——分子扩散所传递物质的浓度。

分子扩散是各向同性的，上式中的负号表示质点的迁移指向负梯度方向。

湍流扩散是在河流水体的湍流场中质点的各种状态（流速、压力、浓度等）的瞬时值相对于其平均值的随机脉动而导致的分散现象。当水流体的质点的紊流瞬时脉动速度为稳定的随机变量时，湍流扩散规律可以用费克第一定律表达，即一般而言，各段长度竖向混合≪横向混合。

$$I_x^2 = -E_x \frac{\partial \overline{c}}{\partial x}, \ I_y^2 = -E_y \frac{\partial \overline{c}}{\partial y}, \ I_z^2 = -E_z \frac{\partial \overline{c}}{\partial z} \qquad (8-22)$$

式中 I_x^2、I_y^2、I_z^2——x、y、z 方向上由湍流扩散所导致的污染物质量通量；

$\quad\quad\ E_x$、E_y、E_z——x、y、z 方向的湍流扩散系数；

$\quad\quad\ \overline{c}$——通过湍流扩散所传递物质的平均浓度。

由于湍流的特点，湍流扩散系数是各向异性的。湍流扩散作用是由计算中时间平均值描述讨论的各种状态导致的，如果直接用瞬时值计算，就不会出现湍流扩散项。

弥散作用是由横断面上实际的流速不均匀引起的，在用断面平均流速描述实际运动时，就必须考虑一个附加的、由流速不均匀引起的作用——弥散。弥散作用可以定义为：由空间各点湍流流速（或其他状态）的时平均值与流速时平均值的系统误差所产生的分散现象。弥散作用导致的质量通量也可以按费克第一定律来描述：

$$I_x^3 = -D_x \frac{\partial \overline{\overline{c}}}{\partial x}, \ I_y^3 = -D_y \frac{\partial \overline{\overline{c}}}{\partial y}, \ I_z^3 = -D_z \frac{\partial \overline{\overline{c}}}{\partial z} \qquad (8-23)$$

式中 I_x^3、I_y^3、I_z^3——x、y、z 方向上由弥散作用所导致的污染物质量通量；

$\quad\quad\ D_x$、D_y、D_z——x、y、z 方向上的弥散系数；

$\quad\quad\ \overline{\overline{c}}$——湍流时平均浓度的空间平均值。

由于在实际计算中一般都采用湍流时平均值，因此必然要引入扩散系数。分子扩散系数的数值在河流中为 $10^{-5} \sim 10^{-4} \, \mathrm{m}^2/\mathrm{s}$；而湍流扩散系数要大得多，在河流中的量级为 $10^{-2} \sim 10^0 \, \mathrm{m}^2/\mathrm{s}$。

弥散作用只有在取湍流时平均值的空间平均值时发生，因此弥散作用大多发生在河流中。一般河流中弥散作用的量值为 $10^1 \sim 10^4 \, \mathrm{m}^2/\mathrm{s}$。

（3）污染物的衰减和转化

进入水环境中的污染物可以分为：保守物质和非保守物质两大类。

保守物质进入水环境后，随着水流的运动不断变换所处的空间位置，还由于分散作用不断向周围扩散而降低其初始浓度，但它不会因此而改变总量。重金属，很多高分子有机化合物都属保守物质。对于那些对生态系统有害，或暂时无害但能在水环境中积累，从长远来看是有害的保守物质，要严格控制排放，因为水环境对它们没有净化能力。

非保守物质进入水环境后，除了随着水流流动而改变位置，并不断扩散降低浓度外，还因污染物自身的衰减而加快浓度的下降。非保守物质的衰减有两种方式：一种是由其自身的运动变化规律决定的；另一种是在水环境因素的作用下，由于化学或生物的反应而不断衰减，如可以生化降解的有机物在水体中的微生物作用下的氧化分解过程。

试验和实际观测数据都证明，污染物在水环境中的衰减过程基本上符合一级反应动力学规律，即

$$\frac{\mathrm{d}c}{\mathrm{d}t} = -Kc \qquad (8-24)$$

式中 c——污染物的浓度；

$\quad\quad\ t$——反应时间；

$\quad\quad\ K$——反应速度常数。

河流水的推流迁移作用下污染物的分散和衰减过程可用图8-8来说明。

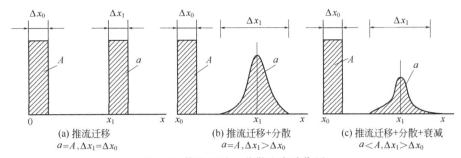

图 8-8　推流迁移、分散和衰减作用

假定在 $x=x_0$ 处，向河流中排放的污染物质总量为 A，其分布为直方状，全部物质通过 x_0 时间为 Δt ［图 8-8(a)］；经过一段时间该污染物的重心迁移至 x_1，污染物质的总量为 a。如果只存在推流作用，则 $a=A$，且在 x_1 处的分布形状与 x_0 处相同。如果存在推流迁移和分散的双重作用［图 8-8(b)］，则仍有 $a=A$，但在 x_1 处的分布形状与初始时不一样，延长了污染物的通过时间。如果同时存在推流迁移、分散和衰减的三重作用，则不仅污染物的分布形状发生了变化［图 8-8(c)］，且 $a<A$。

实际污染物质在进入河流后做着复杂的运动，用以描述这种运动规律的是一组复杂的模型。

（4）沉淀与挥发

污染物中的可沉物质，可通过沉淀去除，使水体中污染物的浓度降低，但底泥中污染物的浓度增加，如果长期沉淀，淤积河床，一旦受到暴雨冲刷或扰动，可对河水造成二次污染。沉淀作用的大小可用下式表达：

$$\frac{\mathrm{d}c}{\mathrm{d}t}=-k_3 c \tag{8-25}$$

式中　c——水中可沉降污染物的浓度，mg/L；

$\quad k_3$——沉降速率常数（沉降系数），d^{-1}，如果 k_3 取负值，表示沉降物质在被冲起。

若污染物属于挥发性物质，可由于挥发使水体中的浓度降低。

8.2.2.2　水质模型

（1）污水在河流中的扩散稀释

污水在河流中扩散稀释时，空间任意点处的污染物浓度为

$$c(x,y)=\frac{M\sqrt{h}}{\sqrt{2\pi}\,\overline{u}\,\delta_y}\exp\left(-\frac{y^2}{2\delta_y^2}\right) \tag{8-26}$$

$$\delta_y^2=2D_y\frac{x}{\overline{u}}$$

$$D_y=a_y\overline{h}u^*$$

$$u^*=\sqrt{gi\overline{h}}$$

式中　$c(x,y)$——任意点 (x,y) 处污染物浓度，mg/L；

$\quad M$——排放源的强度，g/s；

$\quad \overline{h}$——河流平均水深，m；

$\overline{u}$——河流平均流速，m/s；

δ_y——横向均方差；

a_y——横向弥散系数；

u^*——摩阻流速，m/s；

i——河流平均水力坡度；

g——重力加速度，m/s^2。

如为分散排放，则排放源的强度为 M/n，n 为排放孔数。分散排放扩散稀释见图 8-9。显然 x 轴处浓度最大，其增量为

$$\Delta C(x,y) = \alpha + 2\sum_{i=1}^{\frac{n-1}{2}} \alpha \exp\left(-\frac{y_i^2}{2\delta_y^2}\right) \qquad (8\text{-}27)$$

$$\alpha = \frac{\dfrac{M}{nh}}{\sqrt{2\pi}\,\overline{u}\,\delta_y}$$

式中 i——序数，$1,2,\cdots,\dfrac{n-1}{2}$；

y_i——p_i；

p——排放孔间距。

（2）污水排海的扩散稀释

海水的性质与江河不同，海水的含盐量高，密度大，水层上下温差大，有潮汐与洋流的回荡。因此污水排入海湾后，扩散稀释存在着初始轴线稀释、输移扩散稀释等。

Ⅰ.初始轴线稀释

海水的相对密度一般为 1.01~1.03，远较污水相对密度（约为1）大，故污水排入海水后，会立即引起密度流而向上升腾，如图 8-10 所示。在升腾过程中被扩散稀释，称为初始轴线稀释。

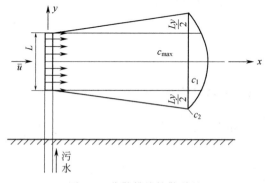

图 8-9　分散排放扩散稀释

L—扩散器长度；$Ly/2$—扩散器两端的

扩散宽度增量，m

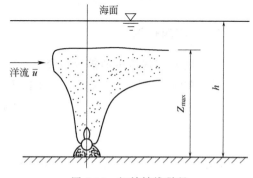

图 8-10　初始轴线稀释

初始轴线稀释可用初始轴线稀释度表示。

① 当海水密度均匀时，污水喷出后，羽状流可一直浮生至海面：

$$S_1 = S_c \left(1 + \frac{\sqrt{2}\, S_c q}{uh} \right)^{-1} \tag{8-28}$$

$$S_c = 0.38 (g')^{\frac{1}{3}} h q^{-\frac{2}{3}} \tag{8-29}$$

式中　S_1——初始轴线稀释度；

　　　S_c——无水流时，即 $u=0$ 时的初始轴线稀释度；

　　　g'——由于海水与污水密度差引起的重力加速度差值，$g' = g\dfrac{\rho_a - \rho_0}{\rho_0}$；

　　　ρ_0——污水密度；

　　　g——重力加速度；

　　　ρ_a——海水密度；

　　　h——污水排放深度；

　　　q——扩散器单位长度的排放量，$\mathrm{m^3/(s \cdot m)}$；

　　　u——海水流速，$\mathrm{m/s}$。

② 海水密度随深度呈线性分布时，即海水密度自海面向海底呈线性增加，污水喷入海水后，羽状流上升至一定高度 $Z_{\max}$ 后，停止上升，此时污染云的密度比其上面的海水的密度大。则

$$S_1 = S_c \left(1 + \frac{\sqrt{2}\, S_c q}{u Z_{\max}} \right) \tag{8-30}$$

$$S_c = 0.31 (g')^{\frac{1}{3}} Z_{\max} q^{-\frac{2}{3}} \tag{8-31}$$

式中　$Z_{\max}$——污染云的最大浮生高度，m。

$$Z_{\max} = 6.25 (g' q)^{\frac{2}{3}} \frac{\rho_0}{g(\rho_a - \rho_0)} \tag{8-32}$$

Ⅱ. 由于洋流引起的输移扩散

海洋的流态较复杂，除主导洋流外，还有潮汐的影响。对于海域或宽广的海湾，可不考虑潮汐的回荡作用。此外，污水中有机物在海水中的生物化学降解作用，远小于洋流引起的输移扩散稀释作用。因此生化降解作用可忽略不计。又因为经初始轴线稀释后，可视深度方向的浓度是均匀的。

如不考虑回荡的影响，假设污染云随洋流的移动是单向的、连续的和匀速的，污水的横向扩散混合可用具有水平扩散系数的扩散过程描述：

$$S_2 = \frac{1}{erf \sqrt{\dfrac{3/2}{\left(1 + \dfrac{2}{3}\beta \dfrac{x}{L} \right)^3 - 1}}} \tag{8-33}$$

式中　S_2——输移扩散稀释度；

　　　erf——误差函数；

　　　x——排污口至下游某点的水平距离，m；

　　　β——系数；

　　　L——扩散器长度，m。

（3）污水由海湾排海的扩散模式

由河口向海湾的流线多呈喇叭状，见图8-11。在稳定条件下，污染物以半圆形散布。设各个方向上的扩散系数相等，连续流入的污染物浓度为 c_0，则在半径为 r 处的污染物浓度为

$$c = c_0(1 - e^{-a/r}) \tag{8-34}$$

$$a = Q/(2\pi K)$$

式中　Q——废水排放量；

　　　K——扩散系数。

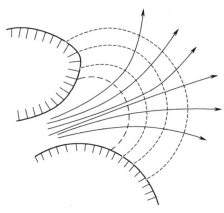

图 8-11　河流由海湾排海

（4）污水排入湖泊的扩散模式

一般情况下，湖水流速缓慢，污染物在湖泊中的停滞时间可能比海湾时间还要长。污染物浓度与停滞时间有关，同时，与湖泊大小、形状、深浅有关。一般大湖都有沿岸流，不是环流，而是往返流，其周期为数天。流向的转换是朝湖心的，转向时间为数小时。对近海岸释放的污染物稀释而言，流向的转换是最为有利的。

对于长条形湖泊，污染物从一边流入，从另一边流出，污染物的停滞时间为

$$T = V/Q \tag{8-35}$$

式中　V——湖泊的蓄水量，m^3；

　　　Q——流入湖中的平均流量（包括河水和污染物），m^3/d 或 m^3/h。

如果污染物质不发生分解，处在完全混合的情况下，湖泊中污染物的浓度为

$$c = c_0(1 - e^{-t/T}) \tag{8-36}$$

式中　c_0——流入的污染物浓度，mg/L；

　　　t——扩散时间。

8.3　土壤中的污染物迁移

8.3.1　土壤污染源与污染物

8.3.1.1　土壤污染源

土壤是一个开放体系，土壤与其他环境要素间进行着物质与能量的交换，因而造成土

壤污染的物质来源是极为广泛的。可将土壤污染源大致分为以下几个方面。

（1）工业污染源

在工业废水、废气和废渣中，含有多种污染物，其浓度一般较高，一旦进入农田，在短时间内即可对土壤、作物造成危害。一般直接由工业"三废"引起的土壤污染仅限于工业区周围数千米、数十千米范围内。工业"三废"引起的大面积土壤污染往往是间接的，或由于以废渣形式作为肥料施入农田，或用污水灌溉等多种形式，经长期作用使污染物在土壤中积累而造成污染。

（2）农业污染

农业生产本身产生的污染和污染物包括化学农药、除草剂等的使用范围不断扩大，数量与品种不断地增加。在喷洒农药时，有一半直接落于地面，一部分通过作物落叶、降雨最后再归入土壤，经常使用农药是土壤中农药残留的重要来源。

牲畜排出的废物长期以来被看成是土壤肥料的主要来源，对农业增产起了重要作用。但这些废物，有时除能传播疾病引起公共卫生问题外，还会产生严重的水体污染问题。

（3）生物污染

人类粪便是农业生产的重要的肥料来源。生活污水和被污染的河水等均含有致病的各种病原菌和寄生虫等，用这种未经处理的肥源施于土壤，会使土壤发生严重的生物污染。

此外，在自然条件下有时也会造成土壤污染，例如，强烈的火山喷发，含有重金属或放射性元素的矿床附近地区的土壤，由于这些矿床的风化分解作用，也可使附近土壤遭受污染。

8.3.1.2　土壤污染物质

土壤污染物质指的是进入土壤中并影响土壤正常作用的物质，即会改变土壤的成分、降低农作物的数量或质量，有害于人体健康的那些物质。按污染物性质大致分为如下几类。

（1）有机物类

污染土壤的有机物，主要是化学农药、除草剂等。例如有机氯类，包括六六六、DDT、艾氏剂、狄氏剂等；有机磷类，包括马拉硫磷、对硫磷、敌敌畏等；氨基甲酸酯类，有的为杀虫剂，有的为除草剂；苯氧羧酸类，如 2,4-D、2,4,5-T 等除草剂。

工业"三废"中的有机污染物，较常见的有酚、油类、多氯联苯、苯并芘等有机化合物。这些种类合成有机污染物通过不同途径进入土壤后，除一部分发挥作用之外，另一部分因其较稳定不易分解而在土壤中积累，造成土壤污染。

（2）重金属污染

重金属污染是通过以下几条途径进入土壤的：a. 由于使用含重金属的废水进行灌溉；b. 随着重金属的粉尘落入土壤中；c. 使用含重金属的废渣作为肥料；d. 使用含重金属的农药制剂等。常见的一些重金属污染物包括汞、镉、铅、铜、锌、镍、砷等。因为重金属不能被土壤微生物分解，而且可被生物富集。因此土壤一旦被重金属污染，是较难以彻底消除的，可对环境形成潜在的威胁。

（3）放射性物质

放射性物质主要是由大气核爆炸降落的污染物，以及原子能和平利用所排出的液体和固体的放射性废弃物，最终不可避免地随同自然沉降、雨水冲刷和废弃物的堆放而污染土壤。

（4）化学肥料

为了获得高产，农业上大量使用含氮和含磷的化学肥料。但是往往由于使用不当而造成这类物质从土壤中流失污染环境，特别是水体富营养化与此有关。

（5）致病的微生物

土壤中的病原微生物，主要来源于人畜的粪便及用于灌溉的污水（未经处理的生活污水及医院污水），当人与污染的土壤接触时可传染各种细菌及病毒，若食用被土壤污染的蔬菜、瓜果等会威胁人体健康。这些被污染的土壤经过雨水冲刷，又可能污染水体。

上面分别介绍了几类对土壤污染有害的物质，在土壤中污染物质的浓度（或数量），一般仅为每千克土壤中只有几毫克的水平，因可被植物吸收富集而产生危害。

8.3.2 污染物在土壤中的迁移转化规律

8.3.2.1 土壤净化

土壤净化，是指土壤本身通过吸附、分解、迁移、转化，而使土壤中污染物的浓度降低而消失的过程。

土壤之所以具有净化功能，是由于土壤在环境中起着以下 3 个方面作用：

① 由于土壤中含有各种各样的微生物和土壤动物，对外界进入土壤中的各种物质都能被分解转化；

② 由于土壤中存在复杂的有机和无机胶体体系，通过吸附、解吸、代换等过程，对外界进入土壤中的各种物质起着"蓄积作用"，使污染物发生形态变化；

③ 土壤是绿色植物生长的基地，通过植物的吸收作用，土壤中的污染物质起着转化和转移作用。

因此，某些性质不同的污染物在土体中可通过挥发、扩散、分解等作用，浓度逐步降低、毒性减少或被分解成无害的物质；经沉淀、胶体吸附等作用可使污染物发生形态变化，变为难以被植物利用的形态存在于土地中，暂时退出生物小循环，脱离食物链，或通过生物和化学降解，污染物变为毒性较小或无毒性，甚至有营养的物质。这些污染物在土地中还会发生形态变化，而被分解气化，迁移至大气中。这些现象，从广泛意义上都可以理解为土壤的净化过程。主要污染物浓度未超过土壤中的自净容量就不会造成污染。

8.3.2.2 污染物在土壤中的迁移规律

所谓物质迁移就是元素在土壤中的转移和再分配，这是导致物质的分散或集中的原因。迁移是一个复杂的过程，在不同的生态条件和物理条件下，迁移的特点不同。土壤中所见到的各种迁移与积累现象，都是内外因素作用的结果，主要分为溶解迁移、还原迁移、螯合迁移、悬粒迁移和生物迁移 5 种方式。重金属在土壤中的迁移转化，取决于重金属在土壤中的化学行为，故化学农药在土壤中的迁移是指农药挥发到气相的移动以及在土壤溶液中吸附在土粒上的扩散，迁移是化学农药从土壤进入大气、水体生物体的重要过程。下面以农药在土壤中的迁移规律为例介绍污染物在土壤中的物理性迁移。

农药的挥发能力主要与蒸气压有关，滞留在土壤溶液中的能力主要与溶液浓度有关，在气液两相间的扩散能力与分配系数有关，如表 8-1 所列。

表 8-1　影响农药迁移能力的农药药性参数

农　　药	蒸气压/Pa	温度/℃	溶解度/(μg/mL)	分配系数 D
二溴乙烷	1466	30	4.3×10^3	40
氟乐灵	0.013	25	0.58	3.2×10^2
乙拌磷	0.024	20	15	5.5×10^3
乐果	1.13×10^{-3}	20	3×10^4	2.5×10^8
西马津	8.13×10^{-7}	20	5	7.4×10^7

由此可见，不同农药的迁移能力相差悬殊。分配系数 D 可被定义为平衡时农药在土壤空气和土壤溶液间的浓度比

$$D = c_W / c_A \tag{8-37}$$

式中　c_W——水相中农药浓度；

　　　c_A——气相中农药浓度。

一般物质在气相中的扩散能力约是液相中的 10^4 倍，所以当 $D > 10^6$ 时，以液相扩散为主；当 D 在 $10^4 \sim 10^6$ 之间时，其迁移方式以水、气相扩散并重；当 $D < 10^4$ 时，以气相扩散为主。

（1）农药的挥发

由于分子热能引起分子的不规则运动而使物质分子发生转移的过程就是挥发。不规则的分子运动使分子不均匀地分布在系统中，因此，引起分子由浓度高的地方向浓度低的地方迁移运动。挥发以气态为主，但也可发生在溶液中、气-液或气-固界面上。

化学农药在土壤中挥发作用的大小，与农药的性质（如蒸气压、水中溶解度）及其从土壤中到达挥发面的移动速率有关。农药从土壤中挥发，还与土壤的温度、湿度和影响土壤孔隙状况和界面特性的土壤质地、紧实度等有关，空气流动速度（风速、湍流）在造成田间农药的挥发中也起着重要作用，而吸附对农药的挥发过程有着重要的影响。

许多资料证明，不仅易挥发的农药，不易挥发的农药（如有机氯农药）也都可以从土壤表面挥发。对于低水溶性、持久性的化学农药，挥发是农药透过土壤逸入大气的重要途径。喷洒中或喷施后的农药，由于挥发，其损失量可以占到施用药质量的 50% 以上。由于此类作用的显著性，已引起广泛关注，现已对土壤中农药的蒸发损失机制做了大量的研究，并取得一定的进展。

（2）农药的扩散

农药在土壤中的移动是通过扩散和质体流动两个过程进行的。扩散是控制农药挥发的主要过程，农药在土壤中的扩散取决于土壤特性，如含水量、紧实度、充气孔隙度、湿度以及某些农药的化学特性，如溶解度、蒸气密度和扩散系数。扩散既能以气态发生，也能以非气态发生。

土壤中的农药扩散是以水为介质的。农药可直接溶于水中，也能悬浮于水中，或吸附于土壤固体微粒表面，或存在于土壤有机质中，随着透水在土壤中沿土壤垂直剖面向下运动，扩散作用是农药在水与土壤颗粒之间吸附-解吸或分配的一种综合行为，它甚至能使农药进入地下水，造成污染。

农药的质体流动是由水或土壤微粒或者共同作用引起的物质流动，所以质体流动的发生是外力作用的结果。质体被水流通过土壤转移，取决于水流的方向和速度以及农药与土壤的吸附特征。水流通过土壤的剖面可能十分复杂，已经有一些能预测某一种农药的质体转移模型，模型涉及简单的水流系统。在稳定状态的土壤-水流情况下，农药通过多孔介质移动的一般方程为

$$\frac{\partial c}{\partial t} = D - \frac{\partial^2 c}{\partial x^2} - \upsilon_0 \frac{\partial c}{\partial x} - \beta \frac{\partial s}{\partial t} \tag{8-38}$$

式中　D——扩散系数；

υ_0——平均的孔隙水速度；

β——土壤的密度；

c——溶液中农药的浓度；

s——吸附于土壤的农药浓度。

通过此方程，就可以基本了解农药在土壤中的迁移情况。

（3）影响土壤中农药挥发、扩散的主要因素

影响土壤中农药挥发、扩散的主要因素是土壤水分含量、吸附作用、孔隙度和温度及农药本身的性质等。

① 农药的物理与化学特性　农药的物理与化学特性对挥发的影响非常大。农药的蒸气压越高，水溶解度越小，挥发速率越快。各类化学农药的蒸气压相差很大，有机磷和某些氨基甲酸酯类农药蒸气压相当高，而 DDT、林丹等有机氯农药则比较低，所以前者挥发作用快于后者。

农药在土壤中的移动性与农药本身的溶解度密切相关，一些水溶性大的农药可直接随水流入江河、湖泊；一些难溶性的农药，如 DDT 吸附于土壤颗粒表面，随雨水冲刷，连同泥沙一起流入江河。

另外，农药的剂型也影响农药的挥发。以菌达灭为例，颗粒剂菌达灭撒到干土表面时，几小时内几乎没有什么损失，但是把菌达灭进行喷雾时，在雾滴风干之前所需的 10min 内，农药的损失达到了 20%。

不同物理与化学特性的农药，其扩散行为不同。有机磷农药乐果和乙拌磷在砂壤土中的扩散行为是不同的。由于乙拌磷主要以蒸气形式扩散，而乐果则主要在溶液中扩散，所以乐果的扩散随土壤水分含量增加而迅速增大，而乙拌磷在整个含水范围内扩散系数变化很小。

② 土壤的吸附特性　吸附作用是农药与土壤之间相互作用的主要过程。土壤是个非均质体系，其复杂性包括挥发物质通常可被土壤吸附，因此，扩散系数取决于土壤的特性。

农药在土壤中的移动性与土壤的吸附性能有关。农药在吸附性能较小的沙质土壤中易随水迁移，而在黏质和富含有机质的土壤中则不易随水移动。

如对除草剂 2,4-D 在 9 种土壤中的吸附与扩散情况进行研究，结果证明，由于土壤对 2,4-D 的化学吸附，使得其有效扩散系数降低，且二者呈负相关关系。另外，发现林丹和 DDT 的蒸气密度与 4 种土壤的表面积呈负相关关系，即随土壤表面积的增大，林丹和 DDT 蒸气密度降低。

③ 土壤含水量 土壤水分对农药挥发的影响是多方面的。当水分增加时，因水分与农药的竞争吸附，土壤对农药的吸附作用减弱，挥发作用增强；水分减少，土壤表面对农药的吸附作用增加，抑制了农药的挥发作用。这就是 DDT、狄氏剂等有机氯农药在相对湿度比较高的土壤中更易挥发的原因所在。

农药在土壤中的扩散确实存在气态和非气态两种扩散模式。水分质量分数在 $4\%\sim20\%$ 之间，气态扩散占 50% 以上；当水分质量分数在 30% 以上，主要为非气态扩散。在干燥土壤中没有发生扩散，扩散随水分含量的增加而变化。在水分质量分数为 4% 时，无论总扩散或非气态扩散都是最大的；在 4% 以下，随水分含量增大，两种扩散都增大，大于 4%，总扩散则随水分含量增大而减少；非气态扩散，在 $4\%\sim16\%$ 之间，随水分含量增加而减少；在 16% 以上，则随水分含量增加而增大。

④ 气流移动 气流速度可直接或间接地影响农药的挥发。如果空气的相对湿度不是 100%，那么增加气流就促进土壤表面水分含量降低，可以使农药蒸气更快离开土壤表面，同时，使农药蒸气向土壤表面运动的速度加快。

⑤ 温度 通常当温度升高时，农药的蒸气压显著增大。但温度增高亦可使土壤干燥，加强农药在土壤表面的吸附，而降低挥发损失。

当土壤的温度升高时，农药的蒸气密度显著增大。温度增高的总效应是扩散系数增大。如林丹的表观扩散系数随温度升高而呈指数增大。即当温度由 20℃ 提高到 40℃ 时，林丹的总扩散系数增加 10 倍。

思考题

1. 大气污染物主要有哪些？

2. 大气中污染物迁移包括哪些过程？

3. 水体中主要有哪些污染物？

4. 河流中污染物是如何扩散的？

5. 土壤污染是由哪些物质导致的？

6. 污染物在土壤中如何迁移转化？

7. 影响土壤中农药挥发扩散的主要因素有哪些？

参 考 文 献

[1] 刘惠玲. 环境噪声控制. 哈尔滨：哈尔滨工业大学出版社，2002.

[2] 肖洪亮. 噪声污染控制. 武汉：武汉理工大学出版社，1998.

[3] 李家华. 环境噪声控制. 北京：冶金工业出版社，1995.

[4] 郑长聚. 环境工程手册：环境噪声控制卷. 北京：高等教育出版社，2000.

[5] 刘培桐. 环境学概论. 北京：高等教育出版社，1995.

[6] 陆书玉. 环境化学. 北京：高等教育出版社，2001.

[7] 王群惠，王雨泽，姚杰. 环境化学. 哈尔滨：哈尔滨工业大学出版社，2004.

[8] 周律，张孟青. 环境物理学. 北京：中国环境科学出版社，2001.

[9] 高艳玲，张继有. 物理污染控制. 北京：中国建材工业出版社，2005.

[10] 马大猷. 噪声与振动控制工程手册. 北京：机械工业出版社，2002.

[11] 姜海涛，郭秀兰，等. 环境物理学基础. 北京：中国展望出版社，1987.

[12] 沈山豪，戴根华，陈定楚. 环境物理学. 北京：中国环境科学出版社，1986.

[13] 赵玉峰. 现代环境中的电磁污染. 北京：电子工业出版社，2003.

[14] 左玉辉. 环境学. 北京：高等教育出版社，2002.

[15] 盛美萍，王敏庆，等. 噪声与振动控制基础. 北京：科学出版社，2001.

[16] 张宝杰. 环境物理性污染控制. 北京：化学工业出版社，2003.

[17] 陈以彬，冯易君. 环境的放射性污染与监测. 成都：四川科学技术出版社，1987.

[18] 李升峰. 城市人居生态环境. 贵阳：贵州人民出版社，2002.

[19] 张辉，刘丽，李星. 环境物理教育. 北京：科学出版社，2005.

[20] 宋妙发，张亦忠. 核环境学基础. 北京：原子能出版社，1999.

[21] 陈杰瑢. 物理性污染控制. 北京：高等教育出版社，2007.

[22] 叶海，魏润柏. 热环境客观评价的一种简易方法. 人类工效学，2004，10（3）：16-19.

[23] 蒋展鹏. 环境工程学. 北京：高等教育出版社，2005.

[24] Howard S. Peavy, et al. Environmental Engineering. New York：McGraw-Hill, Inc. , 1985.

[25] Vesilind P A, et al. Environmental Engineering. 3rd Edition. Ann Arbor, MI. ：Ann Arbor Science Publishers，1994.

[26] Linvil G Rich. Environmental Systems Engineering. New York：Thomas Y. Crowell Company, Inc. 1977.

[27] ［日］神户生. 电波障害手册. 东京：电波出版株式会社，1983.

[28] 王喜元. 建筑室内放射污染控制与监测. 南京：东南大学出版社，2004.

[29] 赵玉峰，于燕华，肖瑞. 工厂与环境——无形的污染及防治. 北京：工人出版社，1983.

[30] 冯慈璋，马西奎. 工程电磁场导论. 北京：高等教育出版社，2003.

[31] 邱伟. 对于铁路沿线房屋噪声治理方法的思考——铁路上海南站沿线住宅的噪声治理案例［J］. 城市建设理论研究（电子版），2016，6（8）：4419-4420.

[32] 程小兰，胡军武. 电磁辐射的污染与防护. 放射学实践，2014，29（6）：711-714.

[33] 王成林. 电磁辐射污染的危害及防护. 工程建设与设计，2017（4）：131-132.

[34] 侯喜程. 电磁辐射污染与监测综述. 能源与节能，2011（3）：67-68，77.

[35] 肖声. 移动通信基站的电磁辐射水平及其对人体健康的影响. 环境与发展，2018，30（1）：240—242，244.

[36] 张保增. 移动通信基站电磁辐射环境影响分析. 世界核地质科学，2019，36（3）：179-186.